FUZHUANG CAD
GONGYE
ZHIBAN JISHU

服装CAD工业制板技术

陈桂林 编著

化学工业出版社
·北京·

本书依托布易（ET SYSTEM）第二代2012年版本为基础平台，全面系统地介绍了最新ET服装CAD技术，着重介绍了如何进行女装和男装工业制板、推板、排料等操作。每一款都是经过成衣验证效果后，才正式将数据编录书中。

本书适用于大中专服装院校师生、服装企业技术人员、短期培训学员和服装爱好者阅读，也可作为服装企业提高从业人员技术技能的培训教材。

图书在版编目（CIP）数据

服装CAD工业制板技术/陈桂林编著．—北京：化学工业出版社，2012.8（2024.8重印）
ISBN 978-7-122-14755-4

Ⅰ.①服… Ⅱ.①陈… Ⅲ.①服装量裁-计算机辅助设计 Ⅳ.①TS941.26

中国版本图书馆CIP数据核字（2012）第147959号

责任编辑：彭爱铭　　文字编辑：谢蓉蓉
责任校对：陈　静　　装帧设计：史利平

出版发行：化学工业出版社（北京市东城区青年湖南街13号　邮政编码100011）
印　　装：北京天宇星印刷厂
710mm×1000mm　1/16　印张14¾　字数286千字　2024年8月北京第1版第16次印刷

购书咨询：010-64518888　　售后服务：010-64518899
网　　址：http：//www.cip.com.cn
凡购买本书，如有缺损质量问题，本社销售中心负责调换。

定　　价：39.90元

《服装CAD工业制板技术》编写指导委员会

名誉主任：中国服装协会科技专家委员会专家、天津工业大学硕士生导师　张鸿志教授

广西科技职业学院院长　莫光政教授

主　　任：国家职业分类大典修订专家委员会纺织服装专家、广西科技职业学院副院长　陈桂林教授

副 主 任：深圳市布易科技有限公司　樊劲博士

深圳市布易科技有限公司技术顾问　赵宣先生

西南大学纺织服装学院副院长　张龙琳副教授

院校委员（排名不分先后）

广西科技职业学院服装艺术学院　覃国才主任

ET服装CAD培训中心　施校仲讲师

ET服装CAD培训中心　张洁讲师

ET服装CAD培训中心　姜卫彬讲师

西安工程大学服装与艺术设计学院　冀艳波副教授

西南大学纺织服装学院　周莉副教授

西安工程大学艺术工程学院　张赟副教授

吉林工程技术师范学院　任丽红副教授

北京服装学院　王威仪讲师

广州工程技术职业学院　廖灿讲师

重庆师范大学美术学院　孙鑫磊讲师

四川师范大学服装学院　毛艺坛讲师

香港服装艺术研究院产业部主任　袁小芳女士

闽江学院服装与艺术工程学院　黄珍珍讲师

湖南省衡东职业中专学校　文颖高级讲师

山东省特殊教育中等专业学校　宋泮涛讲师

吉林省长春市第一中等专业学校　周桂芹高级讲师

吉林省辽源市第一职业高级中学　张艳华高级讲师

广州禾泽服饰有限公司技术部经理　钟小明先生
广州信和勇邦服饰有限公司技术部经理　黄庆铃先生
广州依尼服饰有限公司技术部主管　王文星先生
上海安正时尚集团股份有限公司技术总监　曾云榜先生
上海冰洁服饰有限公司技术部经理　朱文明先生
上海日播实业有限公司技术部经理　黄建勋先生
上海申达股份有限公司技术部经理　张思藏先生
江苏波司登服装国际控股有限公司技术部经理　沈学勤先生
苏州雅鹿控股股份有限公司技术部经理　曾茂生先生
杭州海明控股有限公司技术部经理　屠昌平先生
杭州布意坊服饰有限公司技术部经理　王开好先生
杭州卡莱服饰有限公司技术部经理　汪志国先生
杭州行墨服饰有限公司技术总监　刘国屏先生
浙江嘉欣丝绸股份有限公司技术部经理　陈仲钦先生
浙江报喜鸟服饰股份有限公司技术部经理　冯冬威先生
浙江娜利服饰有限公司技术总监　寿忠杭先生
浙江省服装行业协会服装制板师分会秘书长　刘鸿女士
宁波太平鸟集团有限公司技术部经理　鞠金林先生
郑州黑贝裤业有限公司技术部主管　李桂平女士
郑州美芙妮服饰有限公司技术部主管　张亚南小姐
郑州敏子服饰有限公司技术部主管　张双华女士
郑州娅丽达服饰有限公司技术部经理　王小稳先生
郑州伊莉莎黛服饰有限公司技术部主管　秦海平先生
郑州若宇服饰有限公司服装制板师　郭玉芳女士
郑州市逸阳服饰有限公司技术部主管　李新霞女士

前言

随着科学技术的发展及人民生活水平的提高，消费者对服装品位的追求发生着显著的变化，促使服装生产向着小批量、多品种、高质量、短周期的方向发展。这就要求服装企业必须使用现代化的高科技手段，加快产品的开发速度，提高快速反应的能力。服装CAD技术是计算机技术与服装工业结合的产物，它是企业提高工作效率、增强创新能力和市场竞争力的有效工具。目前，服装CAD系统的工业化应用日益普及。

服装CAD技术的普及有助于增强设计与生产之间的联系，有助于服装生产厂商对市场的需求做出快速反应；同时服装CAD系统也使得生产工艺变得十分灵活，从而使公司的生产效率、对市场的敏感性及在市场中的地位得到显著提升。服装企业如果能充分利用计算机技术，必将会在市场竞争中处于有利地位，并取得显著的效益。

传统的服装教学，远远不能满足现代服装企业的用人需求。现代服装企业不仅需要实用的技术人才，更需要有技术创新和能适应服装现代技术发展的人才。为了满足现代服装产业发展的需要，本书遵循工业服装CAD制板顺序进行编写。每一款都是经过成衣验证效果后，才正式将数据编录书中。本书制板方法简单易学，具有较强的科学性、实用性，同时与现代服装企业的实践操作相结合，图文并茂；并附原理依据，便于读者自学，真正达到边学边用、学以致用的效果。

本书采用国内市场占有率较高的ET服装CAD软件作为实际操作讲解。本书所有纸样均采用工业化1∶1绘制，然后按等比例缩小，保证了所有图形清晰且不会比例失调；同时，本书根据服装纸样设计的规律和服装纸样放缩的要求，抛开了纸样设计方法上的差异，结合现代服装纸样设计原理与方法，科学地总结了一整套纸样独特的打板方法。此方法突破了传统方法的局限性，能够很好地适应各种服装款式的变化和不同号型标准的纸样放缩，具有原理性强、适用性广、科学准确、易于学习掌握的特点，便于在生产实际中应用。

本书紧紧围绕“学以致用”的宗旨，尽可能地使本书编写得通俗易懂，便于自学。本书不仅可以作为高等服装院校的CAD辅助教材，同时也可作为社会培训机构、服装企业技术人员、服装爱好者、初学者的学习参考用书。

本书在编写过程中，得到了深圳市布易科技有限公司、广西科技职业学院服装艺术学院全体同仁及袁小芳、李亮等朋友的热心支持。在此一并致谢！

需要下载ET服装CAD软件相关资料的读者请访问 www.etsystem.cn。读者在使用过程中，如遇到疑问可以通过电子邮件或电话进行咨询（电话：18926547781，E-mail：szfg168@163.com）。

由于编写时间仓促，本书难免有不足之处。敬请广大读者和同行批评赐教，提出宝贵意见。

2012年5月于广西科技职业学院

目录

基础篇

第一章　服装 CAD 概述

服装 CAD 是计算机辅助设计 Computer-Aided Design 的简称。服装 CAD 是采用人机交互的手段，充分利用计算机的图形学、数据库，网络的高新技术与设计师的完美构思，创新能力、经验知识的完美组合，来降低生产成本、减少工作负荷、提高设计质量，大大缩短了服装从设计到投产的时间。

第一节　服装 CAD 的发展现状与趋势

一、服装 CAD 系统介绍

服装 CAD 系统主要包括两大模块，即服装设计模块、辅助生产模块。其中服装设计模块又可分为面料设计（机织面料设计、针织面料设计、印花图案设计等）、服装设计（服装效果图设计、服装结构图设计、立体贴图、三维设计与款式设计等）；辅助生产模块又可分为面料生产（控制纺织生产设备的 CAD 系统）、服装生产（服装制板、推板、排料、裁剪等）。

1. 计算机辅助设计系统

所有从事面料设计与开发的人员都可借助 CAD 系统，进行高效快速的效果图展示及色彩的搭配和组合。设计师不仅可以借助 CAD 系统充分发挥自己的创造才能，还可借助 CAD 系统做一些原本费时的重复性工作。面料设计 CAD 系统具有强大而丰富的功能，它可以帮设计师创作出从抽象到写实效果的各种类型的图形图像，并配以富于想象的处理手法。

服装设计师借助 CAD 系统强大的立体贴图功能，可完成比较耗时的修改色彩及面料之类的工作。这一功能可用于表现同一款式、不同面料的外观效果。要想实现上述功能，操作人员首先要在照片上勾画出服装的轮廓线，然后利用软件工具设计网格，使其适合服装的每一部分。几乎所有服装企业中比较耗资的工序都是样衣制作。企业经常要以各种颜色的组合来表现设计作品，如果没有 CAD 系统，在变化原始图案时经常要进行许多重复性的工作。借助立体贴图功能，二维的各种织物图像就可以在照片上展示出来，并节省大量生产试衣的时间。此外，许多CAD系统还可以将织物变形后覆于照片中的模特身上，以展示成品服装的穿着效果。服装企业通常可以在样品生产出来之前，采用这一方法向客户展示设计作品。

2. 计算机辅助生产系统

在服装生产方面，CAD系统应用于服装的制板、推板和排料等领域。在制板方面，纸样设计师借助CAD系统完成一些比较耗时的工作，如板型拼接、褶裥设计、省道转移、褶裥变化等；同时，许多CAD/CAM系统还可以使用户测量缝合部位的尺寸，从而检验两片样片是否可以正确地缝合在一起。生产厂家通常用绘图机将纸样打印出来，用以指导裁剪。如果排料符合用户要求的话，接下来便可指导批量服装的裁剪了。CAD系统除具有板型设计功能外，还可根据放码规则进行放码。放码规则通常由一个尺寸表来定义，并存贮在放码规则库中。利用CAD/CAM系统进行放码和排料，极大地提高了服装企业的生产效率。

大多数企业都保存着许多原型样板，这是所有板型变化的基础。这些样板通常先描绘在纸上，然后根据服装款式加以变化，而且很少需要做大的变化，因为大多数服装都是比较保守的。只有将非常合体的款式变成十分宽松的式样时才需要推出新的板型。在大多数服装企业，服装纸样的设计都是在平面上进行的，做出样衣后通过模特试衣来决定板型的正确与否（从合体性和造型两个方面进行评价）。

3. 服装CAD系统制板工艺流程

服装纸样设计师的技术在于将二维平面上裁剪的材料包覆在三维人体上。目前世界上主要有两类板型设计方法：一是在平面上进行打板和板型的变化，以形成三维立体的服装造型；二是将织物披挂在人台或人体上进行立体裁剪。许多顶级时装设计师常用此法，即直接将面料披挂在人台上，用大头针固定，按照自己的设计构思进行裁剪和塑型。对他们来说，板型是随着他们的设计思想而变化的，将面料从人台上取下，然后在纸上描绘出来就可得到最终的服装样板。以上两类板型设计方法都会给予服装CAD的程序设计人员以一定的指导。

国际上第一套应用于服装领域的CAD/CAM系统主要用来放码和排料，几乎系统的所有功能都是用于平面制板的，所以是工作在二维系统上的。当然，也有人试图设计以三维方式工作的系统，但现在还不够成熟，还不足以指导设计与生产。三维服装板型设计系统的开发时间会很长，三维方式打板也会相当复杂。

(1) 纸样输入（也称开样或读图） 服装纸样的输入方式主要有两种：一是利用制板软件直接在屏幕上制板；二是借助数字化仪将纸样输入CAD系统。第二种方法十分简单：用户首先将纸样固定在读图板上，利用游标将纸样的关键点读入计算机。通过按游标上的特定按钮，通知系统输入的点是直线点、曲线点还是剪口点。通过这一过程输入纸样并标明纸样上的布纹方向和其他相关信息。有一些CAD系统并不要求这种严格定义的纸样输入方法，用户可以使用光笔而不是游标，利用普通的绘图工具（如直尺、曲线板等）在一张白纸上绘制板型，数字化仪读取笔的移动信息，将其转换为纸样信息，然后在屏幕上显示出来。目前，一些CAD系统还提供有自动制板功能，用户只需输入板型的有关数据，系统就会根据制板规则产生所要的纸样。这些制板规则可以由服装公司自己建立，但需要具有一定的计算机程序设计技术。

一套完整的服装板型输入CAD系统后，还可以随时使用这些板型，所有系统几乎都能够完成板型变化的功能，如纸样的加长或缩短、分割、合并、添加褶裥、省道转移等。

（2）推板（又称放码）　计算机放码的最大特点是速度快、精确度高。手工放码包括移点、描板、检查等步骤。这需要娴熟的技艺，因为缝接部位的合理配合对成品服装的外观起着决定性的作用，即使是曲线形状的细小变化也会给造型带来不良的影响。虽然CAD/CAM系统不能发现造型方面的问题，但它却可以在瞬间完成网状样片，并提供有检查缝合部位长度及修改的工具。

CAD系统需要用户在基础板上标出放码点。计算机系统则会根据每个放码点各自的放码规则产生全部号型的纸样，并根据基础板的形状绘出网状样片。用户可以对每一号型的纸样尺寸进行检查，放码规则也可以反复修改，以使服装穿着更加合体。从概念上来讲，这虽然是一个十分简单的过程，但具备三维人体知识并了解与二维平面板型关系是使用计算机进行放码的先决条件。

（3）排料（又称排唛架）　服装CAD排料的方法一般采用人机交换排料和电脑自动排料两种方法。排料对任何一家服装企业来说都是非常重要的，因为它关系到生产成本的高低。只有在排料完成后，才能开始裁剪、加工服装。在排料过程中有一个问题需要思考，即可以用于排料的时间与可以接受的排料率之间的关系。使用CAD系统的最大好处就是可以随时监测面料的用量，用户还可以在屏幕上看到所排衣片的全部信息，再也不必在纸上以手工方式描出所有的纸样，从而节省大量的时间。许多系统都提供有自动排料功能，这使得设计师可以很快估算出一件服装的面料用量，面料用量是服装加工初期成本的一部分。根据面料的用量，在对服装外观影响最小的前提下，服装设计师经常会对服装板型作适当的修改和调整，以减少面料的用量。裙子加工就是一个很好的例子，如三片裙在排料方面就比两片裙更加紧凑，从而提高面料的使用率。

无论服装企业是否拥有自动裁床，排料过程都包含很多技术和经验。计算机系统成功的关键在于它可以使用户试验样片的各种不同排列方式，并记录下各阶段的排料结果，通过多次尝试就能得出可以接受的材料利用率。因为这一过程通常在一台终端上就可以完成，与纯手工相比，它占用的工作空间很小、需要的时间也很短。

二、国内服装CAD发展现状

服装CAD软件最早于20世纪70年代诞生在美国，它是高科技技术在低技术行业中的应用，不仅提高了服装业的科技水平以及服装设计与生产的效率，还减轻了人员的劳动强度。因此服装CAD软件历经近40年的发展和完善后，在国外发达国家已经相当普及。例如，服装CAD软件在美国的普及率超过55%，在日本的普及率超过80%。近年来，我国服装CAD普及率已经达到近50%。

业内目前比较一致地认可这样一组数据：我国目前约有服装生产企业6万家，而使用服装CAD系统的企业仅在3万家左右，说明我国服装CAD的市场普及率仅在50%左右。甚至有专家认为，由于我国服装企业两极分化较严重，有的厂家可能拥有数套服装CAD系统，有的则可能从来都不曾拥有，所以真正使用服装CAD系统的厂家数量可能比3万家更少。

目前，约有15家供应商活跃在中国服装CAD市场，而在中国3万余家使用服装CAD的企业中，国产服装CAD已经占有近4/5的市场份额。自2000年以后，国产服装CAD异军突起，凭借着服务优势、价格优势、性能优势，促使国外服装CAD在国内市场一路下滑。

国产服装CAD软件的崛起不仅打破了国外服装CAD企业的技术垄断，更为中国服装企业的可持续发展提供了坚实的技术保障。

三、服装CAD的发展趋势

服装CAD作为一种与电脑技术密切相关的产物，其发展经历过初期、成长、成熟等阶段。三维立体化是服装CAD今后发展的主要趋势。ET服装CAD的三维技术经历了近十年的研发与应用探索，已日趋成熟。

三维服装CAD的核心技术包括三维仿真和三维设计。三维仿真的核心是基于物理的柔性面料仿真技术。三维设计的核心是空间曲面造型与展开技术。但即使是在计算机技术飞速发展的今天，我们也需要对三维服装CAD技术有一个客观的认识：无论三维服装CAD技术如何发展，都无法完全代替目前的平面纸样设计。三维服装CAD技术在现阶段主要是为平面设计提供更形象、更翔实的设计信息。

当今，三维服装CAD技术发展非常迅猛，三维仿真技术不断提升，已经可以制作出非常逼真的静态甚至是动态仿真效果，但三维服装技术却没有顺利走进企业板房。造成这种局面的原因有两点：①许多服装仿真技术已经偏离服装工艺设计，转向电子商务的网上试衣；②目前的三维服装CAD技术大多是单项分离技术，无法对服装工艺设计提供直接有力的技术支持。例如，为了虚拟缝合一件衣服，操作者需要切换到三维仿真系统，经过复杂的摆放和缝合才能获得仿真结果。整个过程繁杂而低效，很难被普通服装设计师所掌握。

深圳市布易科技有限公司经过多年的不断努力，已经研发出相当完整的三维服装CAD技术体系，覆盖三维服装人体建模、三维服装仿真、三维服装设计、二维与三维服装CAD融合等技术领域，形成了从平面服装CAD到三维服装CAD系列化的产品体系。深圳市布易科技有限公司是全球少数同时拥有二维和三维服装CAD核心技术的公司，并始终致力于开发真正适用服装工艺设计的三维CAD技术。

深圳市布易科技有限公司已于2012年推出二维三维集成的ET服装CAD软件，该软件是世界上第一套二维三维一体化的服装CAD软件，具有里程碑式的意义。

ET服装CAD实现了全套的二维和三维服装CAD技术，覆盖了平面纸样设计、三维仿真、三维设计与修改等基本三维功能。更重要的是ET系统实现了：

① 二维数据和三维数据间互动设计。在ET系统中修改平面纸样，可以实时获得三维仿真结果，修改三维服装数据就可以实时获得平面纸样结果。

② 服装工艺结构的自动仿真。例如，当设计师完成衣袖设计后，不需要做任何复杂的操作，即刻就可以获得袖窿袖山的三维仿真结果。

上述技术的实现，使得三维服装CAD技术得以真正进入板房，使得三维服装CAD技术成为服装设计师可以使用的技术。

1. 三维服装人台建模

三维服装仿真和三维服装设计离不开高质量的数字化三维服装人体模型（人台）。由于是静态服装人体模型，因此可以采用照相式三维扫描技术进行三维建模。照相式三维扫描测量原理是采用光电投射单元将结构光面光投射到物体表面，结合计算机视觉技术，光电传感技术和图像处理技术实现对物体表面的三维测量。运用多视角点云拼接技术可以实现对复杂曲面物体的表面扫描测量（图1-1）。三维扫描测量的结果是测量物体表面密集的点云数据，需要根据使用要求进行稀疏化处理和三角化处理，最后获得适用于CAD系统的数据信息（图1-2）。

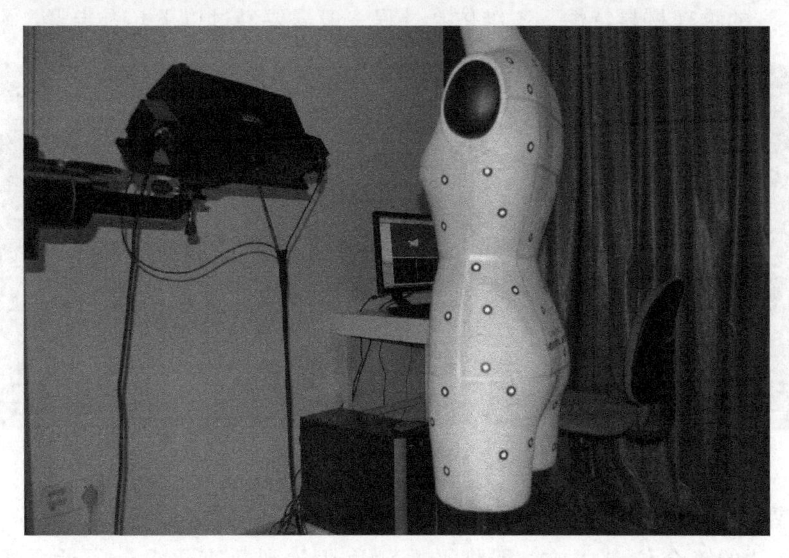

图1-1　三维人体扫描实验室

深圳市布易科技有限公司于2010年投资建立了自己的三维人体建模实验室，展开服装人体三维建模的探索与研究，形成了从三维服装人台测量、服装人台三维几何建模、人台几何特征的自动提取、人台部位尺寸自动提取等完整的技术解决方案。首次比较系统地建立了三维服装人台计算机建模体系，为三维服装进入企业奠定了坚实的基础。

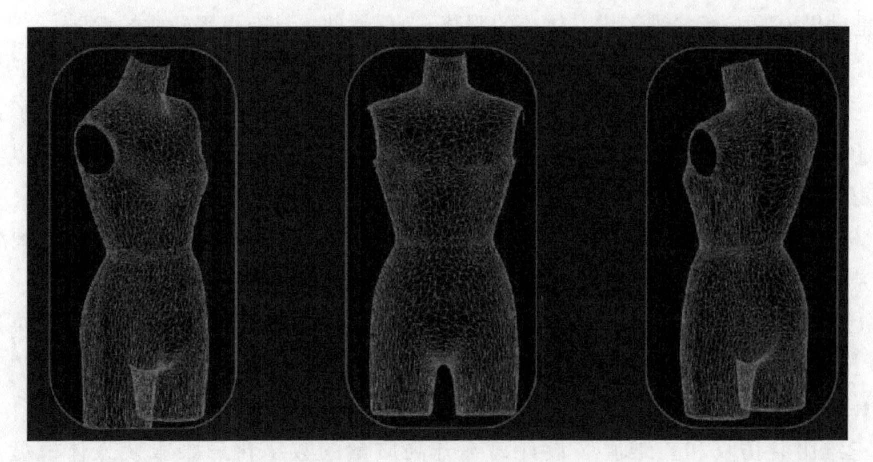

图 1-2　三维人台

2. 三维服装仿真（图 1-3～图 1-5）。

三维服装仿真是将已有的平面纸样虚拟缝合到数字化人台上获得其三维穿着效果（或称悬垂效果）的过程。计算机虚拟缝合的核心技术是基于物理的柔性面料仿真算法。基于物料柔性面料仿真是在传统的计算机仿真算法的基础上融入柔性面料的物理特性参数（如拉伸，剪切和弯曲特性参数），使得变形仿真结果更加符合柔性面料本身的物理材料特性。三维仿真过程一般需要经过以下几个步骤：

图 1-3　ET 三维二维联动辅助设计系统

① 裁片的缝合关系定义；

② 裁片的缝合位置摆放，即将平面裁片摆放到数字化人台附近合适的缝合位置；

③ 启动三维缝合仿真算法计算最终的悬垂仿真结果。

目前国外的三维仿真系统都是独立系统。用户需要将平面纸样转入三维仿真系统中，经过定义缝合信息、裁片摆放、缝合计算等，众多的步骤才能获得最终的仿真结果。如果平面裁片需要修改，上述操作需要多次重复，整个过程复杂而低效，

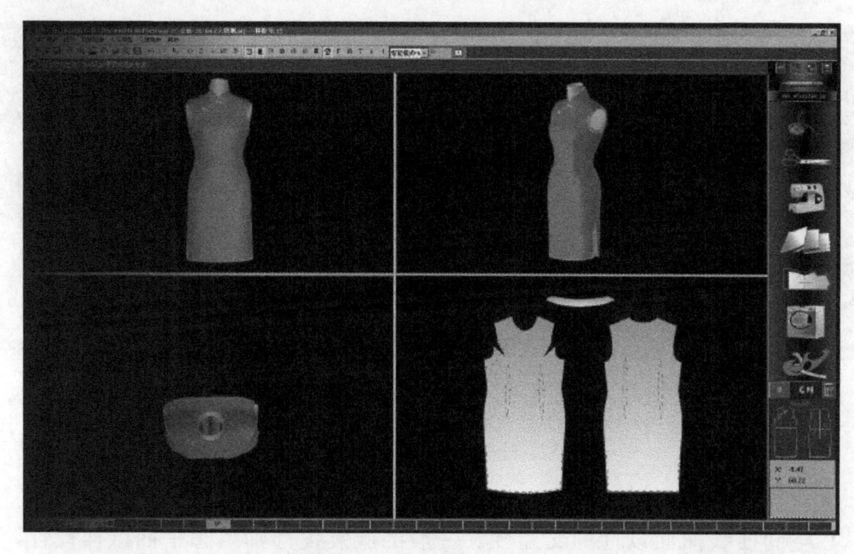

图 1-4　三维试衣过程

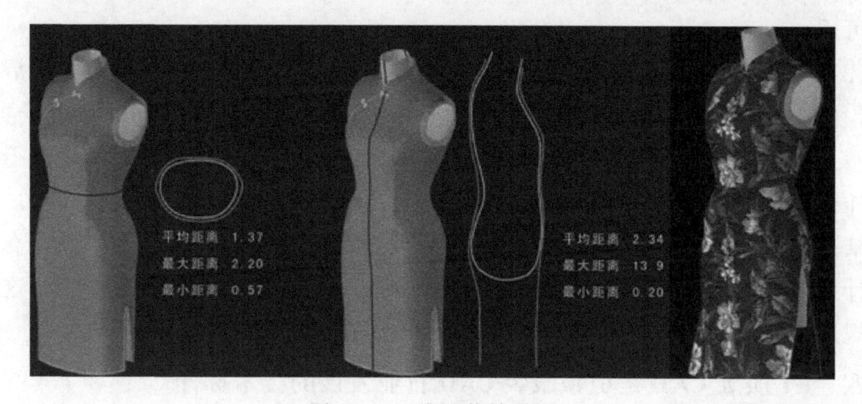

图 1-5　三维服装效果图

实用性较差。

ET 系统采用二维和三维集成的系统构架方式，实现了在一个系统中同步进行纸样的平面设计与三维设计，并能够实现二维和三维数据的互动修改，提高了系统运行效率，降低了操作难度，将三维技术的应用水平提升到一个新的高度。

3. 三维服装设计

三维服装设计是在数字化人台上直接进行服装裁片的空间设计，其步骤一般包括：

① 空间裁片的边界网格定义；

② 基于空间曲线生成空间裁片曲面；

③ 空间曲面的平面展开。

如图 1-6 所示，三维服装设计特别适合于比较紧身的服装款式设计，如内衣

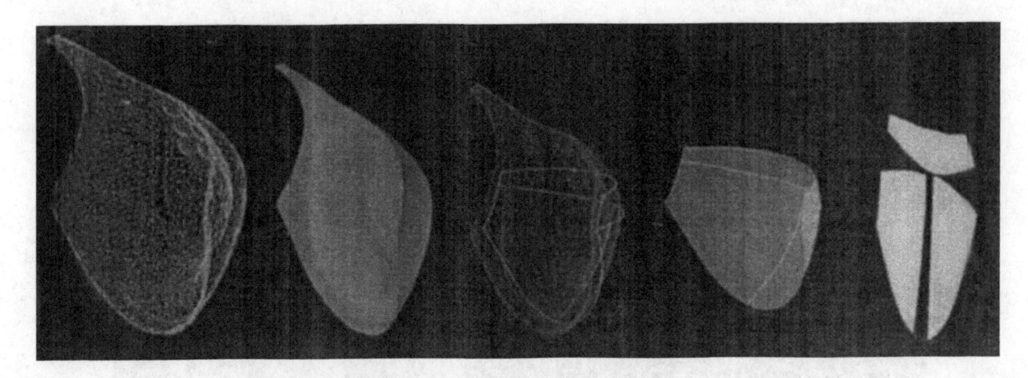

图 1-6　内衣空间设计过程

设计。

三维设计的难点有以下几点。

(1) 空间曲线曲面设计的交互性。一般的服装设计师熟悉平面纸样设计，但往往很难适应复杂空间交互设计过程，因此三维系统交互性的好坏往往直接决定系统是否可用。

(2) 空间曲面平面展开的合理性。直接进行空间设计出来的曲面完全可展开的很少，因此大多存在一定的展开误差，展开误差的合理分布与分散是问题的关键。完全满足服装工艺要求的误差分布处理还是一个难点。因此通过展开算法获得的平面纸样往往是最终纸样的原型，还需要进行必要平面工艺处理。但无论怎样，空间展开结果毕竟给平面纸样的最终获得提供了非常有价值的处理信息。当然，有些三维设计系统采用直接在可展曲面上进行设计或采用平面空间映射解决方法，这样便可以规避空间曲面展开的困扰，但又会受制于设计能力限制。

四、ET 服装 CAD 是引领服装 CAD 行业发展的技术标杆

近十年服装 CAD 技术的发展，中国的服装 CAD 技术已逐步赶上并在某些领域超越了国外服装 CAD 的水平，贡献尤为突出的当属 ET 服装 CAD。2002 年上市的 ET 软件带来了全新的制板理念。ET 软件率先提出的许多设计理念已经成为其它服装 CAD 系统所效仿遵循的设计规范。其首创推出的“智能笔”工具已经成为国产服装 CAD 系统标志性的工具；ET 软件率先实现的缝合关系智能识别机制至今仍然是服装 CAD 技术领域中的制高点；ET 软件提出的文件安全理念将服装企业的知识产权保护提高到了一个全新的高度；ET 软件提供的全面安全防护机制将智能检测机制覆盖到打板，推板和排料等技术环节，将客户的制板错误几率降到最低；ET 软件建立了错误重现机制，以便进行错误分析。

如今，ET 系统又率先实现了二维三维一体化的集成系统设计体系，实现了二维三维融合的联动设计与修改的全新设计理念。ET 软件所带入的技术创新理念深刻地影响着整个服装 CAD 行业，成为整个行业技术发展的方向。

ET 软件的贡献在于引导全行业重新审视自身的技术创新能力，不断挑战技术极限。近十年的技术引领让中国服装 CAD 技术不断突破，充满活力。ET 软件和所有不断追随 ET 软件的同行软件都在这近十年的技术浪潮中得到提升，重回技术创新之路。这是值得全行业骄傲的正确发展方向，也是最终能让中国服装行业实现产业升级的根本途径。

第二节　ET 服装 CAD 系统的显著特色

一、ET 服装 CAD 的技术特点

ET 服装 CAD 软件以自由打板为基础，配置强大的制板、推板、排料功能，融合大量的智能化工具，形成了 ET 软件功能强大，操作灵活，人性化、智能化程度高的软件特点。ET 软件始终追求操作的流畅性，强调功能的完备性，保障系统的安全性，所以能够适应企业最苛刻的使用要求。ET 软件也是一款符合技术平衡性要求的软件，将系统的稳定性、操控性、智能化和安全性等诸多技术指标完美结合。

二、ET 服装 CAD 的技术优势

1. 三维技术——让样板效果更直观

独一无二的三维仿真模拟技术，如图 1-7 所示。通过 ET 服装 CAD 制作二维样板经三维仿真模拟成衣后，能够及时发现服装样板的问题，并且可以在二维 CAD 样板修改后，能看到调整后的三维成衣效果。

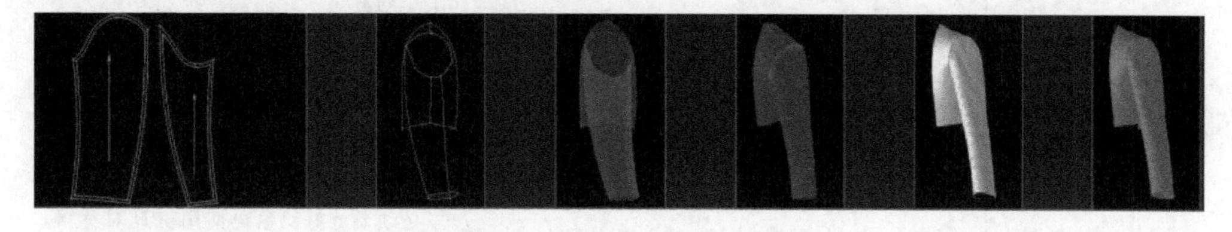

图 1-7　二维样板模拟三维过程

2. 专业工具——让打板步骤更简单

ET 服装 CAD 系统专门设计了【一枚袖】、【两枚袖】、【插肩袖】、【袖对刀】、【自动生成朴】、【西装领】、【上下级西装领】等一系列功能强大的专业工具，使原本复杂的打板步骤变得简单快捷，大大提高了工作效率。

3. 界面个性——人性化、个性化的系统界面设计

好的系统操作界面首先具有易用性，可轻易掌握；其次快捷简单，核心功能就是用智能笔来完成；最后是个性化，允许操作者根据习惯的打板方式，自由选择打板模式。最大程度贴近操作者的使用习惯，让用户喜爱。作为服装 CAD 系统操作方便简洁才是使用王道。这样一流的人机界面体现了对 ET 服装 CAD 软件功能的

成熟理解，不仅易用，而且精美。

4. 安全可靠——让你无后顾之忧

ET服装CAD系统具备无限次数的安全恢复功能，确保文件不会损坏丢失；独特的文件加密功能可确保你的文件不会被盗；即使没有保存文件，突然断电也没事，让你远离丢失文件的烦恼。

三、ET服装CAD软件的常规功能

ET服装CAD软件在常规功能上与其他同类服装CAD软件的区别见表1-1。

表1-1 ET服装CAD软件在常规功能上与其他同类服装CAD软件的区别

序号	功能	ET服装CAD软件	同类服装CAD软件
1	系统概况	智能化程度更高、功能强大、快捷键设计更科学合理、学习和操作简单、快速省时、人性化设计	智能化程度较低、学习和操作复杂
2	操作界面	比较清楚，把所有的工具分类放置	把所有的工具都显示在界面，没有分类，不好找
3	工具通用	打板工具可与推板工具通用	打板和推板系统是分开的，工具不能通用
4	尺寸联动修改	打开模板文件修改原有尺寸后，纸样可按修改尺寸自动修改	自由法作图没有此功能，公式法作图有此功能
5	智能笔	此工具有30种以上的功能，同时还可自定义添加喜欢的任何工具到滑鼠。高度智能化，避免大量更换工具操作	限于5种之内的功能，且不易操作。需大量更换工具动作，工作效率低，工作强度大
6	线的性质与修改	曲线可以呈现自动光顺处理。画面整洁有条理	曲线呈锯齿状
		可自由调整线段。加长、减短、定长、等比例缩放	线段两端只能延长、缩短，但不能等比例调整或定长调整
		锁定曲线长度，调整形状	无此功能
7	双圆规	可以在屏幕上的任何地方画	必须捕捉点才能画
8	撤销步数	撤销步数没有限制，自己可以任意设定	一般最多只可撤销20步
9	对称边	设定了对称边后，点击刷新缝边，会自动对称摊开。等进入推板状态后，对称的那一边会自动隐藏	必须要放好码后再使用工具对称摊开，不能隐藏对称边
10	打断线	可以几条相交的线同时全部打断	只能一段一段地打断
11	拾取样片	只需框选即可	必须一条线一条线地点击
12	分割（去除余量）	可以预览效果，并且可以随时拖动至想要的效果。展开的线不会断	可以预览效果，但必须通过修改展开数值才能得到想要的效果，并且展开的线是断开的
13	合并分割裁片	把分割的样片合并后，合并的接驳线还会保留	合并后，接驳线不会保留
14	一片袖	根据袖窿弧线自动生成一片袖袖山，从合体到宽松可同时自动调节	无此功能
15	二片袖	根据袖山弧线系统自动生成二片袖	无此功能

续表

序号	功能	ET 服装 CAD 软件	同类服装 CAD 软件
16	袖对刀	袖山弧线和袖窿弧线自动设置对位点和袖山吃势量	无此功能
17	衬(朴)	系统自动生成衬(朴)。衣片属性自动生成	无此功能
18	省道生成及转省	生成方式多样,智能笔可完成,也有专用工具。一次性自动到位,操作简单	固定工具。实现方法单一,只有在特定条件下才可顺利完成,否则无法实现
19	省折线加剪口	一次生成省折线、剪口和省尖打孔点	需两种工具才可完成此操作
20	省圆顺	若干个省均可参与省圆顺。可看到整体效果,一次完成	只能单个完成,无法实现多片一次性圆顺
21	重复线条删除	系统可自动删除	需人工将重叠线条找出后删除
22	系统词库	可分门别类,查找方便	不可分类,查找困难
23	缩水率	缩水加放、灵活自由,无论在打板、放码还是排料时均可加放缩水 1. 制板时可设置缩水,不同衣片可设置不同缩水,遇到大缩水率的衣片可立即看到加放缩水后的纸样形状,如有变形可马上修改,有利于控制板型,而其他软件无此功能,只能在排料中加放缩水看效果,导致不直观、不准确和修改费时 2. 推板时可在尺寸表中对每一个码加放相同衣片的不同位置,可加放不同的缩水率,特别适合牛仔行业 3. 排料中也可加放缩水,系统可检查纸样已加放过缩水率,按面料的缩水率输入系统,系统会自动追加缩率,使纸样缩水率符合生产要求	可以在放码系统和排料系统中加缩水率,但只可加整个裁片,不可加裁片的某个部位
24	衣片生成	不需拾取裁片,只要在样片上加止口即成裁片	必须用拾取功能才能拾取裁片
25	衣片属性设置	一个衣片只需设置一次,内容分类更全面、更科学	需名称、面料、片数分别设置,费时且易漏设
26	纽扣纽门	形象直观,找到前后距离后会自动等分纽扣,可预览效果,并且可以设置不等距的纽门。放码时可自动处理	必须输入每个纽扣的间隔,不能自动等分。如有不等距纽门需分别设置。放码不能自动处理
27	点放码表	放码功能自带放码表,放码表又可以档差、层间差、公式定义等三种形式表现,中间的行使切换方便自如	只有层档差和间差形式显示
28	显示放码裁片	可单独显示某个码以及单独修改某个码的裁片,不会影响到其他码	无此功能
29	类似文件衣片复制放码	点击参考文件裁片,再点击要放码的目标裁片,即可完成	需合并文件后把参考裁片的放码量复制到目标裁片
30	比例放码	某段线上的比例点或省褶位,可按比例自动缩放	省褶位必须计算出来,然后用点放码去放

续表

序号	功能	ET服装CAD软件	同类服装CAD软件
31	线放码	可同时放几条切开线,一条切开线可切割几个裁片	每次只能放一条切开线,每条切开线只能切割一个裁片
32	拷贝规则	在放码过程中,可以随时保存可多次使用的放码规则,此规则既可以是公式的,也可以是数值的	只可以是数值
33	平行交点	可以同时把两线分别平行并且相交接	必须分别把两线放至水平或垂直,然后进行平行缩放
34	排料方案	同一款一次调入可根据面料分类,可设置多个排料方案,无须另存文件,而且同一方案可保存若干次排料结果,可选择最佳,可自由任意设置套数	每一面料保存一个文件,一次只能保存一个排料结果,如码不同需分别设置每个码的套数且需数次设置
35	排料方式	压片式排料方式,系统自动计算放置,操作方便	滑动式排料方式,狭窄的部分放不下或重叠,操作困难
36	衣片为纸样文件导出	如衣片文件丢失,系统可将唛架文件转换	无此功能
37	衣片更新	专用工具操作简便	无此功能
38	查找衣片	专用工具操作简便	无此功能
39	接力排料	专用工具操作简便	无此功能
40	自动选位	专用工具操作简便	无此功能
41	唛架图复制	有多种方案可供选择,可自动对齐	只能复制、旋转,不能自动对齐
42	片旋转检查	可自动排序检查旋转片。直观方便	无此功能
43	片重叠检查	可自动排序检查重叠片,还可进一步调节。直观方便	无此功能
44	排料衣片显示	按比例显示。可感觉到衣片大小	最大化显示。感觉不到衣片大小
45	计算功能	可根据唛架信息进行各种计算	无此功能
46	衣片方向	同码衣片如排两件,系统可确定不同的方向	无此功能
47	唛架图信息	全面,可直接进行异地远程数据传输	单一,不可直接
48	唛架图A4缩图	各种唛架数据,系统自动生成	需对1∶1唛架图和信息表进行手动调整
49	打印设置	简单	复杂

第二章　ET 服装 CAD 系统介绍

ET 服装 CAD 软件分为打板、推板系统和排料两个系统。本章重点介绍打板、推板系统和排料工具的功能、使用方法及操作步骤。

第一节　打板系统

一、系统界面介绍

系统的工作界面就好比用户的工作室，熟悉了这个界面就等于熟悉了工作环境，自然就能提高工作效率。ET 服装 CAD 打板、推板系统界面如图 2-1 所示。

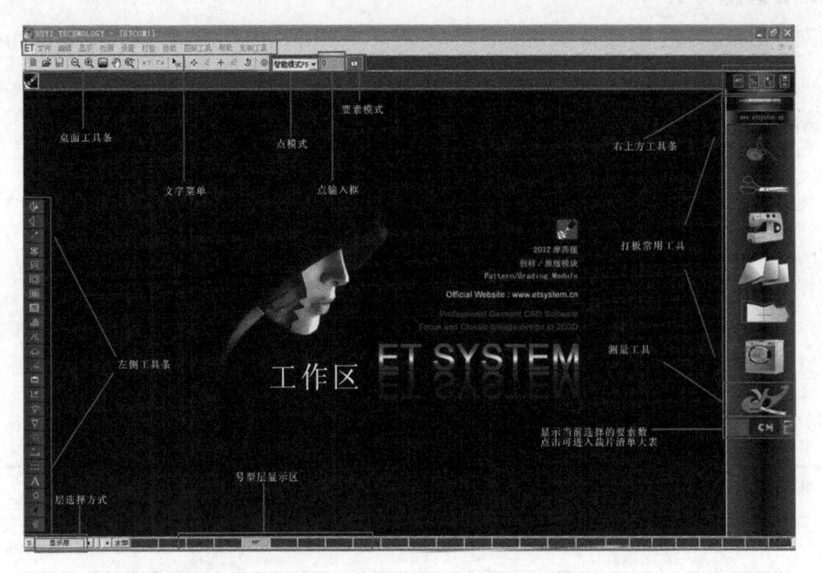

图 2-1　ET 服装 CAD 打板、推板系统界面

1. 文字菜单栏

该区是放置菜单命令的地方，每个文字菜单的下拉列表中都有各种命令。单击菜单时，会弹出一个下拉列表，可单击鼠标选择一个命令。

2. 桌面工具条

该区是放置常用命令的快捷图标，为快速完成打板、推板工作提供了极大的方便。

3. 点模式

该区提供了端点、交点、比例点、要素点、任意点、智能点六种点模式。

4. 点输入框

智能模式输入框。

5. 要素模式

该区放置了框中选择模式和压框选择模式的切换。

6. 右上方工具条

该区放置了“服装打板与推板状态、进入排料、进入数字化仪、进入输出模块”功能命令。

7. 左侧工具条

类似显示工具栏。

8. 打板常用工具

该区放置了用各种方法进行服装打板时所需的工具。

9. 测量工具

是对服装结构线、样板之间测量的工具。

10. 层选择方式

是对层次编辑进行选择。

11. 号型层显示区

显示服装号型的区域。

12. 工作区

工作区是进行CAD打板、推板的工作区域。

13. 显示当前选择的要素数

在操作过程中，显示所选择的要素数量。

二、文字菜单栏

文字菜单栏内容见表2-1。

表2-1 文字菜单栏内容

序号	菜单命令	功能	序号	菜单命令	功能
1	ET	系统文件相关菜单功能命令放置区	6	设置	系统设置相关菜单功能命令放置区
2	文件	文件编辑相关菜单功能命令放置区	7	打板	打板所有的相关菜单功能命令放置区
3	编辑	编辑设置相关菜单功能命令放置区	8	推板	推板所有的相关菜单功能命令放置区
4	显示	显示设置相关菜单功能命令放置区	9	图标工具	相关图标工具功能命令放置区
5	检测	检测设置相关菜单功能命令放置区	10	帮助	自定义工具功能命令放置区
			11	定制工具	定制工具功能命令放置区

三、桌面工具条

桌面工具条如图2-2所示。

图 2-2　桌面工具条

1. 文件新建

将当前画面中的内容全部删除，创建一个新画面。如画面上有图形，则会弹出如图 2-3 所示对话框。点击“是”，即创建了一个空白工作区。

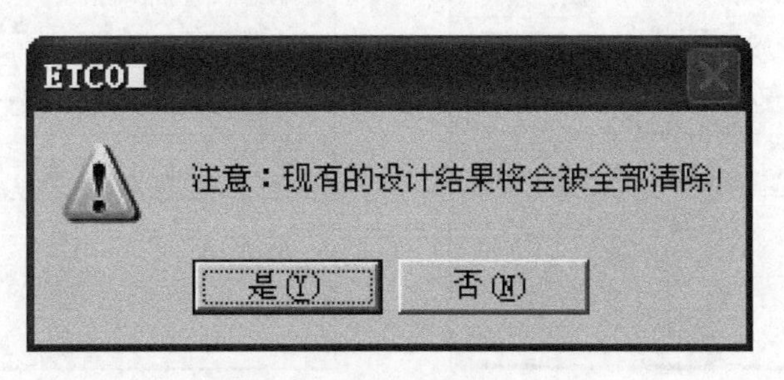

图 2-3　【ETCOM】对话框

2. 文件打开

打开一个已经存在的文件。

（1）选此功能后，出现如图 2-4 所示对话框。

（2）选择文件名后，按 打开(O) 键即打开文件。

（3）常用功能解释

①【文件查询】功能：可以看到当前所选文件的路径，查询结果显示在“文件查询结果”下白框中，白框中可以显示多个路径的文件，此处的文件选蓝后，也可以打开。

②【清空查询文件列表】功能：指将下面白框中的显示内容清除。

③【AMD】功能：自带放码信息方式打开模板文件。

④【缝边刷新提示】功能：勾选此项后，保存文件时如果系统发现裁片修改后未刷新，就会弹出提示提醒。

3. 文件保存

保存当前文件。

（1）初始文件的保存，会自动转为文件另存功能，出现如图 2-5 所示对话框。

（2）在“文件名”处，填写文件名后按“保存”。

（3）在“设计者”、“样板号”及“季节”处，填写相应的内容，以备查询文件时使用。

（4）文件密码：保存文件时，可以对文件进行加密；当打开文件时，必须输入对应的密码；若要解除密码，就选择“另存为”。

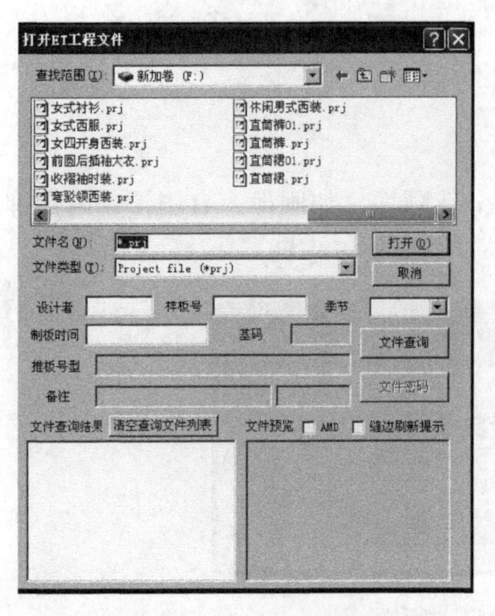

图 2-4 【打开 ET 工程文件】对话框

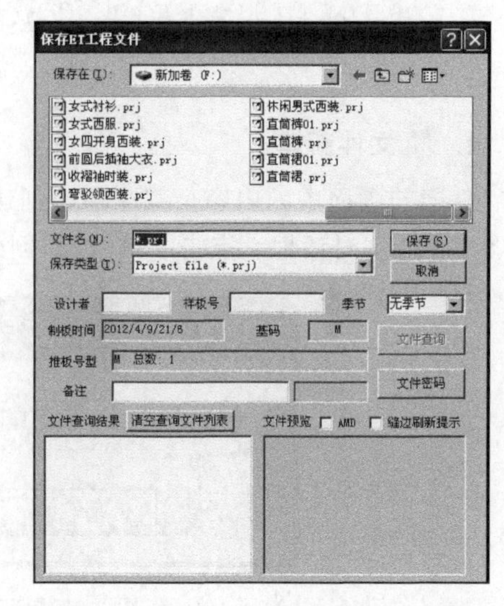

图 2-5 【保存 ET 工程文件】对话框

（5）“制板时间”与“基码”由系统自动填写。

（6）放过码的文件，“推板号型”处会显示已推放的号型数。

注意：如文件已有文件名，再次按“文件保存”功能，则当前内容被保存到已有的文件名中。

4. 视图缩小

整个画面以屏幕中心为基准缩小。鼠标每点击一次此图标，视图就缩小一次，如图 2-6 所示。

注意：此功能只是画面显示的变化，实际图形的尺寸并没有改变。

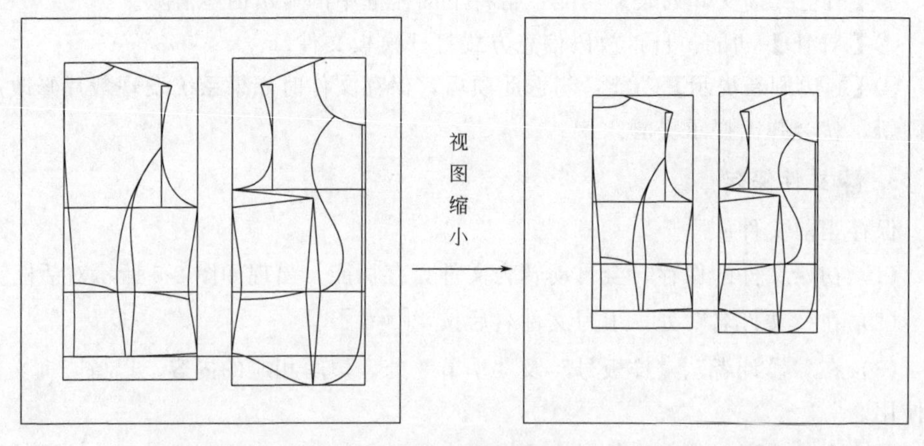

图 2-6 视图缩小

5. 区域放大

通过框选区域，放大画面，如图 2-7 所示。

（1）鼠标左键拖动两点位置，鼠标点 1、鼠标拖 2。

（2）按【Shift】键＋鼠标左键框选，可以无限放大。

注意：右键结束可回到之前使用的工具。

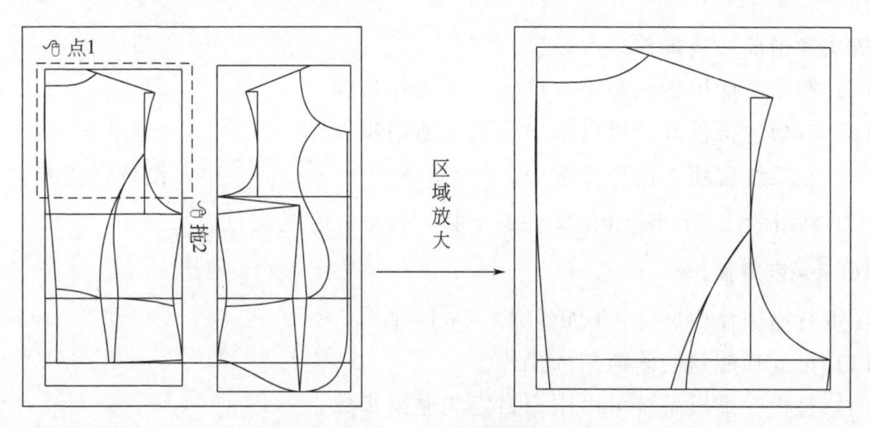

图 2-7 区域放大

6. 充满视图（又称全屏显示）

将画面中的所有内容完全显示在屏幕上，如图 2-8 所示。

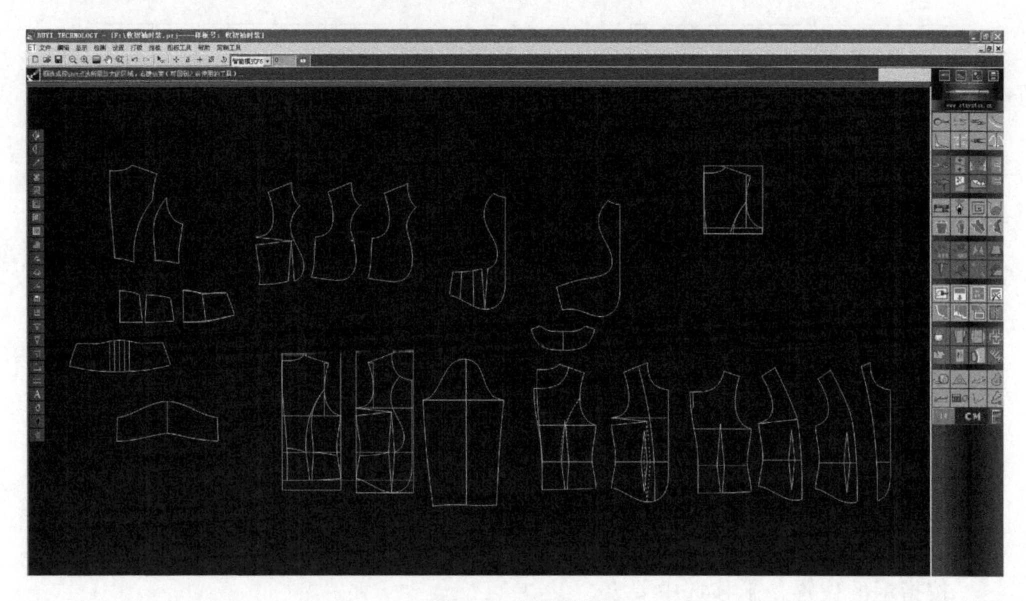

图 2-8 充满视图

7. 视图查询

拖动鼠标，移动画面到所需位置。选择此功能后，屏幕上的光标就变成了

“ ”的形状，此时可拖动画面至所需位置。

8. 恢复前一画面

回到前一个画面状态。选择此功能后，画面则在“现在”与“刚才”的两个画面之间切换。

9. 撤销操作

依次撤销前一步操作。

(1) 撤销功能用于按顺序取消上一步操作步骤。

(2) 打板、推板系统可由用户自定义撤销步数。

(3) 在系统属性下操作设置中，在 撤销恢复步数：1000 中，设置所需步数，即可在 ET 网络版中 Temp _ dir 文件夹下找到自动保存的文件。

10. 恢复操作

在进行撤销操作后，依次重复前一步操作。

(1) 恢复功能是恢复撤销的操作。

(2) 打板、推板系统可由用户自定义撤销步数。

11. 删除

删除选中的要素。

(1) 鼠标左键框选或点选要删除的要素，鼠标右键结束操作，如图 2-9 所示。

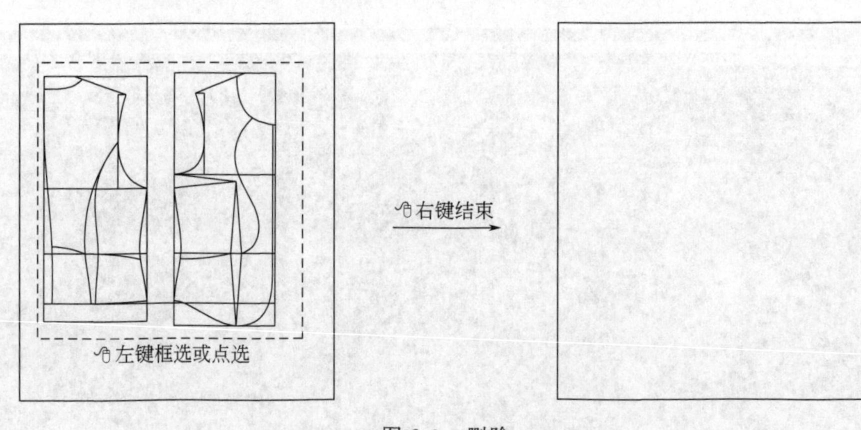

图 2-9 删除

(2) 此功能可能删除除去刀口以外的所有内容。

12. 平移

按指示的位置，平移选中要素。

(1) 鼠标左键选中要移动的要素框选，鼠标右键结束选择。

(2) 按住鼠标左键，移动要素至所需位置，松开，如图 2-10 所示。

(3) 松开鼠标左键前，按【Shift】键可 90°旋转，按【Q】、【W】键可精确旋

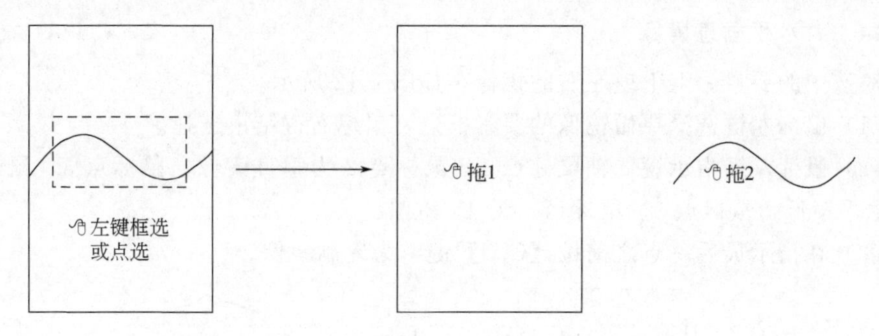

图 2-10　平移

转，按【A】、【S】键可缩放，按【Ctrl】键，则为平移复制。

（4）在输入框 横偏移 5 纵偏移 10 处，键盘输入数值，可以按输入的数值平移。

（5）在输入框 单步长 5 处，键盘输入数值，按小键盘的【2】、【4】、【6】、【8】键，则按指定单步长平移要素。

注意：【8】＝上移，【4】＝左移，【6】＝右移，【2】＝下移。

13. 正 水平垂直补正

将所选图形按指定要素做水平或垂直补正，如图 2-11 所示。

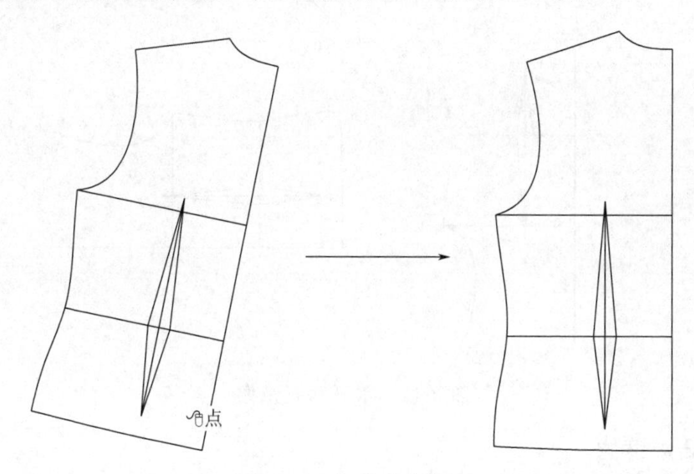

图 2-11　水平垂直补正

（1）鼠标左键选择参与补正的要素框选，鼠标右键结束选择。

（2）鼠标左键选择补正参考要素、鼠标点（如选择靠中点下端要素，则裁片以端点靠左下方转补正，如中点靠上，则反方向补正；如果补正参考要素是曲线，则按曲线两端点连成的直线做补正）。

（3）系统自动做垂直补正。

注意：按【Shift】＋补正的参考要素，系统自动做水平补正。

14. ＋水平垂直镜像

对选中的要素做上下或左右的镜像，如图 2-12 所示。

（1）鼠标左键选择要做镜像的要素框选，鼠标右键结束选择。

（2）鼠标左键指示镜像轴鼠标点 1、鼠标点 2 为垂直镜像，鼠标点 3、鼠标点 4 为水平镜像，鼠标点 5、鼠标点 6 为 45°镜像。

（3）在指示最后一点之前按【Ctrl】键，为复制镜像。

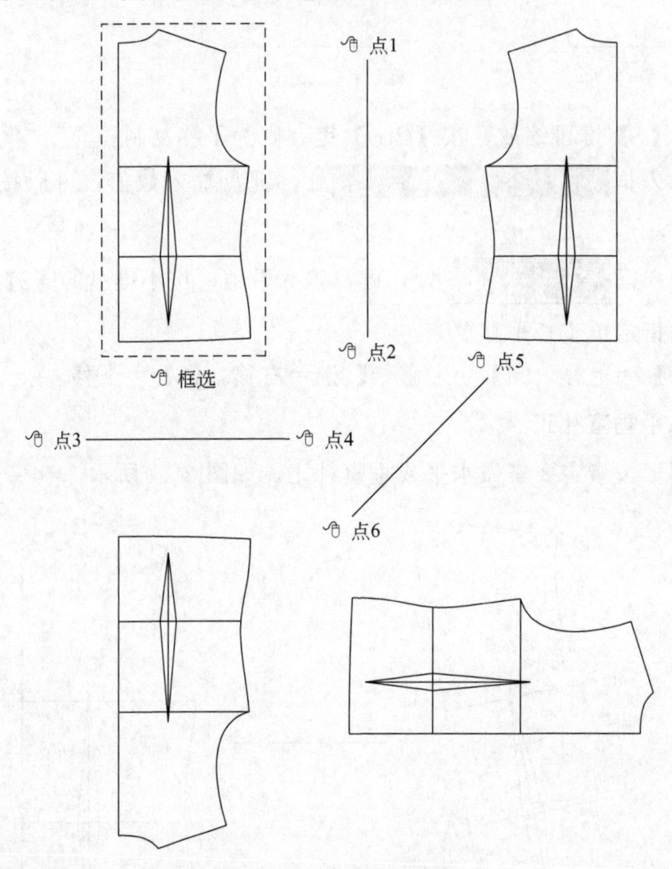

图 2-12 水平垂直镜像

15. 要素镜像

将所选要素按指定要素做镜像，如图 2-13 所示。

（1）鼠标左键选择要做镜像的要素框选，鼠标右键结束选择。

（2）鼠标左键指示镜像要素鼠标点（如果镜像要素是曲线，则按曲线两端点连成的直线做镜像）。

（3）在指示最后一点前按【Ctrl】键，为复制要素镜像。

16. 旋转

将选中要素按角度或步长旋转，如图 2-14 所示。

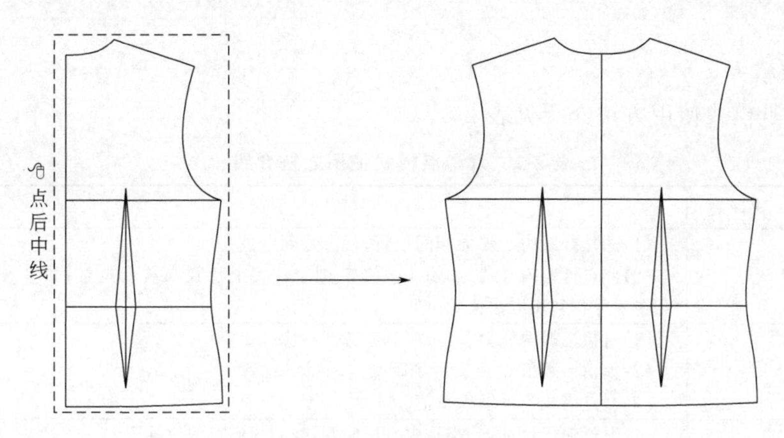

图 2-13　要素镜像

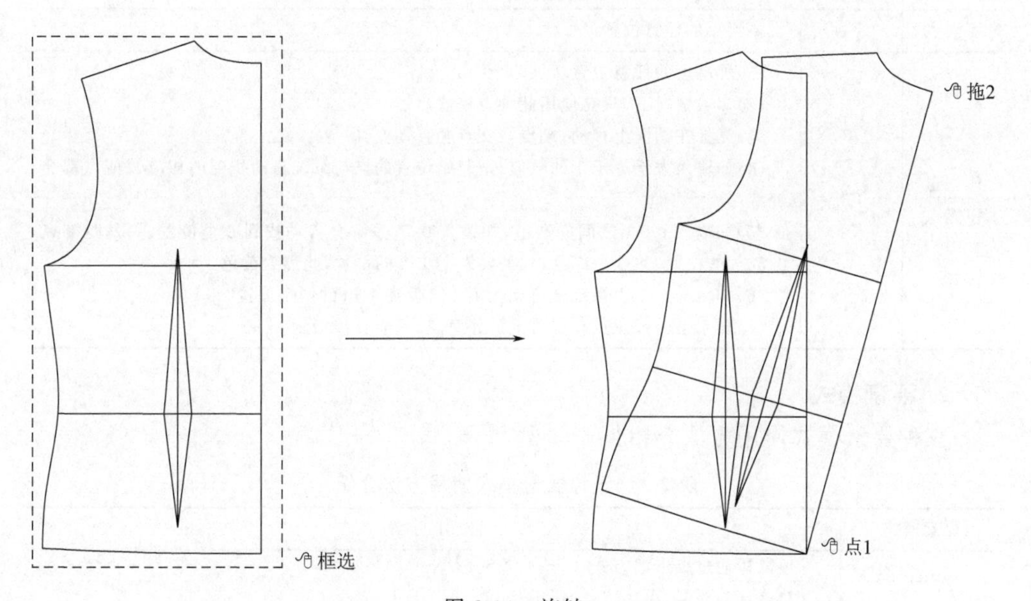

图 2-14　旋转

（1）鼠标左键选需要旋转的裁片，鼠标右键结束选择。

（2）鼠标左键指示旋转的中心点。

（3）鼠标拖动选中要素到需要旋转的位置，按住【Ctrl】键为复制。

（4）在指示最后一点之前按【Ctrl】键，为复制旋转。

（5）在“旋转角度”处输入数值，可以按指定角度旋转。

（6）在“旋转步长”处输入数值，可以用小键盘上的【2】、【4】、【6】、【8】键，按指定步长旋转。

四、点模式与要素模式

点模式与要素模式 ，其中点模式有六种模式，要素模式有三种模式。

1. 点模式

六种点模式使用方法介绍见表2-2。

表2-2 六种点模式使用方法介绍

点名称	快捷键	使用方法
端点		(1)选择要素中心偏向侧的位置,就会选到端点 (2)此点可输入数值,如输入正值5,则会在线上找到5cm的位置;如输入负值,则会在线外找到相应数值的位置
交点		(1)直接选择两线交叉位置,就会选到相应的交点 (2)如输入数值2,则会找到距交点2cm的位置 (3)交点模式不可输入负值
比例点		(1)通过输入比例,并指示中心偏向侧,找到相应点的位置 (2)比例可以输入小数或分数
要素点	F4	要素上的任意位置
任意点 智能点	F5	(1)屏幕上的任意位置 (2)多数情况下,只需使用此种点模式 (3)光标在画面上移动,端点与交点会自动变红 (4)如输入大于等于1的数值,则起始位置的点与系统自动找到的相应数值点都会变红 (5)如输入0～1之间的数值,如输入0.5,系统会自动找到2个位置,一是距端点0.5cm的位置,此点为红色;二是要素上1/2的位置,此点为黄色 (6)如输入0.5,1系统会自动找到1/2偏离1cm的两个位置 (7)要素上的任意点与屏幕上的任意点,只需直接指示

2. 要素模式

三种要素模式使用方法介绍见表2-3。

表2-3 三种要素模式使用方法介绍

要素模式	使用方法
点选	(1)鼠标通过点击的方式,一条一条地选择 (2)错选的要素,再次选择时将被取消
框内选	(1)按下鼠标左键,拖住移动,形成框后松开,框内的要素均被选中 (2)错选的要素,可以以点选的方式,一条一条地取消
压框选	(1)按下鼠标左键,拖住移动,形成框后松开,框内的要素与边框线碰到的要素均被选中 (2)错选的要素,可以以点选的方式,一条一条地取消

五、右上方工具条

1. 打板状态与推板状态

单击此图标一次,进入推板状态,图标变成;再次选择,返回打板状态,图标变成。

2. 进入排料

单击此图标一次,进入排料模块。

3. 进入数字化仪

单击此图标一次，进入数字化仪模块。

4. 进入输出模块

单击此图标一次，进入单裁输出模块。

六、左侧工具条

单击界面左下角S，将弹出以下工具条，再次单击，则隐藏。具体功能介绍见表2-4。

表2-4　左边工具条功能介绍

序号	图标	功能	序号	图标	功能
1		刷新参照层	13		缝边宽度标注
2		显示参照层	14		缝边要素刀口
3		显示要素端点	15		省线要素刀口
4		单步联动更新	16		省尖打孔
5		单步缝边刷新	17		显示放码点
6		线框显示	18		显示点规则
7		填充显示	19		显示切开线
8		裁片信息	20		文字显示
9		单片全屏	21		隐藏缝边
10		动态长度显示	22		隐藏净边
11		弦高显示	23		隐藏裁片
12		要素长度标注			

七、打板常用工具

1. 智能工具

* 可绘制矩形、水平线、垂直线、45°线。
* 可绘制任意长度的直线、曲线。
* 可修正、编辑曲线点列。
* 可做角连接、长度调整、一（两）端修正、删除的修改操作。
* 可做单向省、双向省、转省。

（1）作图类（先左键点选）

① 矩形。

如图2-15所示，在输入框处输入数值 长度 50 宽度 20。

在空白处单击鼠标左键，再左键点击第2点位置。

按【Shift】键，双击鼠标左键，可做任意大小的矩形。

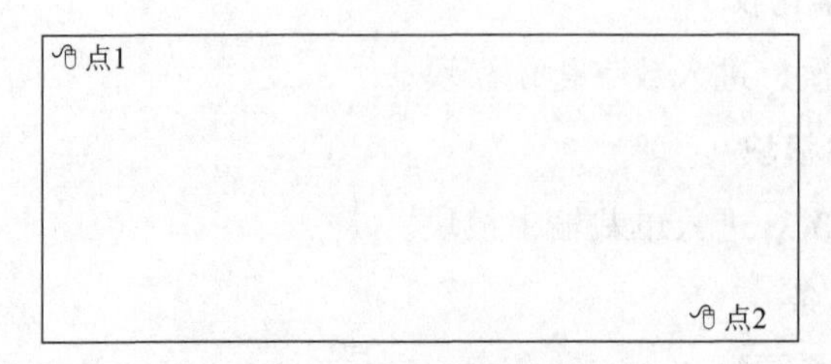

图 2-15 矩形

当屏幕上没有任何要素时，框选也是做矩形。

② 丁字尺。

先鼠标左键点击第 1 点，按一下【Ctrl】键并松开，使智能工具切换到丁字尺的状态（丁字尺指水平、垂直、45°线），然后鼠标左键点击第 2 点。

如图 2-16 所示，在输入框处输入数值 长度 30 ，则按指定长度做水平、垂直、45°线。

注意：【Ctrl】键为切换键，在任意直线和丁字尺两个功能间切换。

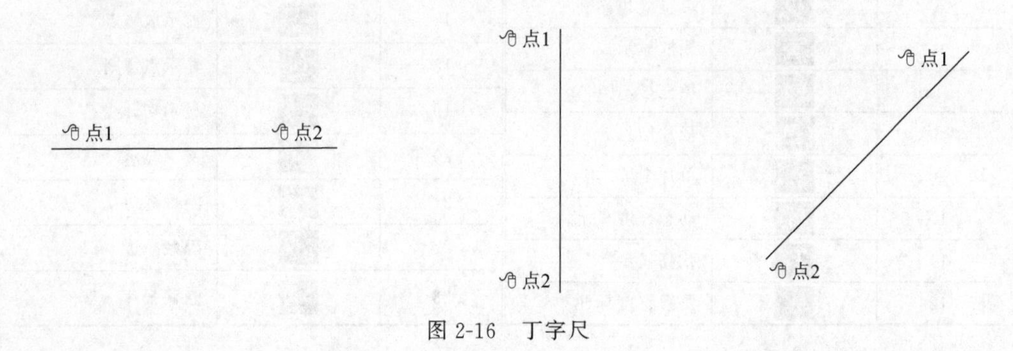

图 2-16 丁字尺

③ 直线。

在屏幕上点击一下鼠标左键并松开，移动鼠标后，左键点击第 2 点，右键结束直线操作。

如图 2-17 所示，在输入框处输入数值 长度 30 ，则按指定长度做任意角度直线。

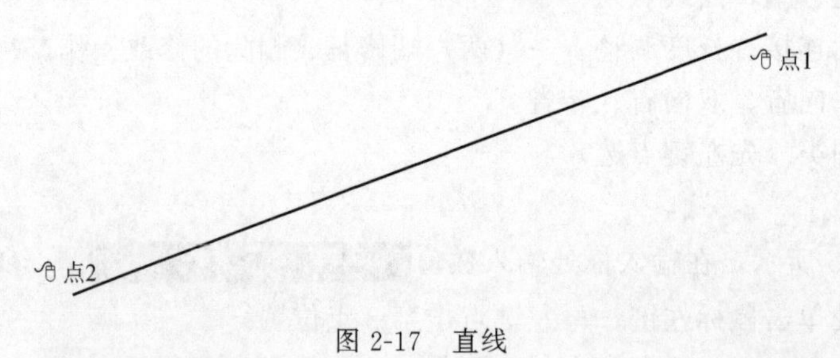

图 2-17 直线

④ 曲线。

如图 2-18 所示，鼠标左键依次单击曲线点（曲线点数≥3），右键结束曲线操作。

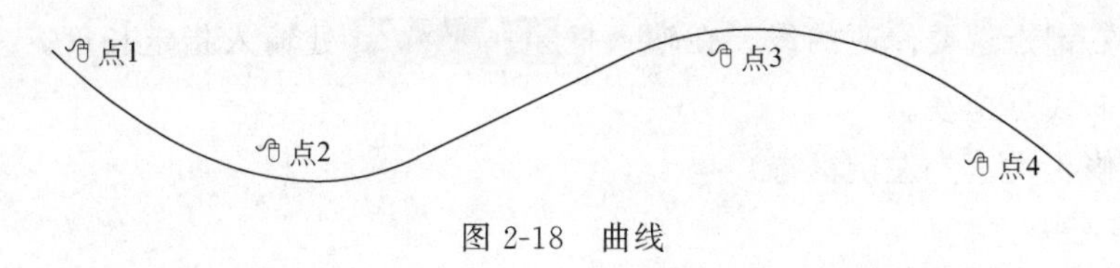

图 2-18　曲线

⑤ 省道。

如图 2-19 所示，在输入框处输入数值 长度 9 宽度 3 ，长度是省长，宽度是省宽，鼠标左键单击要做省的要素，鼠标左键指示省的方向。如果想在线的 1/3 处做省，则在点输入框 智能模式F5 0.33 内输入 0.33。

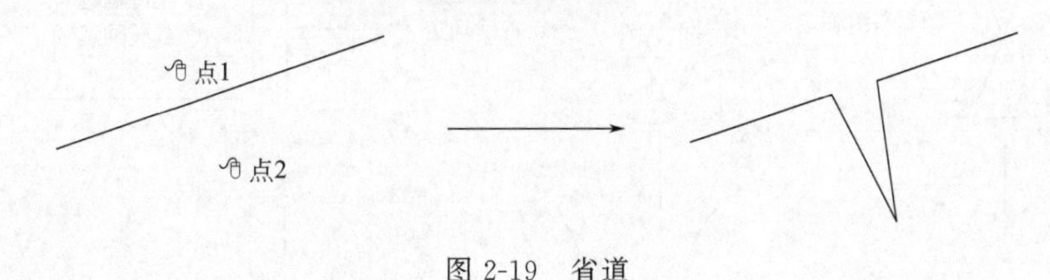

图 2-19　省道

⑥ 单向省。

如图 2-20 所示，在输入框处输入省宽 宽度 5 ，鼠标左键单击要做省的要素（省张开的一端），鼠标左键指示省的方向。

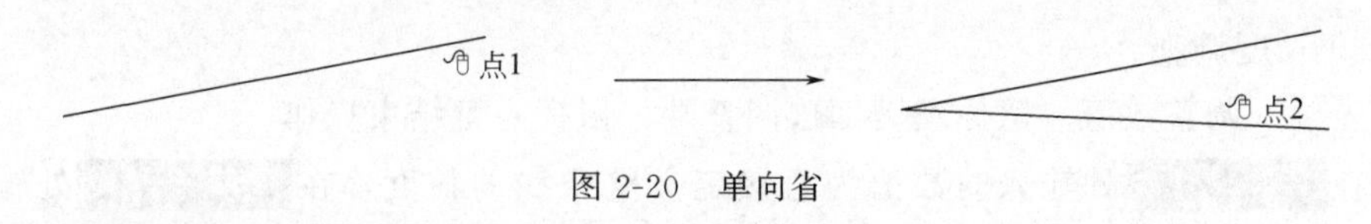

图 2-20　单向省

（2）修改曲线类（先右键点选）

① 调整曲线。

鼠标右键点击曲线，鼠标左键按住曲线上的点，拖动到目标位置，松开，依次调整曲线上其他各点，调整完毕后，鼠标左键结束操作。

② 在调整曲线状态下加点、减点。

按住【Ctrl】键＋鼠标左键，可以增加曲线上的点；按住【Shift】键，鼠标左键，可以删除曲线上的点。

③ 点群修正。

按住【Ctrl】键＋鼠标右键，点击需要修改的曲线，按住左键拖动曲线上的点进行修改。

④ 直线变曲线。

鼠标右键点选直线，中间自动加出一个曲线点。

⑤ 定义曲线点数。

鼠标右键点选曲线后，在输入框 点数 3 处输入点数，右键确定。

⑥ 两端固定修曲线。

鼠标右键点选要修改的线，在输入框 长度 30 处输入指定长度，左键点住要调整的曲线点拖动。

（3）修正类（先左键框选）

① 角连接。

如图 2-21 所示，鼠标左键框选成角两条线的调整端，鼠标右键结束操作。

注意：角连接的框选一次最多只能框选两条线，多于两线不可以操作。

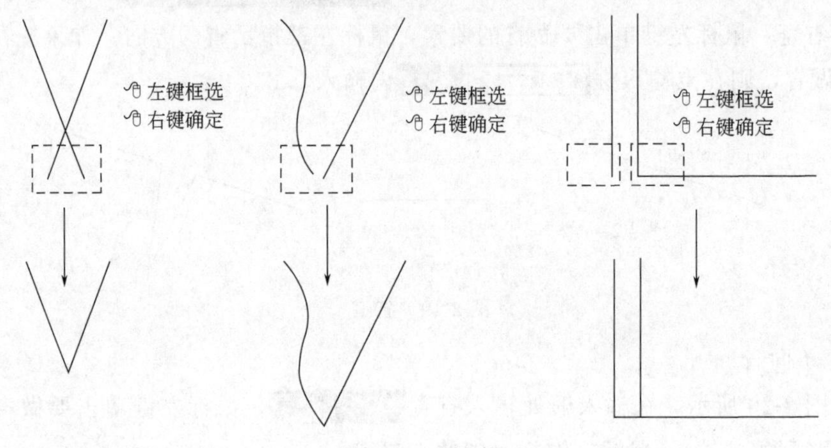

图 2-21　角连接

② 长度调整。

先输入调整数值。鼠标左键框选调整端，鼠标右键结束操作。

在 长度 0 处输入的数值为直接定义整条线的长度，在 调整量 0 处输入的数值为线加长或减短的长度。数值加长为正、减短为负。

如图 2-22 所示，在输入框 长度 20 处输入数值 20，线段会自动变成 20cm 长。在输入框 调整量 5 处输入数值 5，线段会自动增长 5cm。

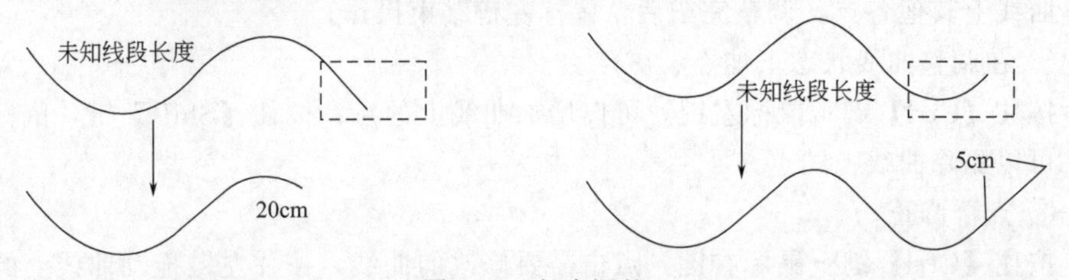

图 2-22　长度调整

③ 一（两）端修正。

鼠标左键框选被修正线的调整端（允许多条）。

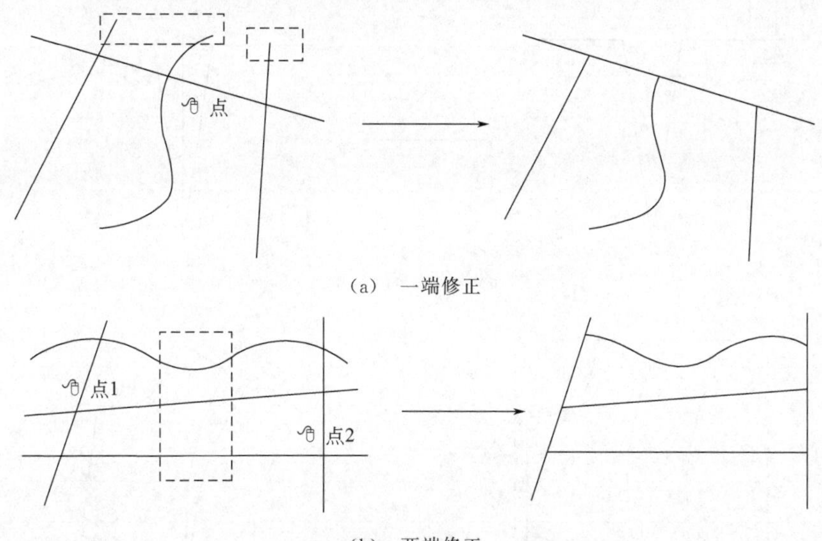

（a）　一端修正

（b）　两端修正

图 2-23　一（两）端修正

鼠标左键点选修正线（1 条为一端修正，2 条为两端修正），如图 2-23 所示。

鼠标右键结束操作。

框选修正端时，必须注意框选位置，不能超中点。

④ 平行线。

鼠标左键框选参照要素，按住【Shift】键＋鼠标右键指示平行的方向。

如图 2-24 所示，在输入 长度 2 处输入数值 2，可做指定距离的平行线。

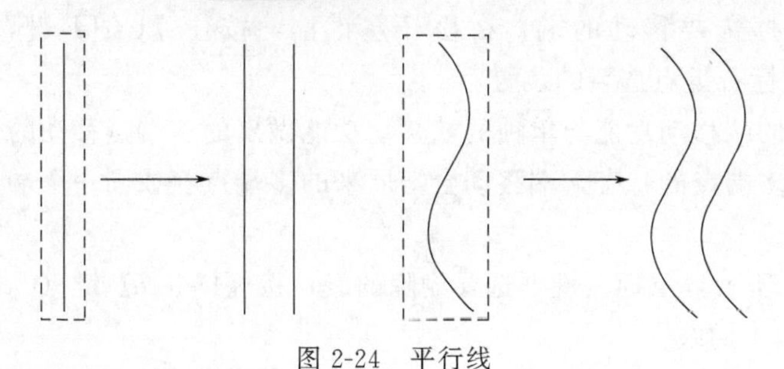

图 2-24　平行线

在 调整量 0 处输入数值，可做指定条数的平行线。

或在长度输入数值，在宽度输入条数，框选裁片后按【P】键。

⑤ 省折线。

如图 2-25 所示，鼠标左键框选需要做省折线的四条要素，鼠标右键指示倒向侧。

⑥ 转省。

如图 2-26 所示，鼠标左键框选需要转省的线，左键依次点选闭合前、闭合后的省线及新省线，鼠标右键结束操作。

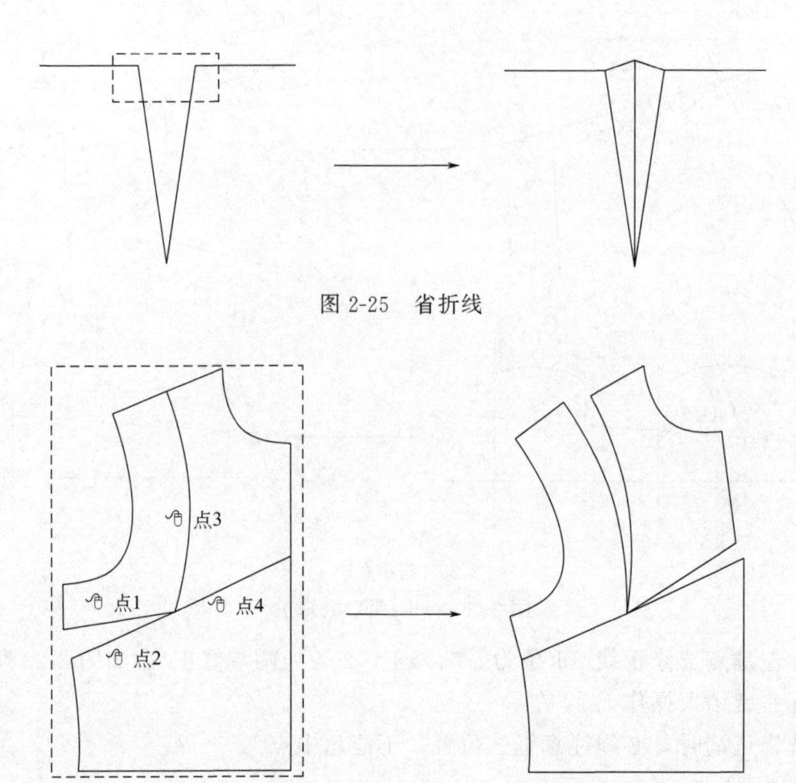

图 2-25 省折线

图 2-26 转省

⑦ 端移动。

鼠标左键框选要移动的端，在松开左键前，按住【Ctrl】键，松开左键及【Ctrl】键。鼠标右键点选新的位置。

智能笔中的端移动功能与单独的端移动功能做出的多端点移动的效果不同，智能笔会保留原多端点的状态，端移动会把原来的多端点变成同一个端点。

⑧ 删除。

如图 2-27 所示，鼠标左键框选要删除的线，按【Delete】键（Ctrl 键＋鼠标右键），将删除选中的线。

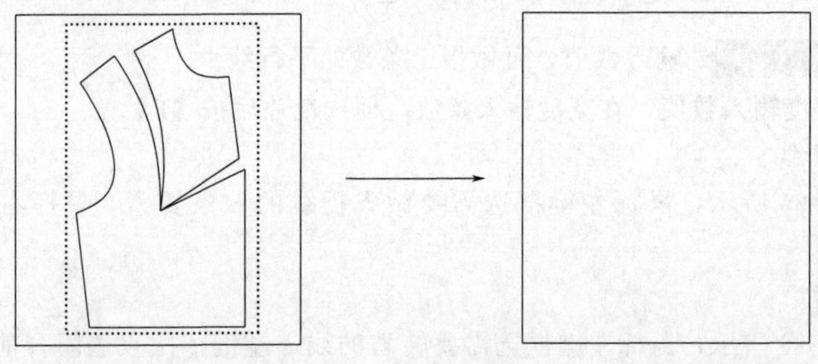

图 2-27 删除

2. 扣眼

在指定位置生成扣子扣眼。

先用鼠标左键点选图上所需扣子扣眼的形状，如图 2-28 所示。

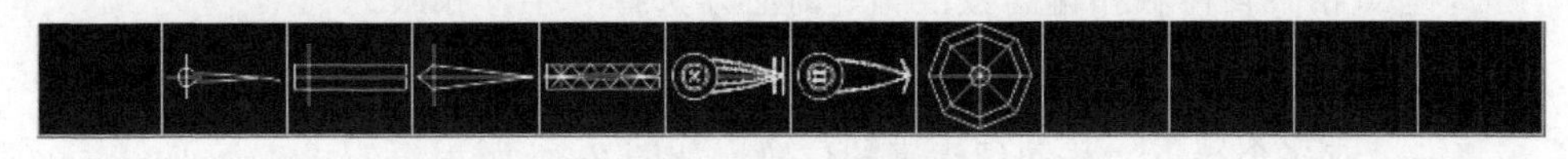

图 2-28　扣眼的形状

（1）做等距扣子扣眼　在屏幕上方选择 等距 。

① 先输入扣眼的 直径 1.8 个数 5 和 扣偏离 0.30 量。

② 鼠标左键依次输入扣眼基线特征点（特征点不少于 2 个）点 1 、点 2。

③ 鼠标右键生成扣眼基线。

④ 鼠标左键指示扣偏离方向点 3，鼠标右键生成扣眼。

（2）做不等距扣子扣眼　在屏幕上方选择 非等距 。

① 先输入扣眼的 直径 1.8 和 扣偏离 0.30 量，及距第一、二粒扣子之间的 距离 5 。

② 鼠标左键依次输入扣眼基特征点（特征点不少于 2 个）点 1、点 2。

③ 鼠标右键生成扣眼基线。

④ 鼠标左键指示扣偏离方向点 3 后，生成第一、二粒扣眼。

⑤ 依次输入下一个距离，鼠标左键预览扣眼位置，鼠标右键生成所有扣眼。

⑥ 点选图 2-29“空白位置”为一字扣眼，按【Shift】键＋右键可扣子扣眼同步生成。扣偏离量＝扣眼比扣子大的量。

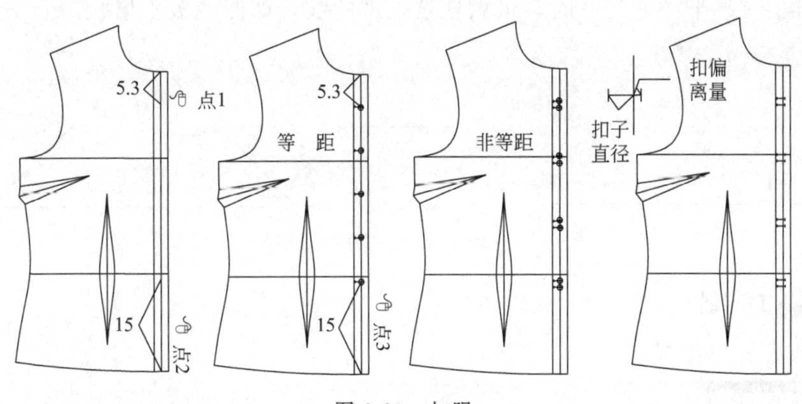

图 2-29　扣眼

⑦ 在按鼠标右键前，按住【Ctrl】键＋左键，做出的扣眼为纵扣眼，扣眼的大小应平分（扣眼大小＝直径＋扣偏离量）。

⑧ 自定义扣子扣眼形状。先做好扣子扣眼形状（大小为 20cm），然后用附件

登录功能将形状登录进附件库中的 ETNSHAPER 组件中。

注意：

① 如基线特征点为曲线，则扣眼生成在曲线上。

② 当纵扣眼直径和扣偏离数值相等时必须选择一字形扣眼。

3. 端移动

将一个或多个端点，移动到指定的位置，如图 2-30 所示。

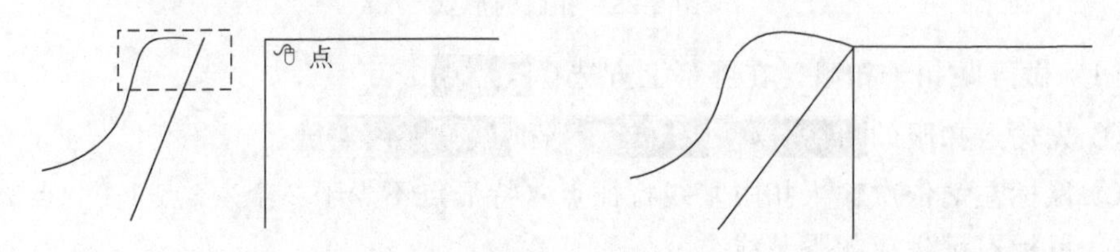

图 2-30 端移动

鼠标左键选择类型，局部 整体 “局部”线端作局部移动，“整体”为线的点列整体移动。

鼠标左键点选或框选线的移动端，鼠标右键结束选择。鼠标左键点选移动后的点（或拖动鼠标到新的位置）。按【Ctrl】键可以复制。

4. 双圆规

通过指示两点位置，同时做出两条指定长度的线。

鼠标左键指示目标点 1：点 1，鼠标左键指示目标点 2：点 2。

如图 2-31 所示，在输入框 半径1 22 半径2 23 处输入数值，则按指定半径做线。

当半径 1、半径 2 为 0 时，可做任意长度的线，如西装驳头形状。

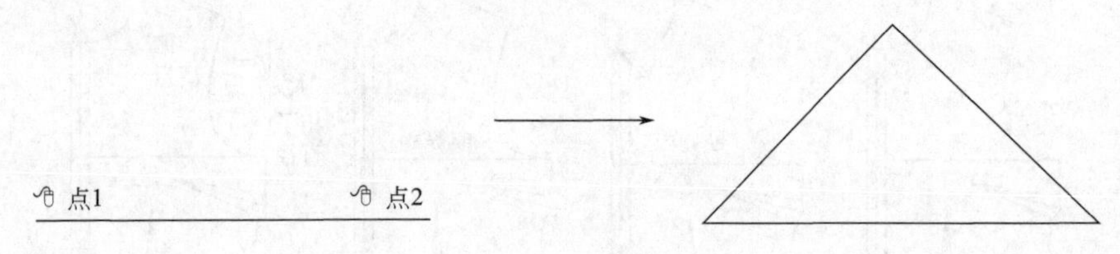

图 2-31 双圆规

5. 工艺线

生成各种标记线。

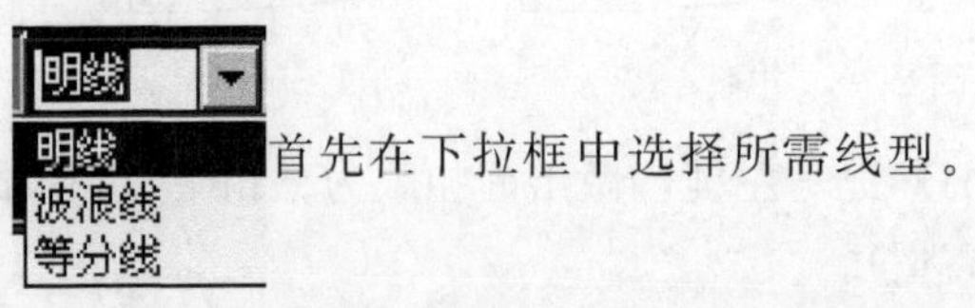

首先在下拉框中选择所需线型。

(1) 明线 在指定要素的方向位置做明线标记。

如图 2-32 所示，在输入框 距离1 0.1 距离2 0.6 距离3 0 处输入数值（如只做双明线，距离 3 处可不填）。鼠标左键指示要做明线的要素点 1，鼠标左键指示明线的方向点 2。修改基础边后，需要选择菜单→服装工艺→刷新明线，框选基础边，鼠标右键结束。

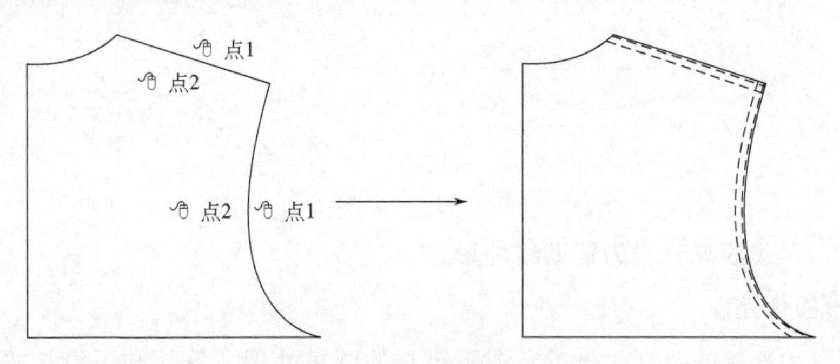

图 2-32 明线

注意：如先在系统属性设置中选择 明线： ☑ 进入推板，系统会自动计算其他号型的明线。

（2）波浪线　在裁片内代表吃势量的波浪线标记。

如图 2-33 所示，鼠标左键在做波浪线的要素上指示起点点 1，鼠标左键指示波浪线的终点点 2，鼠标左键指示波浪线的位置方向点 3。

注意：点 3 的位置及方向，同时代表波浪线距基线的距离与波浪的大小。

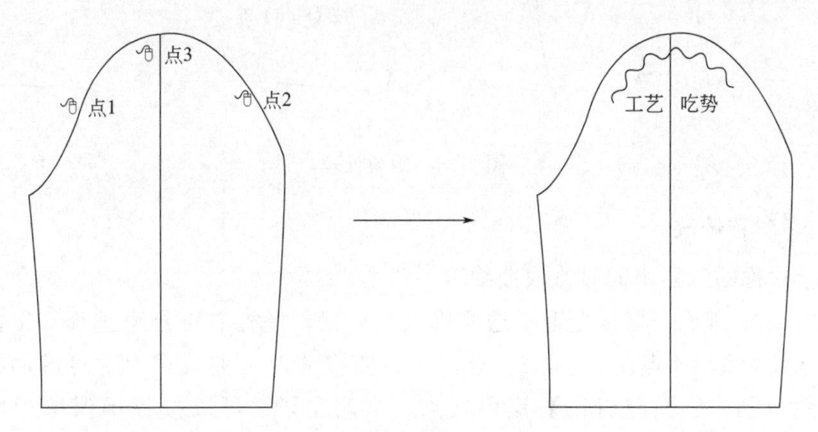

图 2-33 波浪线

（3）等分线　按指定等分数，在一条要素线上，两点间的等分标记。

如图 2-34 所示，在输入框 等分数 6 处输入数值，鼠标左键指示两点位置，等分线生成。 捕捉 不捕捉 “捕捉”通常用于曲线的位置，“不捕捉”通常用于悬空的两点位置。

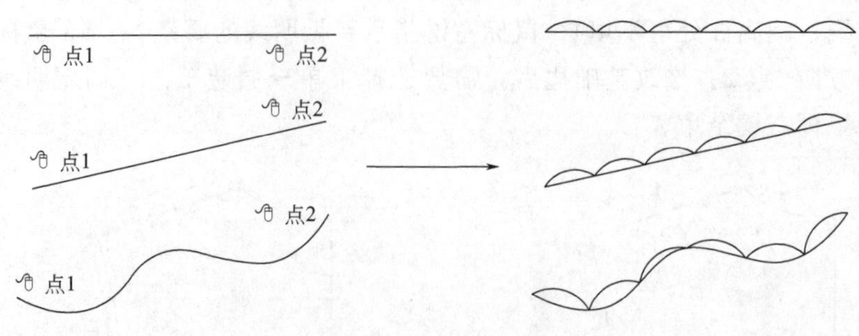

图 2-34　等分线

注意：生成的等分线为辅助线的形式。

6. 圆角处理

对两条相连接的要素，做等长或不等长的圆角处理。等长和不等长按【Shift】键进行切换。如图 2-35 所示，鼠标左键选择参与圆角处理的两条要素后框选。按住鼠标左键拖动，选择圆角的半径大小，松开时，确定圆角的最终位置。在输入框 半径 5 处输入数值，则按指定半径做圆角。

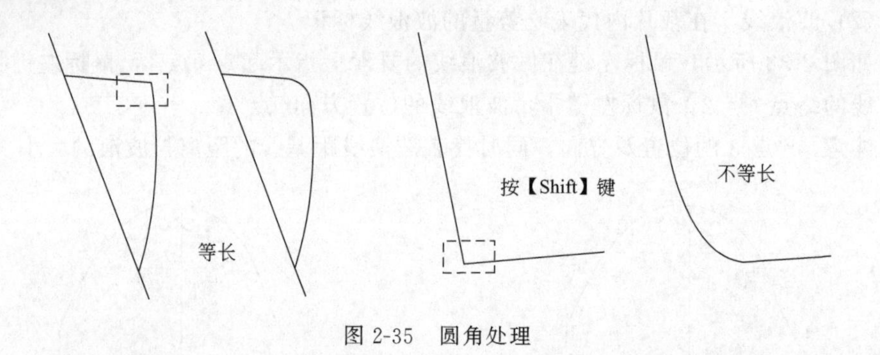

图 2-35　圆角处理

7. 对称修改

在做对称的过程中同时修改曲线。

如图 2-36 所示，鼠标左键框选要修改的要素，鼠标右键结束选择。鼠标左键指示对称轴对称后点 1、点 2。此时可以直接修改原曲线或对称过的曲线，按【Ctrl】键可加点，按【Shift】键可减点。修改完毕，可以按提示保留相应的边（留原边、留新边或全部保留）。

8. 量规

通过某点到目标线上，做指定长度的线。如图 2-37 所示，鼠标左键指示起点点 1，鼠标左键指示目标线点 2。在输入框 半径 20 处输入数值，则按指定半径做长度线。

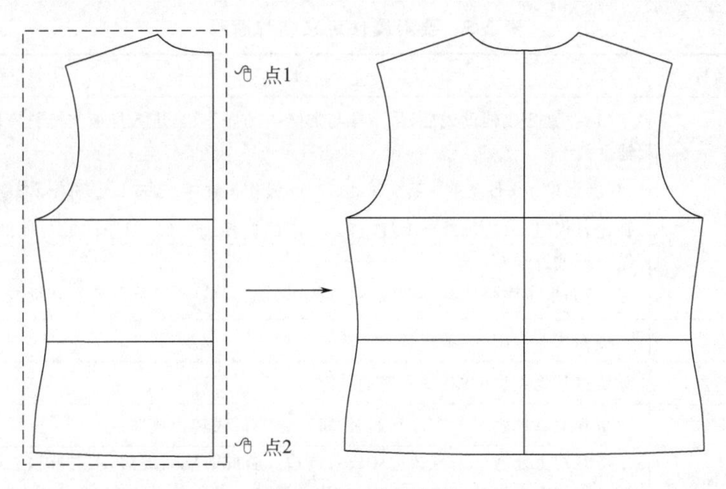

图 2-36 对称修改

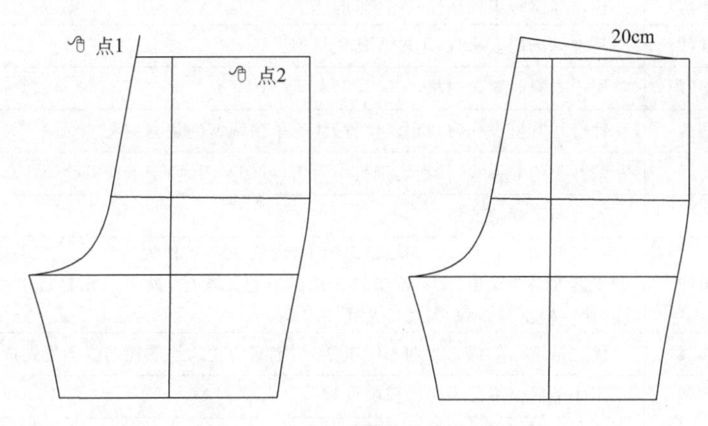

图 2-37 量规画后片腰围线

9. 要素属性定义

将裁片上任何一条要素，变成自定义线的属性，如图 2-38 所示。鼠标左键选择要素属性后框选要素，鼠标右键结束。要素属性定义名称解释见表 2-5。

注意：第一次框选要素，是定义要素属性；再次框选该要素，则变为普通要素。

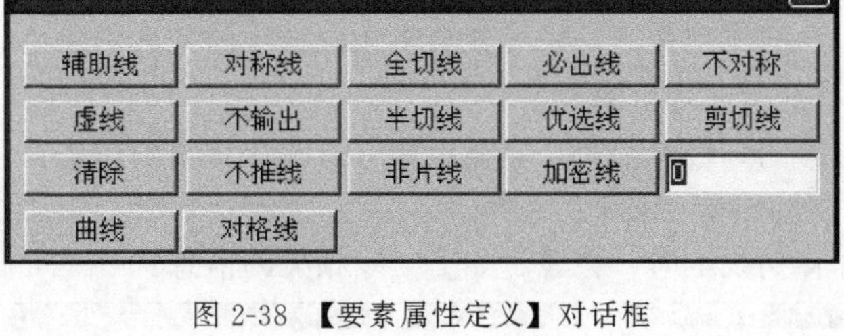

要素属性定义

辅助线	对称线	全切线	必出线	不对称
虚线	不输出	半切线	优选线	剪切线
清除	不推线	非片线	加密线	0
曲线	对格线			

图 2-38 【要素属性定义】对话框

表 2-5　要素属性定义名称解释

序号	名称	解　　释
1	辅助线	(1)要素变成辅助线后，将不参与加缝边的操作，当进入推板与排料模块时，不显示辅助线 (2)如果在文件菜单→系统属性设置→操作设置中，勾选 ☑ 禁止对辅助线操作，则在打板时，只能辅助辅助线上的点，不能选择辅助线。只有"设置辅助线"功能，才能选择辅助线 (3)如果想删除所有辅助线，可选择"编辑"菜单中的"删除所有辅助线"功能
2	虚线	将实线变为虚线，虚线变为实线
3	清除	设过其他类型的线，变回普通要素
4	曲线	与其他软件生成的文件互通时，将产生的折线转换成曲线
5	对称线	将衣片上任何一条直线边变成对称边。若此时刷新缝边，被对称边立即呈现，修改时只需修改真实的一边。(一个裁片上只允许有一条对称线，且必须为整线)
6	不输出	在排料或输出模块中，不输出的线
7	不推线	只在基础码上出现，不进入其他号型
8	对格线	用于排料时对条对格
9	全切线	针对切割机操作时，口袋(位置)线等单独线型的切割定义
10	半切线	裁片上的对称线，如在切割机中输出，可切半刀，便于纸样折叠
11	非片线	不参与加缝边的线
12	必出线	一定会输出的内线。在输出选项中，内线统一被称为工艺线。如果裁片只有极少的工艺线需要输出，又不希望将其他的工艺线删除，就可以在打板中将其定为必出线，而在输出时，不必勾选工艺线
13	优选线	优先被选择的线。当两条线重合时，定义为优选线属性的线会优先选择
14	加密线	用于曲线弧度过大时做保型处理
15	不对称	此功能只对设过对称线的裁片起作用。定义过不对称属性的要素，在使用刷新缝边功能后，不会自动对称处理
16	剪切线	用于服装的裥棉线位置，先输入等距离再选基线。刷新缝边后可看到效果。当数值为 0 时，可以做不规则的裥棉线

10. F9 功能介绍

用来查看要素定义过的属性。

对称 辅助 不出 明线 剪切 不推 文字 扣子 打孔 虚线 全切 半切 必出 优选 非片 不对称 加密 角度 任意
长度：----　缝边宽度1：----　缝边宽度2：----　要素属性：----

(1) 输入 F9 可打开或关闭此功能。

(2) 点击上面的文字按钮，系统就会将相应选项的要素用绿色显示。

(3) "任意"是指显示全部要素。

(4) 当光标移动到裁片中时，会显示如下与裁片相关的信息：

裁片名称:腰头　布料名称:面A　对称性:不对称　附注:

(5) 当光标移到线上时，会显示如下与线相关的信息：

长度：71.500厘米，　缝边宽度1：1.000厘米，　缝边宽度2：1.000厘米，　属性：----

11. 点打断

将指定的一条线，按指定的一个点打断。

如图 2-39 所示，鼠标左键点选需要打断的线点 1，鼠标左键指示打断位置点 2。

如需按指定位置打断，则在点输入框输入数值，再进行上述操作。

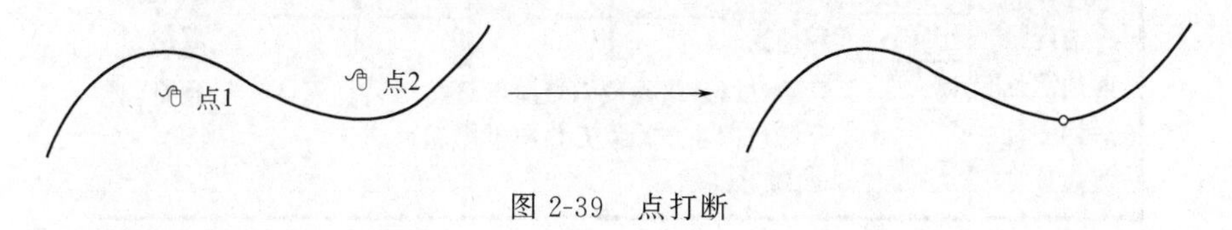

图 2-39　点打断

12. 形状对接

将所选的形状，按指定的两点位置对接起来。

如图 2-40 所示，鼠标左键选择需要对接的形状后框选。鼠标左键点选对接前的起点和终点点 1 和点 2。鼠标左键点选对接后的起点和终点点 3 和点 4。在鼠标指示第 4 点之前按【Ctrl】键，为复制形状对接。

此功能可多层操作，直接点左下角的全部可查看所有号型。

注意：不能直接点展开。

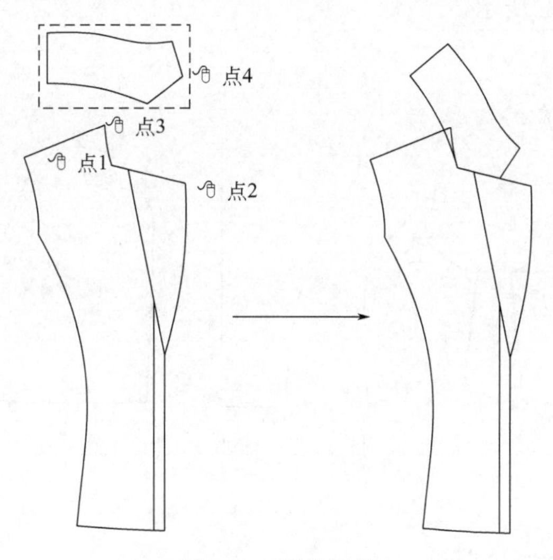

图 2-40　形状对接

13. 袖对刀

将裁片上的袖窿弧线位置与袖山弧线位置同时生成刀口。

（1）鼠标左键选择前袖窿弧线框 1、框 2，鼠标右键过渡到下一步。

（2）鼠标左键选择前袖山弧线框 3、框 4，鼠标右键过渡到下一步。

（3）鼠标左键选择后袖窿弧线框 5，鼠标右键过渡到下一步。

(4) 鼠标左键选择后袖山弧线框 6、框 7，如图 2-41 所示鼠标右键出现对话框。

袖对刀

袖窿总长	46.86		刀口1	袖山容量	刀口2	袖山容量	
袖山总长	49.99	前袖笼	8	0	0	0	确认
总袖容量	3.13	后袖笼	9	0	0	0	取消
前袖溶位	0	☐ 刀口1是从袖顶刀口向下算起					预览
后袖溶位	0	☑ 刀口2是从袖顶刀口向下算起					
前袖笼长	22.45	袖顶刀口					

图 2-41 【袖对刀】对话框

(5) 在【袖对刀】对话框中，输入相关数值后，按【确认】键。

(6) 注意事项

① 大袖的袖山弧线必须是一条曲线，指示必须按曲线顺序指示。

② 袖对刀在后袖窿曲线及后袖山曲线上生成的第 1 个刀口一律为双刀口。

③ 勾选【刀口 1 是从袖顶刀口向下算起】，则第 1 个刀口从袖顶向下计算。

④ 勾选【刀口 2 是从袖顶刀口向下算起】，则第 2 个刀口从袖顶向下计算。

袖对刀如图 2-42 所示。

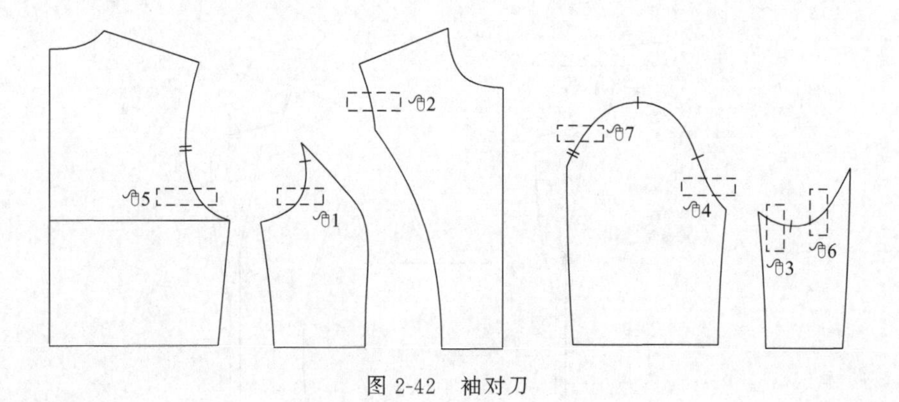

图 2-42 袖对刀

14. 刀口

在指定要素上做对位剪口。

注意：做任何一形式的刀口均要指示衣片净线。

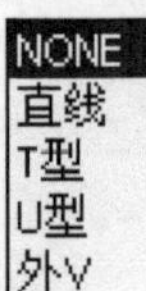

首先在下拉列表中选择所需刀口的形状，并选择 单刀 双刀。

注意：其中 NONE 刀口进入排料后可修改刀口类型。

（1）普通刀口　按输入的数值或比例，在指定要素的方向生成刀口，如图2-43所示。

在输入框 长度 10 或 比例 0 处，输入数值。

鼠标左键框选要素的起始端，鼠标右键结束操作。

（2）要素刀口　在指定要素上，按另一要素的延伸方向生成刀口，如图 2-44所示。

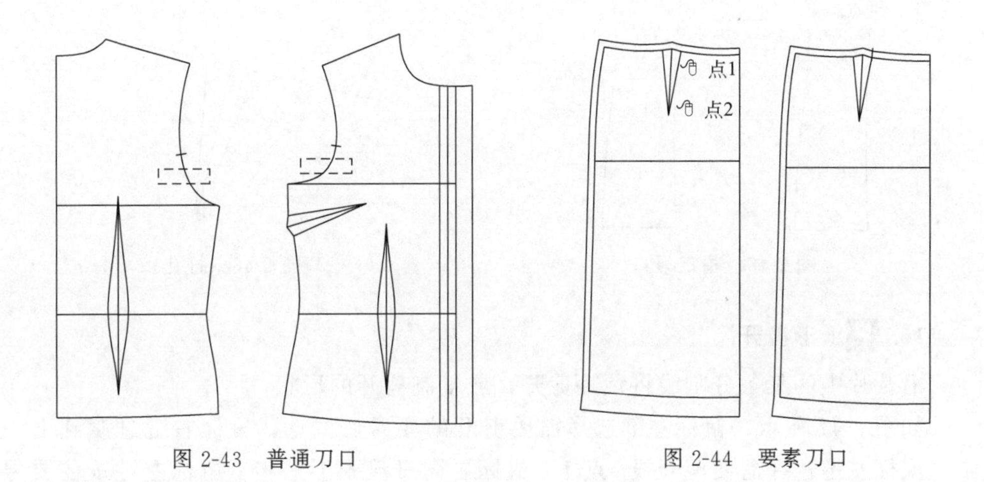

图 2-43　普通刀口　　　　图 2-44　要素刀口

鼠标左键先点选要做刀口的要素点 1。

鼠标左键点选决定刀口位置的要素点 2，鼠标右键生成刀口。

要素刀口在该要素删除后将不存在。

做要素刀口的过程中，如按住【Crtl】键＋鼠标右键确定，可按要素的反转方向做刀口。

（3）指定刀口　在指定要素上，按任意点的位置生成刀口：在点输入框输入数值则可打距离刀口（图 2-45）。

鼠标左键先点选要做刀口的要素点 1。

鼠标右键点选刀口位置点 2。

15. 打孔

在裁片上生成指定半径的孔标记。

如图 2-46 所示，在输入框 半径 0.25 处输入打孔半径。鼠标左键指示打孔位置点。如需修改打孔点尺寸，则选择菜单→服装工艺→设置打孔点尺寸，输入打孔点半径尺寸，框选打孔点，鼠标右键结束。

注意：打孔功能与半径圆功能的作用完全不同，用打孔功能做的是一种特殊的标记，使用切割机出图时，会在纸上直接打孔。

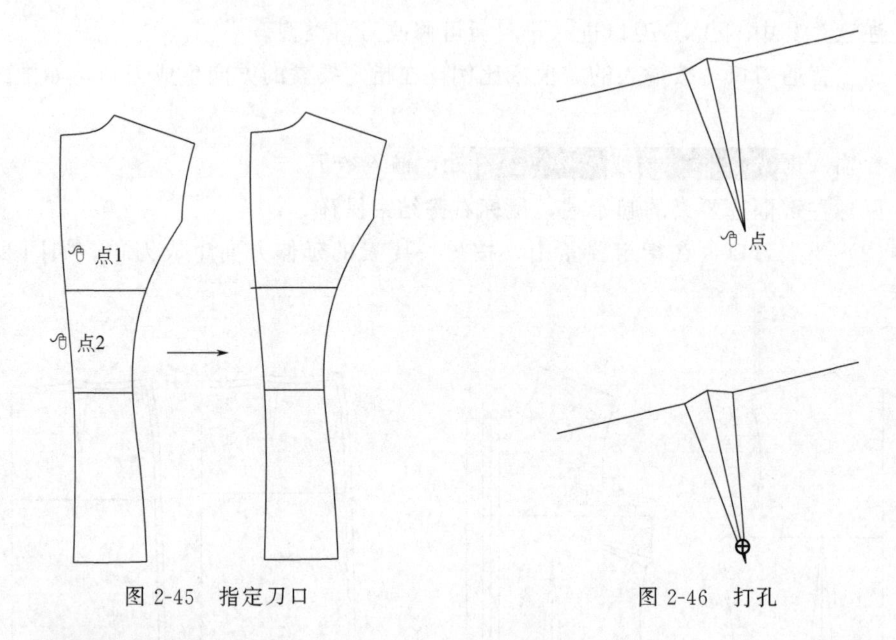

图 2-45　指定刀口　　　　图 2-46　打孔

16. 纸形剪开

沿裁片中的某条分割线将裁片剪开，或复制剪开的形状。

如图 2-47 所示，鼠标左键选择需要剪开的要素后框选，鼠标右键过渡到下一步。鼠标左键选择需要剪开线点 1，鼠标右键过渡到下一步。鼠标左键按住要剪开的裁片，拖动到目标位置，松开即可。

如图 2-48 所示，鼠标左键松开前按【Crtl】键，为复制剪开。此功能可多层操作。

注意：多层剪开时一定要保留原来结构图。

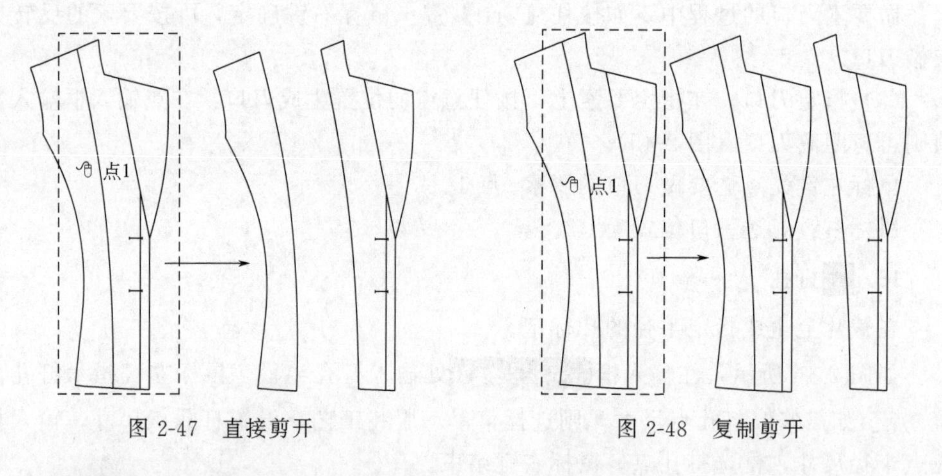

图 2-47　直接剪开　　　　图 2-48　复制剪开

17. 贴边

在裁片上生成等距的贴边形状。

如图 2-49 所示，在输入框 贴边宽 3.5 处输入数值。鼠标左键选择参与做贴边的要素后框选。

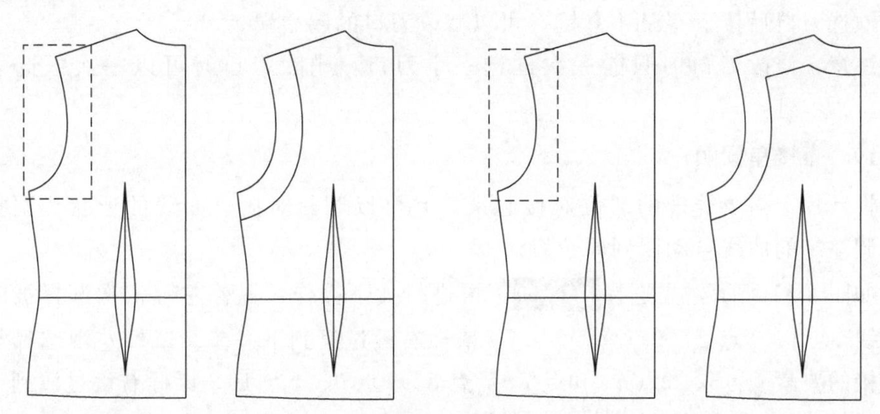

图 2-49　贴边

按住鼠标左键拖动，指示贴边位置，松开即完成贴边操作。如选择 ◉固定 ○移动 拉伸时，会在原来的基础上另加一条贴边线；如选择 ○固定 ◉移动 拉伸时，则是直接移动参考线。如未输入任何数值，则按鼠标指示位置做贴边。

18. 修改及删除刀口

修改已做好的刀口数值，或删除刀口，如图 2-50 所示。

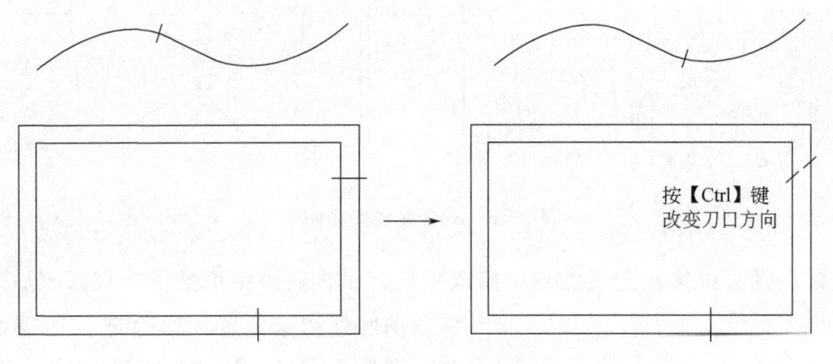

图 2-50　修改及删除刀口

鼠标左键框选刀口，在输入框 距离 9 或 比例 0 处，填入要修改的数值或比例，鼠标右键结束操作。框选刀口后按下

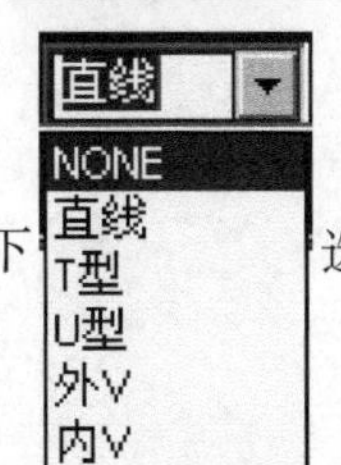

选择所需选项，鼠标右键结束，可修改刀形状。

框选刀口后按下【Delete】键，为删除刀口。

框选刀口后按下【Ctrl】键，可以修改刀口的方向。

框选刀口后按下【Shift】键，可以修改刀口的起始端。

注意：修改刀口时只能一次框选一个刀口，删除刀口时可以一次框选多个刀口。

19. 接角圆顺

将裁片上需要缝合的部位对接起来，并可以调整对接后曲线的形状，调整完毕，调整好的曲线自动回到原位置。

如图 2-51 所示，先选择 不合并，再进行如下操作：鼠标左键依次选择被圆顺的曲线点 1、点 2、点 3、点 4、鼠标右键过渡到下一步。鼠标左键选择与曲线连接的要素点 5、点 6、点 7、点 8、点 9、点 10，鼠标右键过渡到下一步（选择曲线时，应注意中点，方向需一致）。

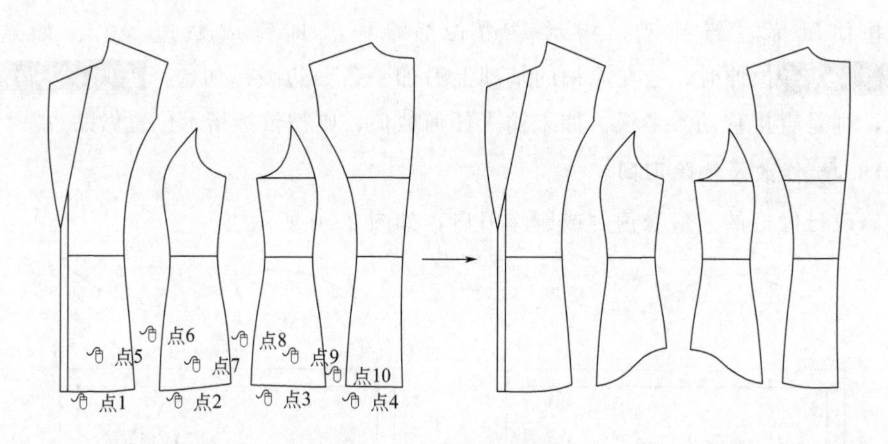

图 2-51　不合并线接角圆顺

鼠标左键直接修改曲线点列，修改完毕，鼠标右键结束操作，被修改后的曲线将自动回到初始位置，如确定后还需继续修改，则按下【Ctrl】键，框选其中一条要素后，鼠标右键结束。

注意：此功能可圆顺裁片下摆、前后袖窿曲线、大小袖拼接等位置。

如图 2-52 所示，鼠标指示被圆顺的曲线前，如先选择 合并线，并输入 节点数 10 就会把被圆顺的线拼成一条 10 个点的曲线，此时可以调整整条曲线的曲度。在调整的状态下，鼠标左键点住缝合线，可以调整缝合线的位置。

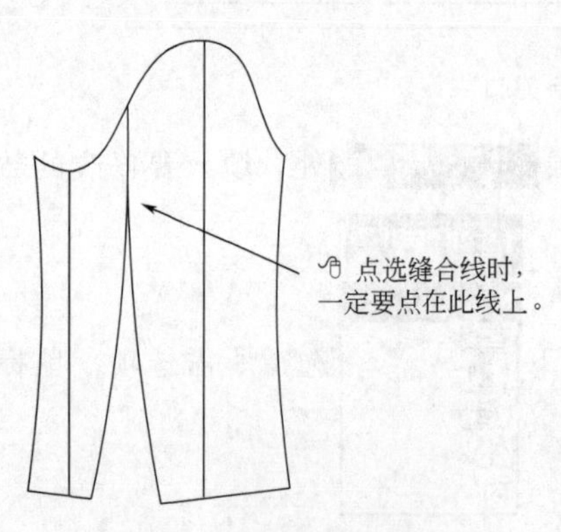

图 2-52　合并线接角圆顺

20. 拉链缝合

将两个裁片假缝后，做工艺线的处理。

如图 2-53 所示，鼠标左键按顺序点选固定侧的要素点 1，鼠标右键过渡到下一步。鼠标左键选择所有移动侧的要素框选，鼠标右键过渡到下一步。鼠标左键按顺序点选移动的要素点 2，鼠标右键后，光标可以在对合线处滑动。鼠标右键或按【Q】键定位退出。此时可以在对合好的裁片上做新的工艺线，如口袋位。按住【Alt】＋【H】键将对合裁片复位。

如确定后还需继续修改，则按下【Ctrl】键，框选其中一条要素后，鼠标右键结束。

【Alt＋H】复位功能只能在裁片上使用，未加缝边的线条不能使用此快捷键。

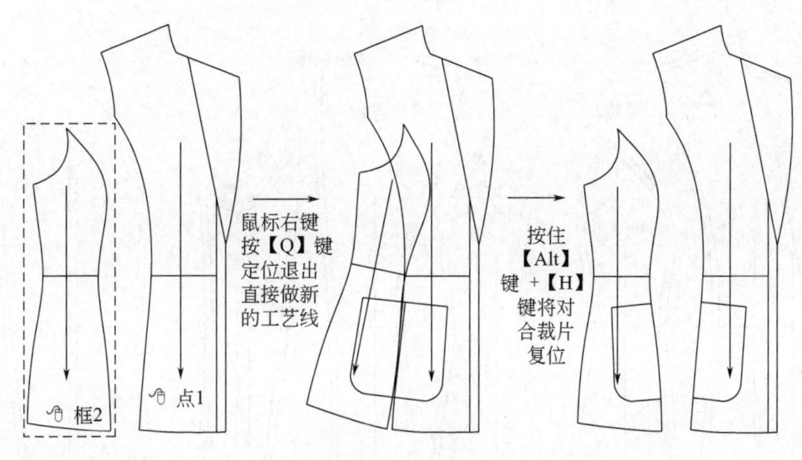

图 2-53　拉链缝合

21. 螺旋操作

用于做夸张的荷叶领，可以最大程度地节省布料。

如图 2-54 所示，鼠标左键在屏幕任意位置点击后弹出螺旋状框与“螺旋操作”对话框。

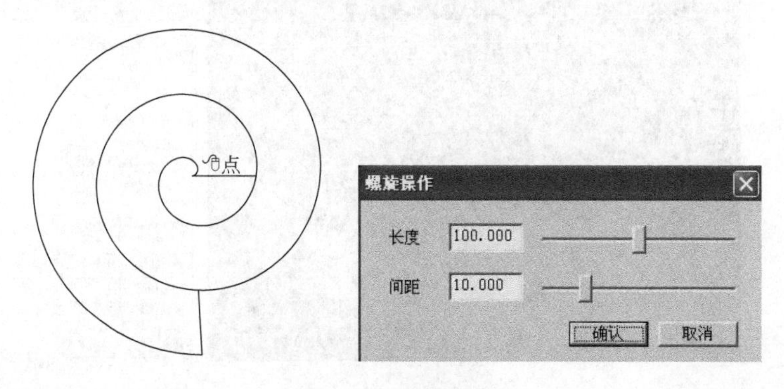

图 2-54　螺旋操作

22. 袖综合调整

将袖山与袖窿组合在一起进行调整，并且可以拉链缝合查看效果。

(1) 前后衣片必须是裁片且前中向左，袖山顶点必须打断，前袖向左。

(2) 选择前后袖窿弧线时，必须选择靠近胸围线的位置。

(3) 选择袖山弧线时，必须靠侧缝边。

如图 2-55 所示，鼠标左键选择前袖窿线，鼠标右键过渡到下一步。鼠标左键选择后袖窿线，鼠标右键过渡到下一步。

鼠标左键依次点选大袖前袖点 1、小袖前袖点 2，鼠标右键过渡到下一步。鼠标左键依次点选大袖后袖点 3、小袖后袖点 4，弹出如图 2-56 所示预览图与设置框，调整好自己所需版型，可点选 拉链缝合 来查看缝合效果，点击确定结束。

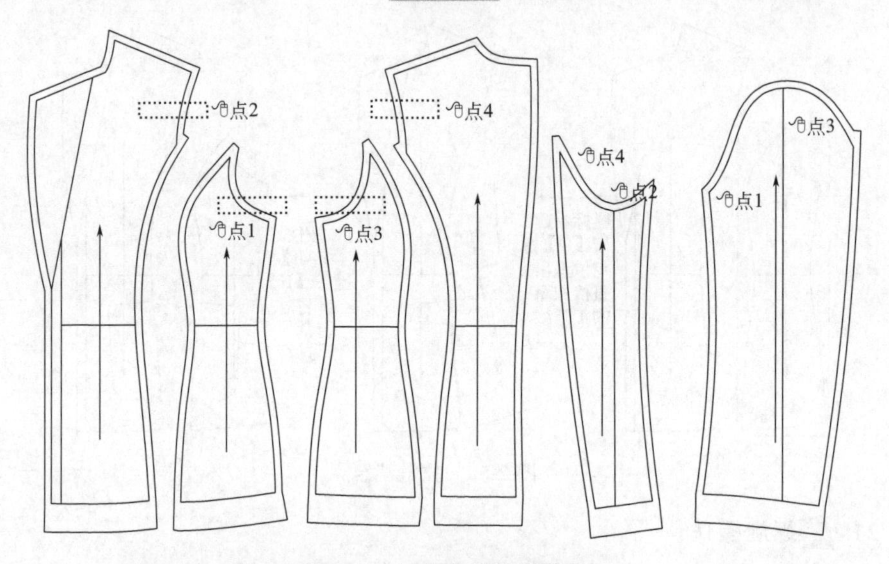

图 2-55　袖综合调整步骤 1

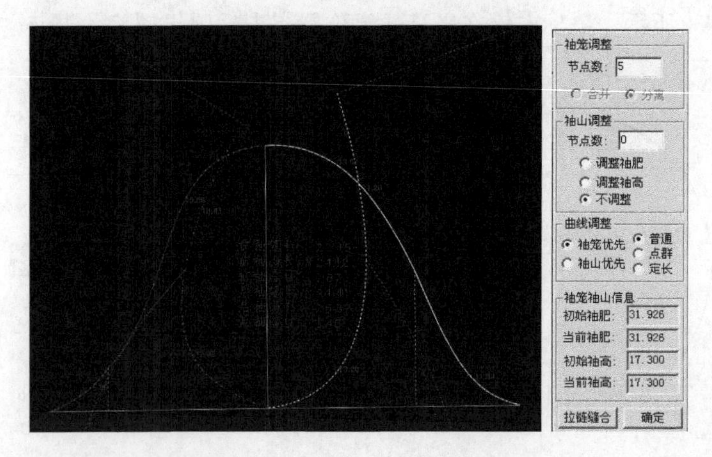

图 2-56　袖综合调整步骤 2

如果确定后还需要继续修改，则按下【Ctrl】键，框选袖窿其中一条要素后，鼠标右键结束。

调整时，袖山线会随吃势量大小自动变换颜色：

吃势量（又称溶位）<1cm时，线条为绿色；吃势量≥1cm≤1.5cm时，线条为白色；吃势≥1.5cm时，线条为红色。

23. 一枚袖

通过已知的前后袖窿的数值，自动生成一枚袖。

如图2-57所示，鼠标左键选择前袖窿，鼠标右键过渡到下一步。鼠标左键选择后袖窿，鼠标右键过渡到下一步。在合适的位置指示袖山基线点。弹出对话框后，按需要调整袖山的形状及数据。在 总溶位 2.87 溶位调整 填入吃势量，鼠标左键点击"溶位调整"，完成一枚袖。

注意：袖肥、袖山高只允许其中一项与总溶位匹配，且袖肥、袖山高不能同时设置数值。

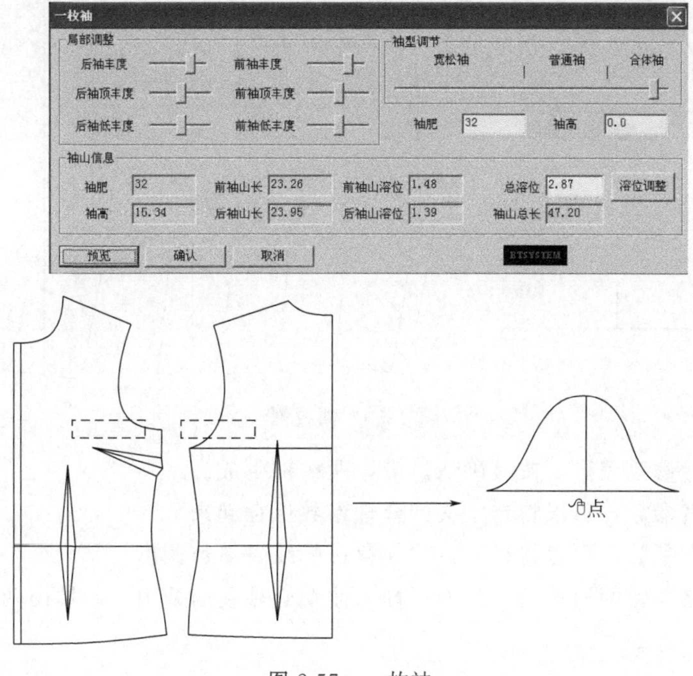

图2-57　一枚袖

24. 两枚袖

将一片袖直接生成两枚袖，如图2-58所示。

鼠标左键指示前袖山曲线点1。

鼠标左键指示后袖山曲线点2，出现如图2-58所示对话框。

修改尺寸后，按【预览】键，可看到调整尺寸后的图形变化。

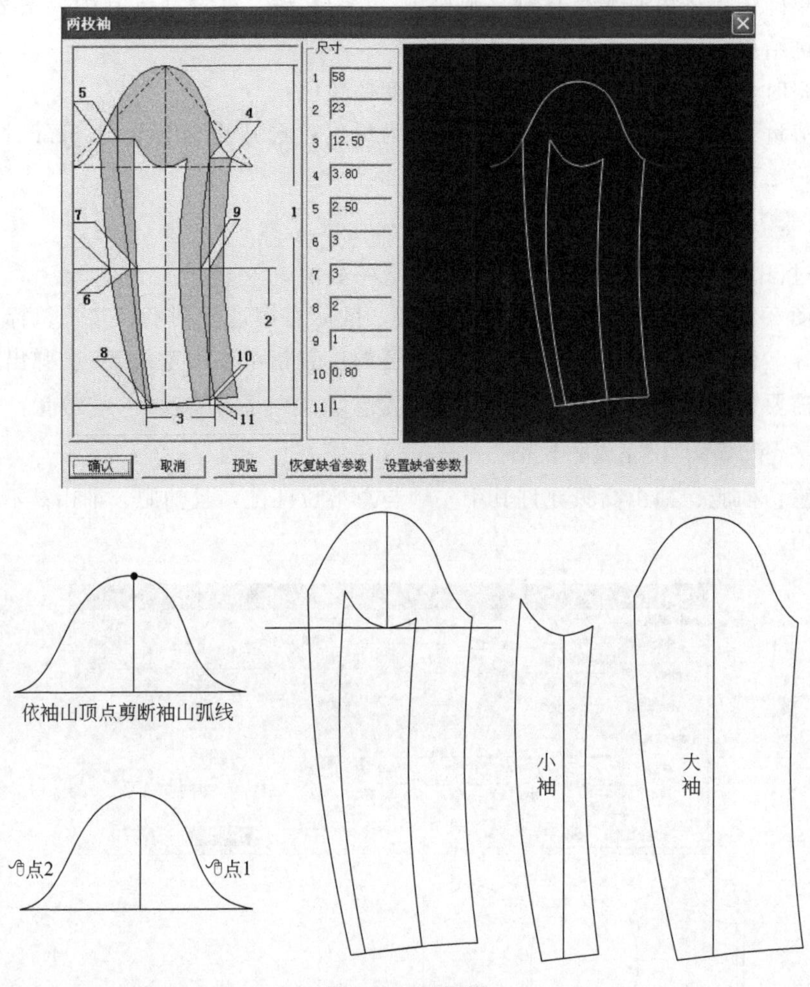

图 2-58 两枚袖

所有尺寸修改完毕，按【确认】键，两枚袖生成。

设置缺省参数：可以将自定义的合理参数保存起来。

恢复缺省参数：可以将最后一次保存过的缺省参数调出。

注意：将要做两枚袖的一片袖，袖山曲线必须是前袖山、后袖山两段曲线。

25. 插肩袖

通过已知的前后袖窿的数值，自动生成插肩袖。

注意：裁片的摆放必须是前中向左，后中向右。

如图 2-59 所示，鼠标左键选择所有的前袖线框选，鼠标右键过渡到下一步。鼠标左键选择所有的后袖线框选，鼠标右键过渡到下一步。鼠标左键选择前袖窿弧线点 1 袖窿弧线底端。鼠标左键选择后袖窿弧线点 2 袖窿弧线底端。鼠标左键选择前袖分割线点 3 分割线底端。鼠标左键选择后袖分割线点 4 分割线底端。

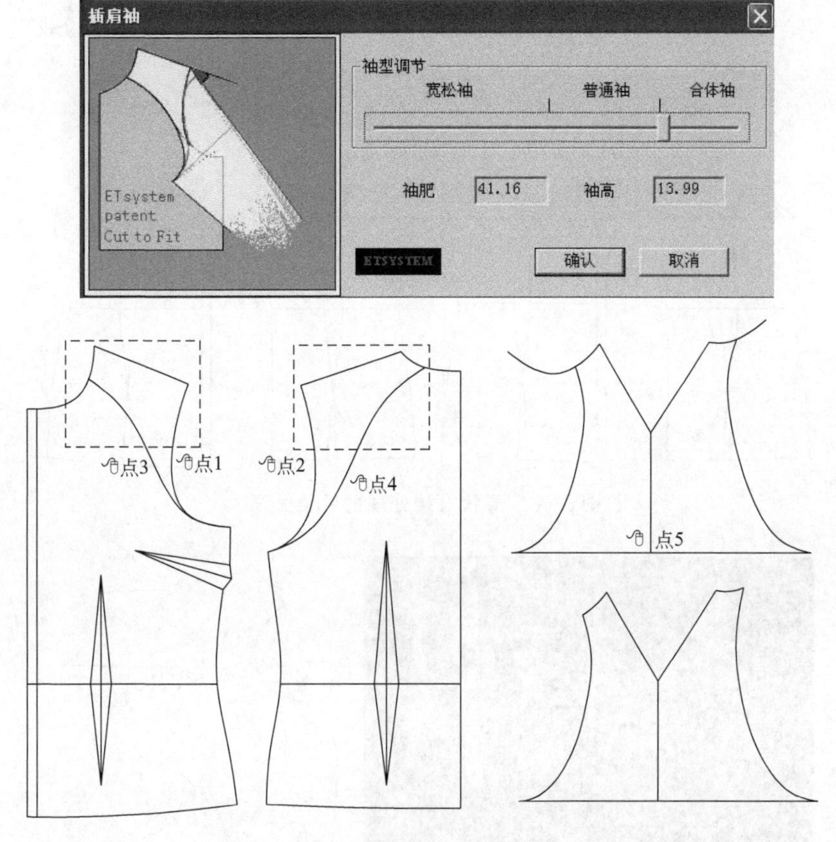

图 2-59　插肩袖

在合适的位置指示袖山基线点 5。弹出【插肩袖】对话框后，按需要调整袖山的形状及数据。

26. 西装领

形状对接处理前后领弧线后，用该工具做西装领，如图 2-60 所示。

注意：

（1）裁片的摆放必须是前中向左。

（2）前后领口线必须是一整条线，且驳头处连接完好，反串线与驳头线必须相交。

（3）框选时，必须框靠领嘴的一端。

如图 2-61 所示，鼠标左键选择驳头线点 1，弹出调整框，输入所需参数。

按【OK】键，直接生成西装领，后领中线自动生成对称线。

27. 固定等分割

将裁片按自定义的等分量及等分数进行分割处理。

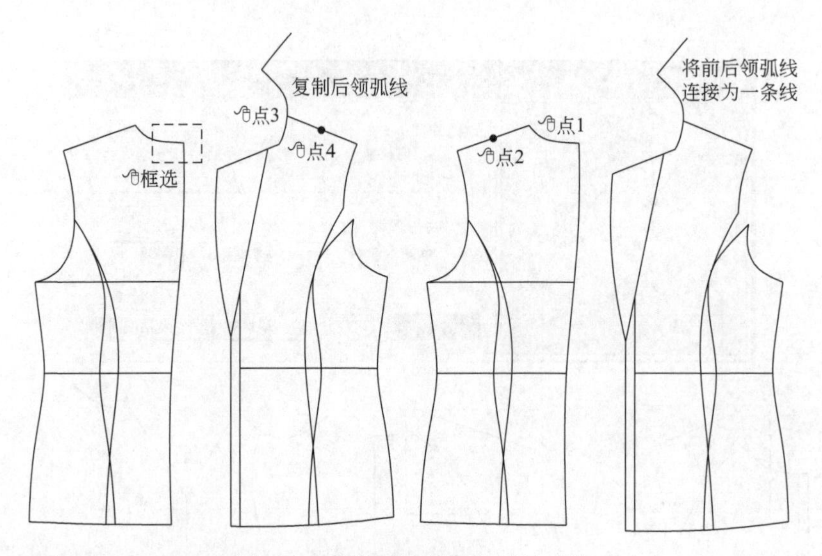

图 2-60　形状对接处理前后领弧线

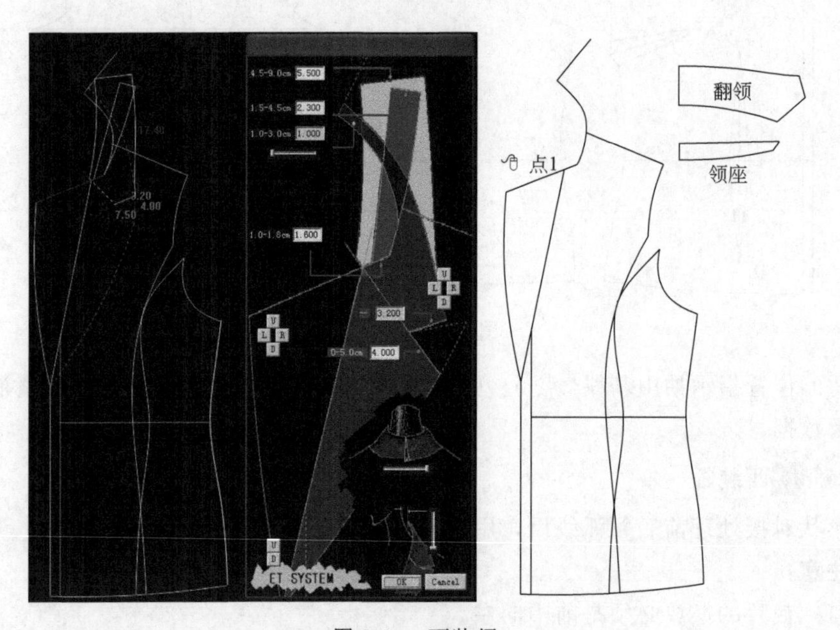

图 2-61　西装领

如图 2-62 所示，在输入框 分割量 2 等分数 20 处输入数值。鼠标左键选择参与分割的要素框选，鼠标右键结束选择。鼠标左键指示固定侧要素的起点端点 1，鼠标右键结束。鼠标左键指示展开侧要素的起点端点 2，鼠标右键结束。弹出对话框后，可以通过拉杆或输入数值，调节固定侧及移动侧的分割量（允许输入负数）。可以使分割好的形状自动连接成曲线。勾选【R】可以使螺旋向内收紧。

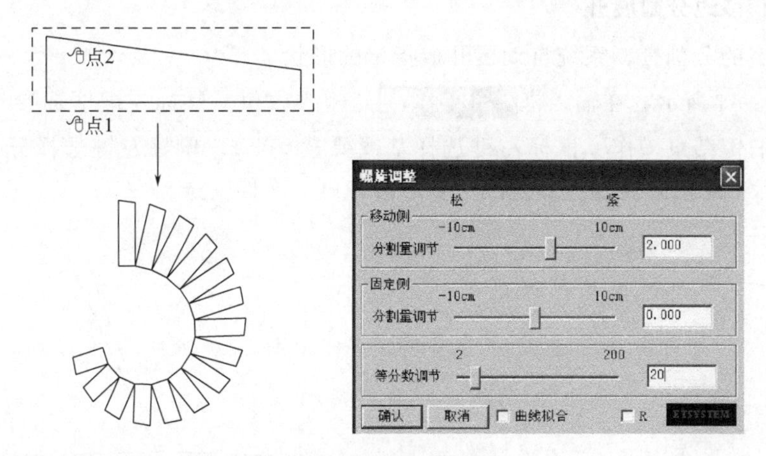

图 2-62　固定等分割

28. 指定分割

将裁片按自定义的分割量和指定的分割线进行分割处理。

如图 2-63 所示，在输入框 分割量 1 处输入数值。鼠标左键框选参与分割的要素，鼠标右键束选择。鼠标左键指示固定侧的要素点 1，鼠标右键结束。鼠标左键指示展开侧的要素点 2，鼠标右键结束。鼠标左键从静止侧依次选择分割要素点 3、点 4，鼠标右键弹出对话框。可以通过拉杆或输入数值，调节固定侧及移动侧的分割量（允许输入负数）。可以通过 ---> <--- 选择需要调整的分割线（每样分割线可以输入不同的分割量，选中的分割线上会有绿点标识）。☑曲线拟合 可以使分割好的形状自动连接成曲线。

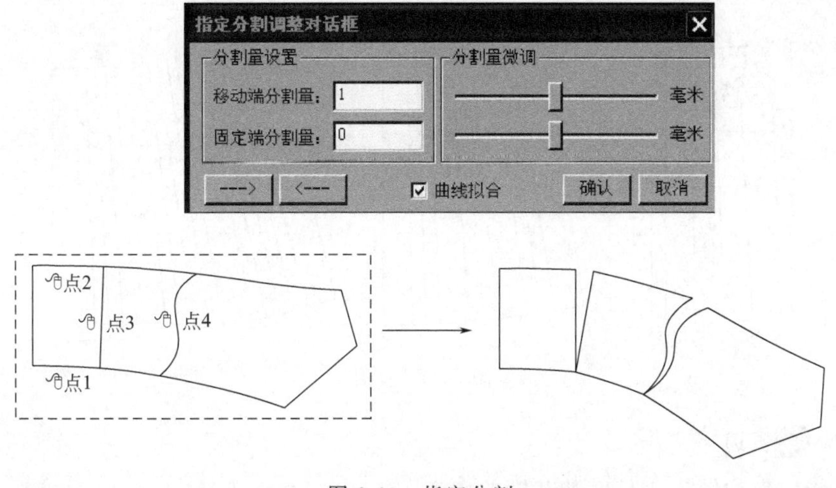

图 2-63　指定分割

29. 多边分割展开

按指定的分割量，系统自动展开成指定的形状。

如图 2-64 所示，在输入框 分割量 2 处输入数值。鼠标左键框选参与展开要素，鼠标右键结束操作。鼠标左键选择基线要素点 1。鼠标左键选择分割要素点 2，鼠标右键结束操作。分割线为多条时，可一次性框选。

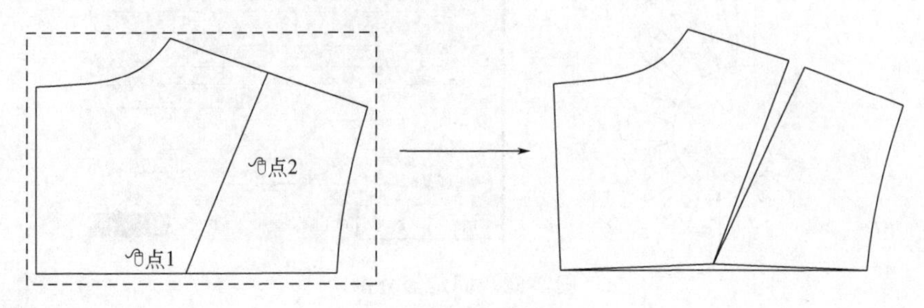

图 2-64　多边分割展开

30. 衣褶

在裁片上生成倒褶或对褶。

鼠标左键选择褶的类型：倒褶 对褶。如图 2-65 所示，在输入框 上褶量 2 下褶量 3 处输入数值。鼠标左键选择参与做褶的裁片框选，鼠标右键结束。鼠标左键依次从固定侧，选择褶线的上端点 1、点 2、点 3，鼠标右键结束，绿色状态下可修改数值。鼠标左键指示褶线的倒向侧点，鼠标右键结束操作（按【Shift】键＋右键，可使净边、内线不连接）。在输入框 褶深度 0 处 7 输入数值，则按指定深度做褶。

注意：当褶线为曲线时，褶量不能超过 0.5cm，且无倒向侧。

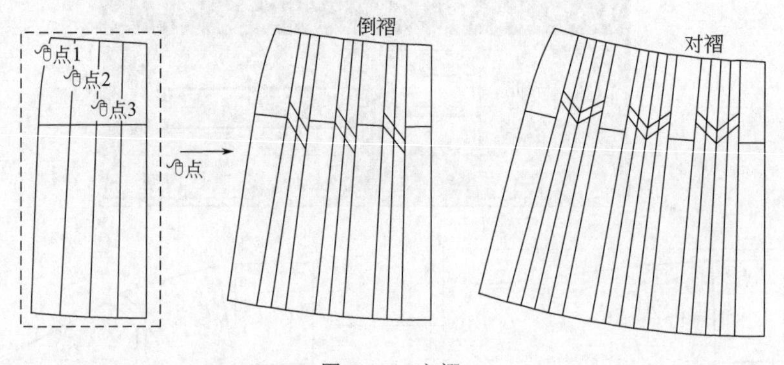

图 2-65　衣褶

31. 省道

在指定部位做指定长度和宽度的省道。

(1) 有省中心线的情况下做省道

如图 2-66 所示，先在输入框 省量 3 处输入数值，鼠标左键点选做省线点1。鼠标左键点选省中心线点 2。

（2）无省中心线的情况下做省道　延做省线的方向作指定省长的省道。

如图 2-67 所示，先在输入框 省长 9 省量 3 处输入数值，在做省线上，按住鼠标左键，往做省方向拖动然后松开。

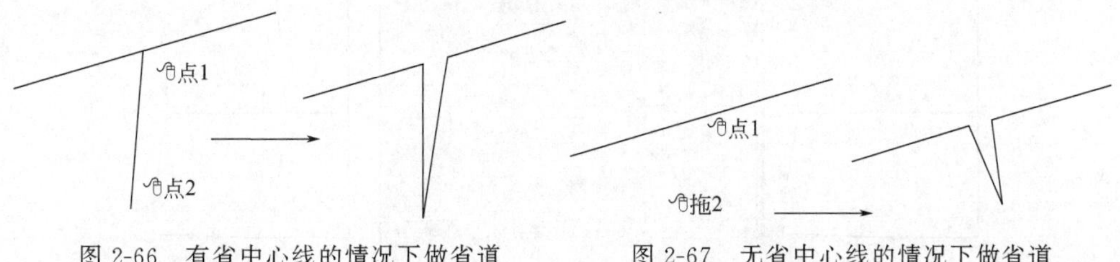

图 2-66　有省中心线的情况下做省道　　　　图 2-67　无省中心线的情况下做省道

32. 省折线

做省道中心的折线，且把不等长的两条省线修至等长。

如图 2-68 所示，鼠标左键框选 4 条省线。鼠标左键确定省折线的倒向侧点方向。在 省深度 4 处输入数值，则为活褶功能。在做省折线前，最好先使用【接角圆顺】功能，调整与省道相连的曲线。如果做省折线的位置是特殊省的形状或没有省尖的形状，则操作方法是：鼠标左键先点选做省的线，再依次点选两条省线，在选第二条省线时，要按住【Ctrl】键，鼠标左键指示省折线的倒向侧。

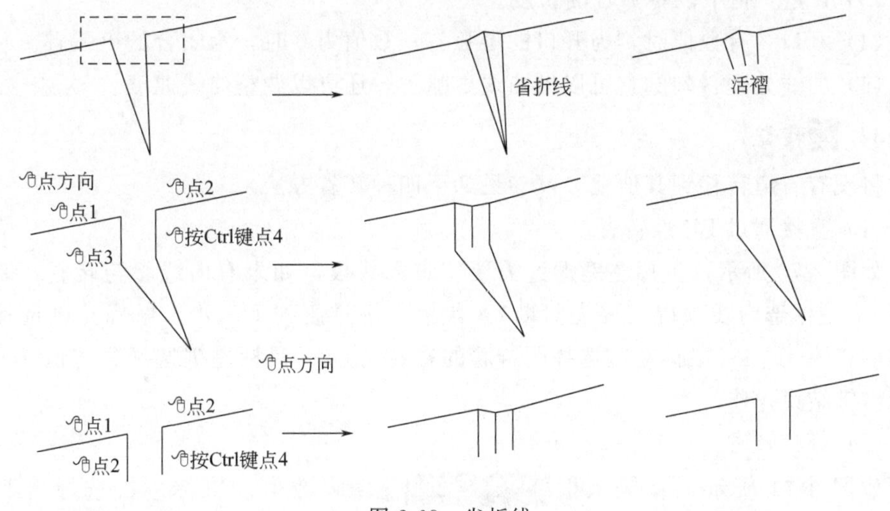

图 2-68　省折线

33. 枣弧省

通过指示中心点，做出形状类似枣弧的省道。

如图 2-69 所示，在衣片腰节线上距后中心 9cm 的位置，鼠标左键点选枣弧省

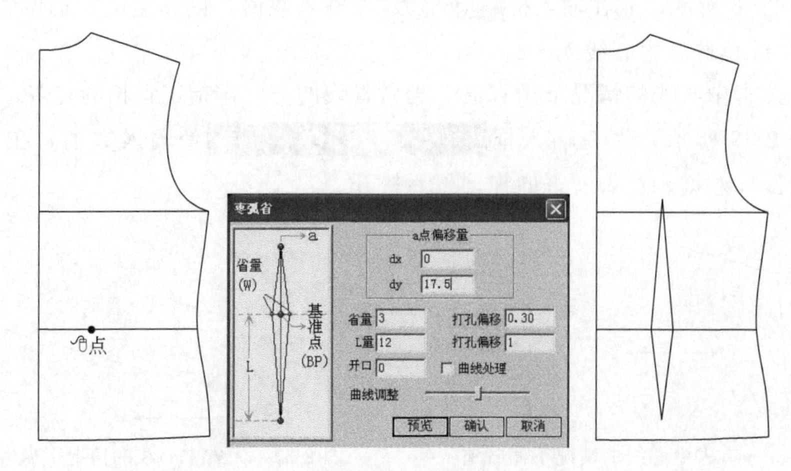

图 2-69 枣弧省

中心点点 1，出现对话框。输入数值量后，鼠标左键按 预览 键，可看到枣弧省在衣片上的形状。鼠标左键按 确认 键，枣弧省功能完成。在系统属性设置中操作设置下勾选☑省尖加打孔点，在对话框中打孔偏移里输入打孔点位置，生成的枣弧省里自动生成打孔点位置。

（1）dx，dy：指中心点的横纵偏移量。

（2）省量：指枣弧省的省量。

（3）L 量：指下段枣弧省的长度。

（4）开口：有数值时，为开口的枣弧省；数值为 0 时，为闭合的枣弧省。

（5）曲线处理：勾选它可以做曲线枣弧省，还可以调整曲线曲度。

34. 转省

将现有省道转移到其他地方（参见如下四种转省方法）。

（1）直接通过 BP 点转省

如图 2-70 所示，鼠标左键框选需要转省的线段，如果有内线参与转省，要按【Shift】键框选内线（内线要先打断）。鼠标右键过渡到下一步。鼠标左键选择闭合前的省线点 1。鼠标左键选择闭合着的省线点 2。鼠标左键选择新省道点 3，鼠标右键结束操作。

（2）等分转省

如图 2-71 所示，在输入框 等分数 4 处输入数值。鼠标左键选择需要转省的线框选，鼠标右键过渡到下一步。鼠标左键选择闭合前的省道点 1。鼠标左键选择闭合后的省道点 2。鼠标左键选择新省线点 3，鼠标右键结束操作。

（3）指定位置转省

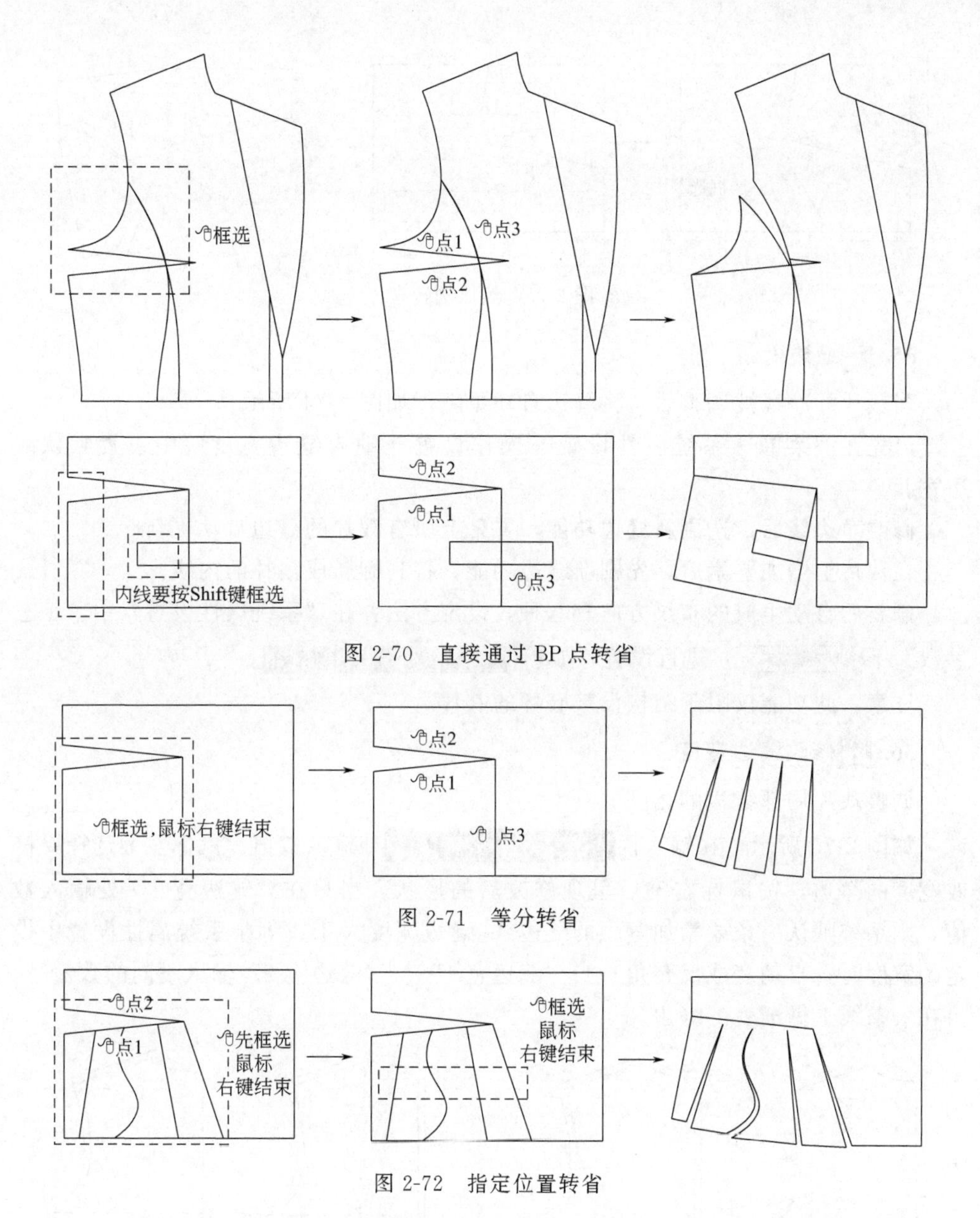

图 2-70　直接通过 BP 点转省

图 2-71　等分转省

图 2-72　指定位置转省

如图 2-72 所示，鼠标左键选择需要转省的线框选，鼠标右键过渡到下一步。鼠标左键选择闭合前的省线点 1。鼠标左键选择闭合前的省线点 2。鼠标左键选择新省线框选，鼠标右键结束操作。

（4）等比例转省

如图 2-73 所示，鼠标左键选择需要转省的线框选，鼠标右键过渡到下一步。鼠标左键选择闭合前的省线点 1。鼠标左键选择闭合前的省线点 2。鼠标左键选择新省线框选，鼠标右键结束操作。

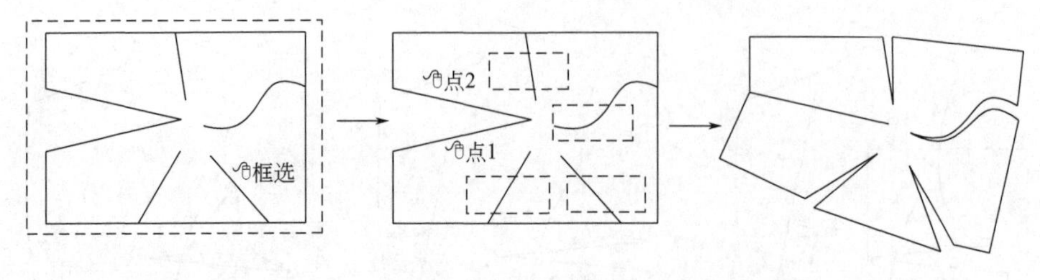

图 2-73 等比例转省

35. 缝边刷新

当裁片的净线被调整后，将缝边自动更新，如图 2-74 所示。

可先在“菜单→系统属性设置→操作设置→缺省缝边宽度”中设置默认缝边宽。

修改净边线后，选刷新缝边功能，屏幕上所有裁片的缝边自动更新。

在裁片上增加要素后，先刷新缝边功能，将其刷新成裁片的内线。

刷新后自动生成的布纹方向有八种，设定方法：在“系统属性设置”中“工艺参数”下 纱向标注方式 ，进行设置，如 。

注意：此功能仅限于结构没被破坏的衣片。

36. 修改缝边宽度

调整裁片局部缝边的宽度。

如图 2-75 所示，在输入框 缝边宽1 4 缝边宽2 0 处输入数值。鼠标左键选择要修改宽度的净边，按鼠标右键后呈现修改后的形状。当只在“缝边宽 1”处输入数值，则系统默认一条要素加等距的缝边。（缝边宽度大于或等于系统属性设置中设定的宽度时，自动变成反转角）当“缝边宽 1”与“缝边宽 2”输入不同的数值时，可在一条线上做渐变的缝边。

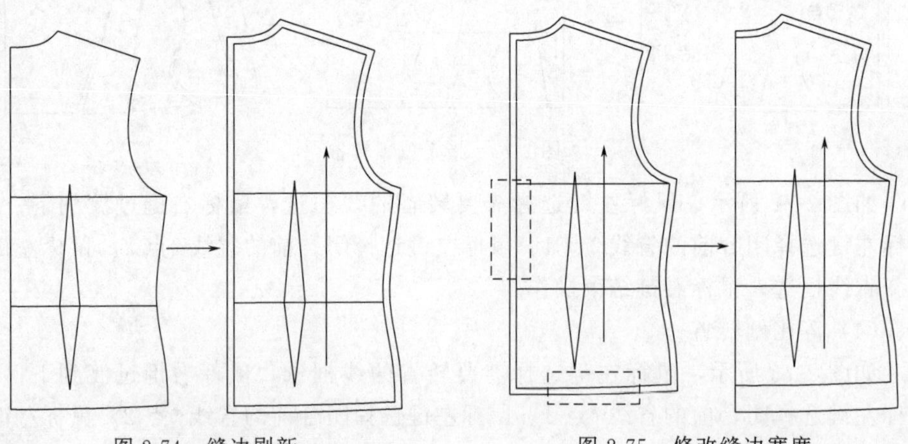

图 2-74 缝边刷新　　图 2-75 修改缝边宽度

37. 裁片属性定义

指代表裁片属性的特殊文字，如样板号、裁片名、基础号型等，以备这些信息可以在除打板以外的其他模块起到作用。

对准纱向按鼠标右键（如想改变纱向，则鼠标左键输入纱向点 1、点 2，点 2 为箭头方向），如图 2-76 所示，弹出【裁片属性定义】对话框。

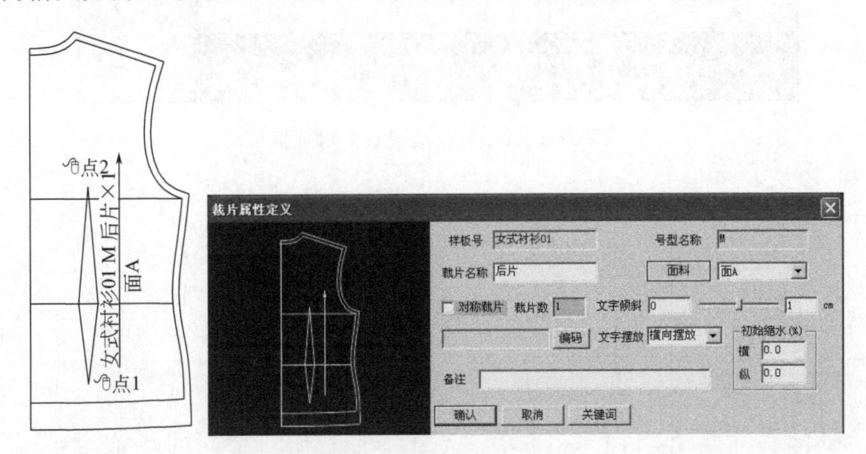

图 2-76　裁片属性定义

填入相关信息后，按“确认”键，此时衣片上显示属性文字信息。加过缝边的裁片才能加属性文字。系统生成的纱向允许有多个方向：指示纱向第一点后，光标移动，可加水平、垂直及 45°的纱向，按一下【Ctrl】键，可加任意角度的纱向。

鼠标右键再次点选纱向。按【Shift】键＋鼠标右键可删除增加的纱向。菜单中的设置布料名称功能，可以定义布料名称。如在读图前纸样已经包含缩水，想把加过缩水的样板读入电脑后清回没有加过缩水的状态，或是再修改成现在所需的缩水，可以用【初始缩水】功能进行基码缩水记录。“文字倾斜”可以将文字任意角度地倾斜。可以使属性文字不平行于纱向。1 cm 拖动拉杆可以改变文字的大小，并可自定义大小。纱向文字摆放分横向和纵向，纱向可放码。

SZ2012.P10AX2 编码 编码由系统自动产生（在输出【DXF】功能时使用）：SZ2012 是样板号，01 是裁片名称序号（见裁片大表），A 是布料代号，如图 2-77 所示。×2 是裁片片数为 2 片。

38. 删除缝边

将裁片上的缝边删除。如图 2-78 所示，鼠标左键框选需要删除缝边的裁片纱向，鼠标右键结束操作。

注意：删除缝边后就不是裁片而只是线条了。

布料代名设定：

序号	面料	色	里料	色	其他	色	实样	色
1	面A		里A		衬A		实样A	
2	面B		里B		衬B		实样B	
3	面C		里C		衬C		实样C	
4	面D		里D		衬D		实样D	
5	面E		里E		衬E		实样E	
6	面F		里F		衬F		实样F	
7	面G		里G		衬G		实样G	
8	面H		里H		衬H		实样H	
9	面I		里I		衬I		实样I	
10	面J		里J		衬J		实样J	

设为默认值　仅应用于当前　取消

图 2-77 【布料代名设定】对话框

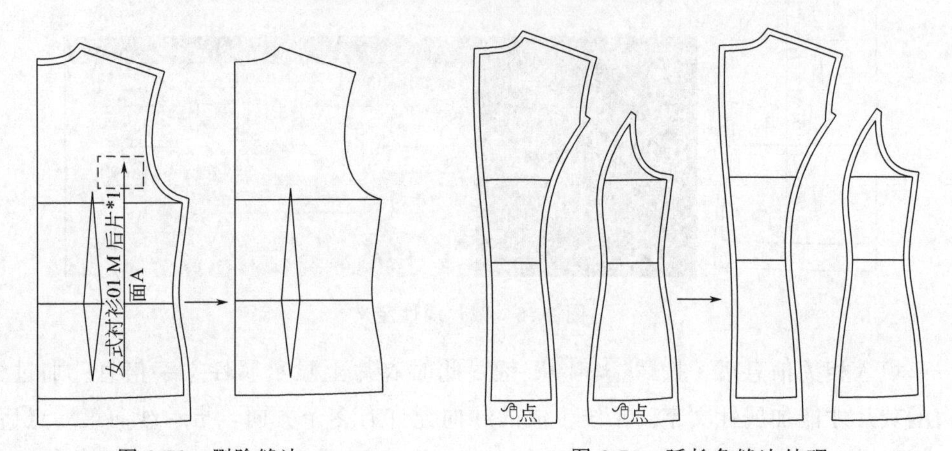

图 2-78 删除缝边　　图 2-79 延长角缝边处理

39. 缝边角处理

将缝边中的指定边变成指定角的形式。

（1）延长角

如图 2-79 所示，鼠标左键点选一条边点（注意中点），鼠标右键结束操作。

（2）反转角

如图 2-80 所示，鼠标左键框选一条边，鼠标右键结束操作。

（3）切角

如图 2-81 所示，在输入框 切量1 1.5 切量2 1 处输入数值。【Shift】键＋鼠标左键选择两条要素框选。

注意：选框的一边为【切量 1】，需注意中点。

（4）折叠角

如图 2-82 所示，鼠标左键框选两点要素。

（5）直角

如图 2-83 所示，鼠标左键点选两条要素点 1、点 2。框选要素时，先框选 A 裁片上要素，再框选 B 裁片上要素。如果要将 A 裁片复制出来，与 B 裁片再做一次直角。

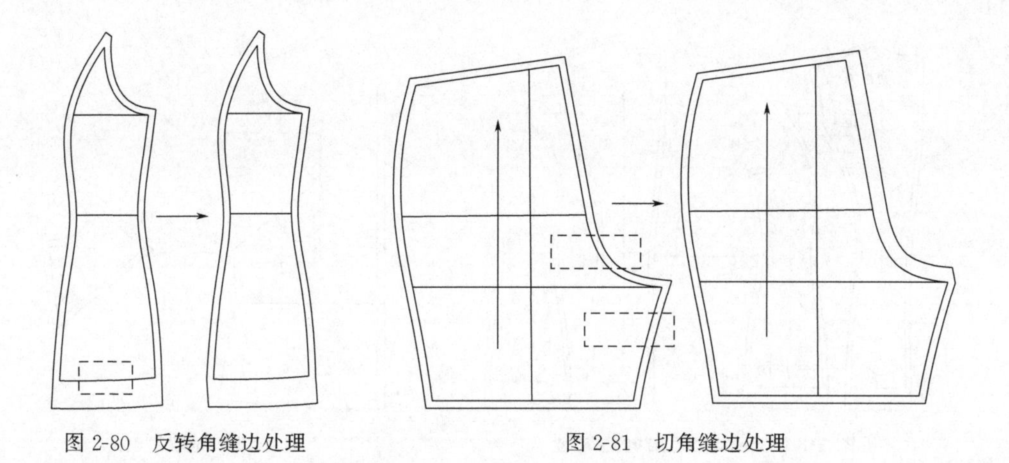

图 2-80　反转角缝边处理　　图 2-81　切角缝边处理

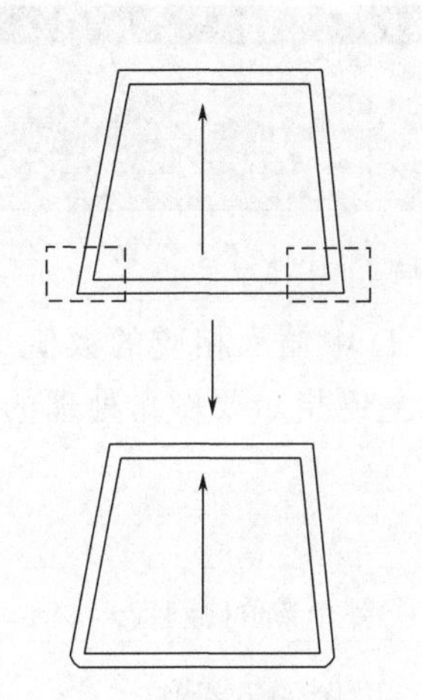

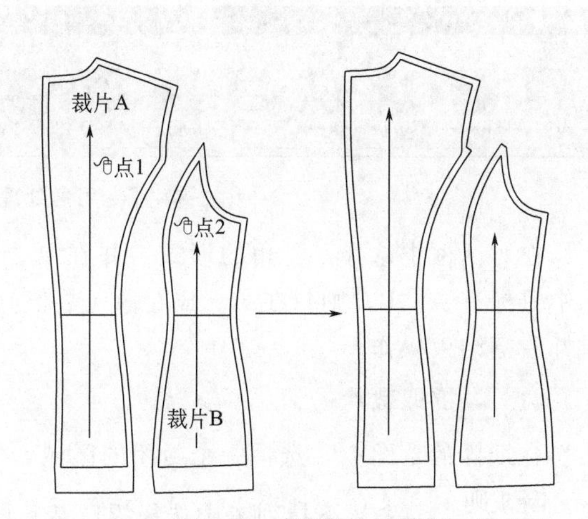

图 2-82　折叠角缝边处理　　图 2-83　直角缝边处理

请使用专用缝边角处理中的单边直角功能，输入数值 0，指示两个裁片即可。

（6）延长反转角

如图 2-84 所示，鼠标左键框选两条要素框 1，框 2。框选要素时，先框选 A 裁片要素，再框选 B 裁片上要素。复制裁片的操作方法：将 A 裁片直接复制，与 B 裁片再做一次延长反转角。直接用此功能，框选两个裁片即可。将 A 裁片镜像复制，则按住【Shift】键框选两个裁片即可。

注意：除以上几种角处理功能外，【专用缝边角处理】功能还提供了更多的角处理方法。

40. 专用缝边角处理

弹出将缝边上的指定边，变成指定角的形式。

如图 2-85 所示对话框。

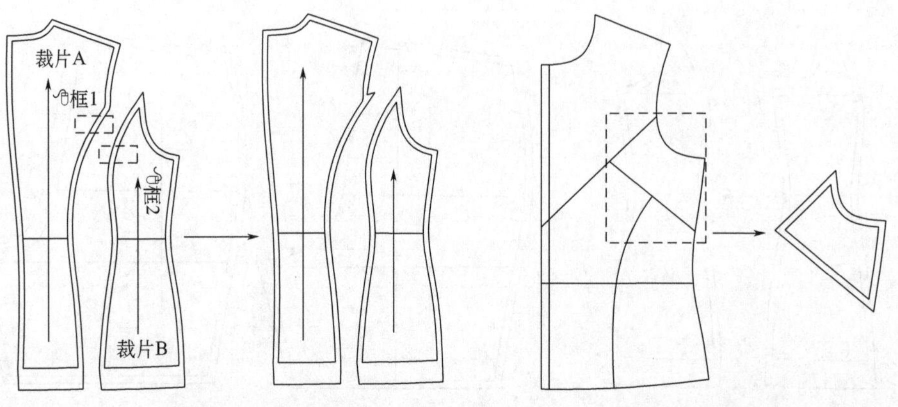

图 2-84　延长反转角缝边处理　　　　图 2-86　提取裁片

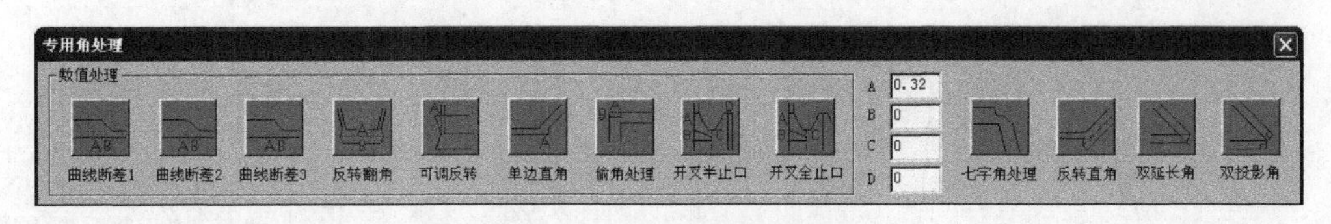

图 2-85　【专用角处理】对话框

在对话框中选择一种角的形式，并在 A、B、C、D 中输入相应的数值（如果图中只标有 A、B，则只在 A、B 处输入数值）。鼠标左键指示要做角处理的净边，鼠标右键结束操作。

41. 提取裁片

在纸样的草图上，选择一个封闭的区域，使之生成一个新的裁片。

无规则 有规则 先从下拉列表中选择提取裁片的类型，再做如下操作。

如图 2-86 所示，鼠标左键框选需要提取的线段，鼠标右键结束。鼠标左键选择要提取的内线，如果没有内线则直接按鼠标右键结束。生成的裁片在上，在屏幕上指示此裁片的位置。生成的裁片会自动加上系统默认的缝边。

无规则提取出的裁片及放码量能随母板的改动进行修改，如果不想联动，则选择菜单工具：打板→服装工艺→解除联动关系，框选提取出的裁片，鼠标右键结束。有规则提出的裁片可以进行裁片合并。

42. 裁片合并

将两裁片合并成一个裁片。

如图 2-87 所示，鼠标左键点选拼合要素 1（不动的裁片）点 1（一定要指示拼合的起点方向），鼠标左键点选拼合要素 2（动的裁片）点 2（也要指示拼合的起点方向）。此功能可多号型操作，如果是放过码的裁片，只需在基码上操作，其他码的纸样会自动对应。当拼接要素长度差值超过 0.1cm 时，拼接会失败。

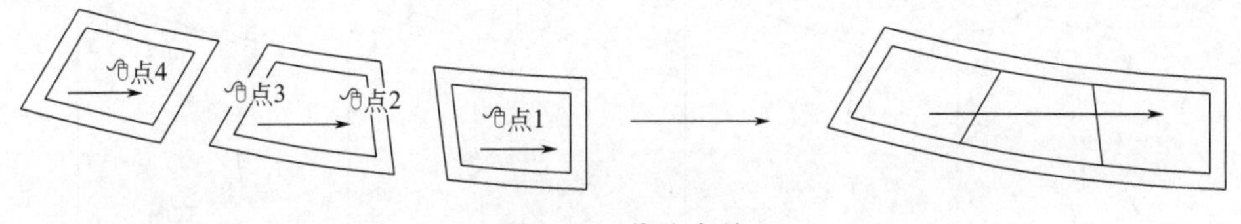

图 2-87　裁片合并

43. 缩水操作

给指定的要素或衣片加入横向及纵向的缩水量。

如图 2-88 所示，在输入框 横缩水% 10 纵缩水% 10 处输入数值，加大为正，缩小为负。鼠标左键框选要加缩水的衣片，鼠标右键结束操作。

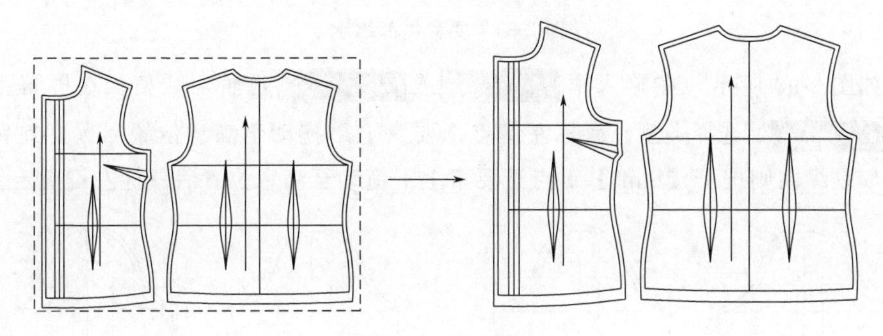

图 2-88　缩水操作

注意：

（1）横缩水及纵缩水都是相对屏幕来算的，因此，在做缩水之前要先用纱向水平垂直补正功能将所有裁片补正后再进行加缩水。

（2）裁片加完缩水后，系统会自动在裁片属性定义中的初始缩水中记录。

（3）再次修改缩水时，如果裁片，只需直接输入新的缩水量；如果是未加缝边的要素，则需先输入负缩水将原缩水清掉再加新的缩水。

（4）此功能不会影响缝边宽度。

（5）如加完缩水的裁片要旋转、水平垂直镜像等修改，需先去掉缩水量再操作。

44. 要素局部缩水

对线条进行局部缩水。

如图 2-89 所示，在 单向 双向 处选择类型，在输入框 缩水量% 5 处输入缩水量。鼠标左键框选要素后鼠标右键结束，如果是单向则需框选靠向移动端要素。

45. 裁片动态局部缩水

对裁片局部进行横向或纵向缩水。

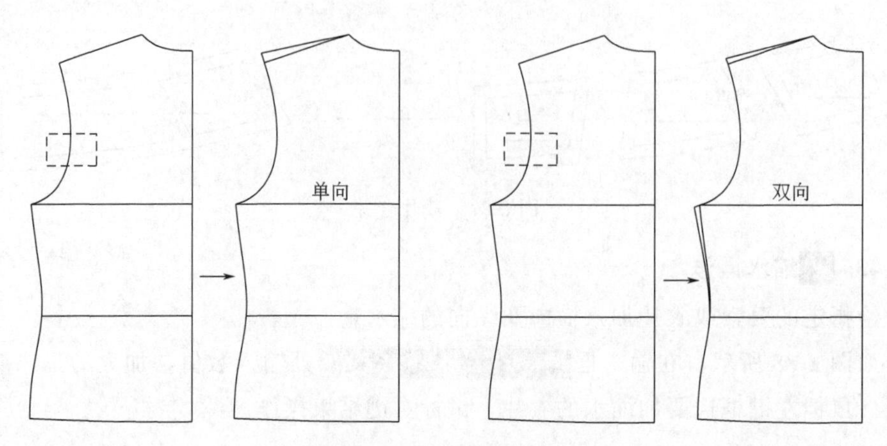

图 2-89 要素局部缩水

如图 2-90 所示，在输入框 缩水量% 5 或 调整量 0 处输入数值。在屏幕上方 单向 双向 处选择类型。鼠标左键点选要素上下拖动至满意位置后鼠标左键确定，如是纵向则按下【Shift】键点选要素上下拖动至满意位置后鼠标左键确定。

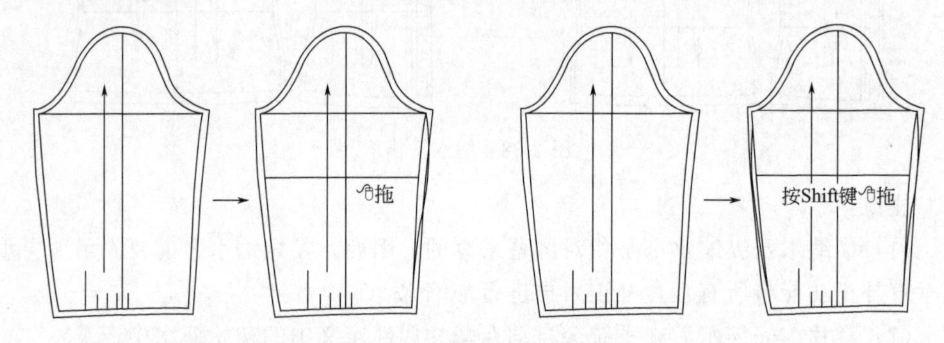

图 2-90 裁片动态局部缩水

46. 比例变换

将裁片按比例进行整体放大或缩小。

如图 2-91 所示，在输入框 横比例 0.5 纵比例 0.5 处输入数值。鼠标左键框选纱向后，鼠标右键确定。

47. 裁片拉伸

将裁片上的指定部位拉长或减短。

如图 2-92 所示，鼠标左键一次性框选参与拉伸的要素，鼠标右键弹出【裁片移动】对话框。

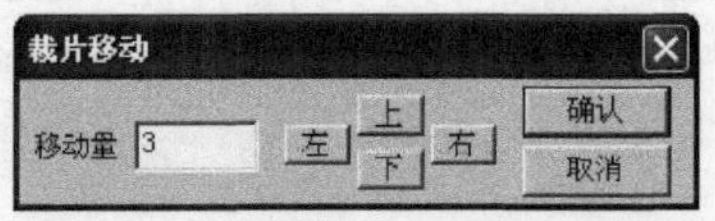

（在框选前，按【Shift】键点＋鼠标左键点选要素，可以显示要素的曲线点列，之后再框选要素，框到的点会跟着移动，没框到的点不会移动。框选后，可用鼠标左键去掉不参与操作的要素）。按

【取消】键是将移动后的量返回到移动前的状态。在拉伸量处填入数值后，鼠标选择要移动的方向，移动完毕，按【确认】键。如选择 ◉局部 ○整体 则移动时只移动框选的部位。如选择 ○局部 ◉整体 则移动是以整条线来移动。移动量只能根据屏幕上的水平、垂直方向来移动。

注意：操作过程中，画面里不允许出现【Alt】键＋【2】键的要素水平辅助线。

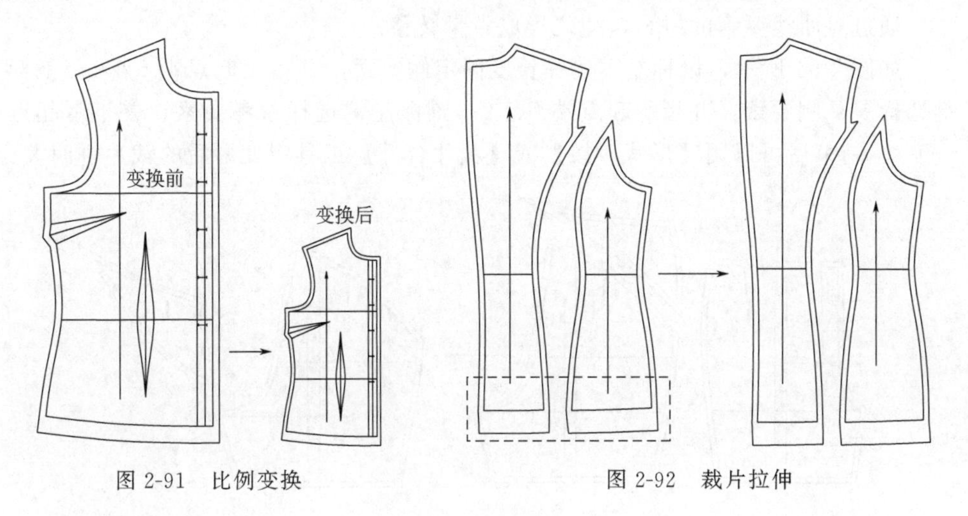

图 2-91　比例变换　　　　图 2-92　裁片拉伸

48. 自动生成朴

对加过缝边的裁片，自动生成下摆或袖窿衬（朴）。

如图 2-93 所示，在输入框 侧偏移 0.20 折边距 1 处输入数值。鼠标左键选择需要生成衬（朴）的基线，鼠标右键结束操作，此时生成的朴在鼠标上，鼠标左键指

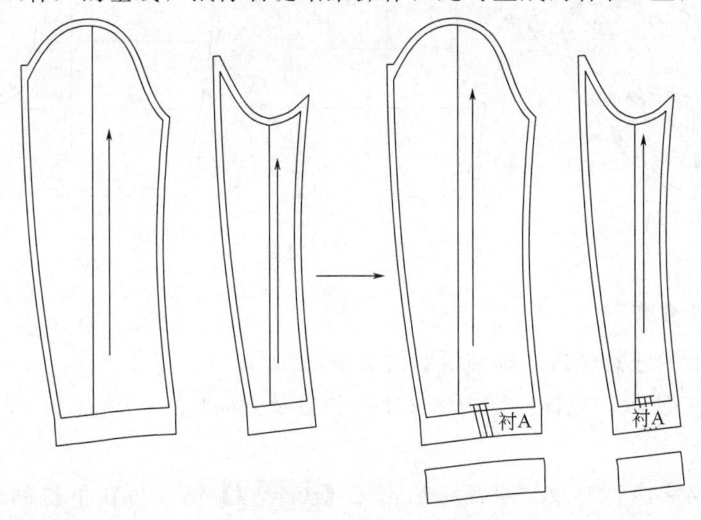

图 2-93　自动生成朴

示朴的位置。此时原裁片上会有“朴”的标识，新裁片上也会是“朴”的布料属性。(如果标注的文字不希望是朴，而是衬或其他的文字，请在布料名称设置中修改第 21 项的布料名称)。

注意：加过缝边的裁片才可以使用自动生成朴功能。生成朴的基础边必须是一条整线。

49. 变形缝合

通过对曲线要素的拼合，使之形成省量转移。

如图 2-94 所示，鼠标左键选择长度固定侧要素，并指示起点端点 1。鼠标左键选择展开侧要素，并指示起点端点 2。鼠标左键选择参考要素，并指示起点端点 3。结束后可以用【形状对接】或【裁片合并】工具将变形后的裁片拼回大身。

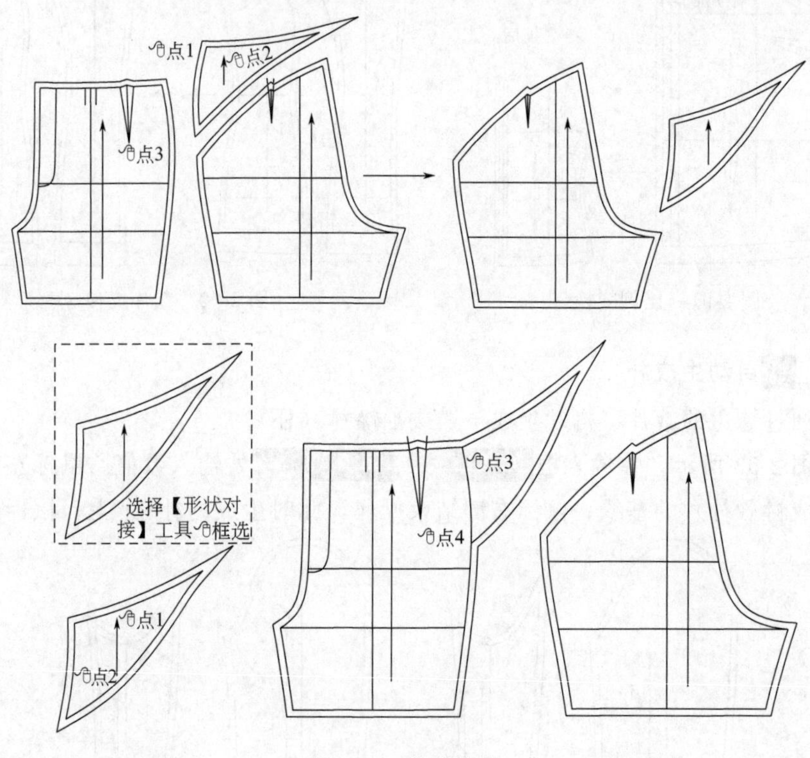

图 2-94　变形缝合

50. 任意文字

在裁片上的任意位置，标注说明的文字。

如图 2-95 所示，鼠标左键指示文字的位置及方向点 1、点 2，弹出【文字输入】对话框。

输入“文字内容”及“字高”后，按【确认】键。可在下拉列表中选择需要输出当前裁片的各种信息。

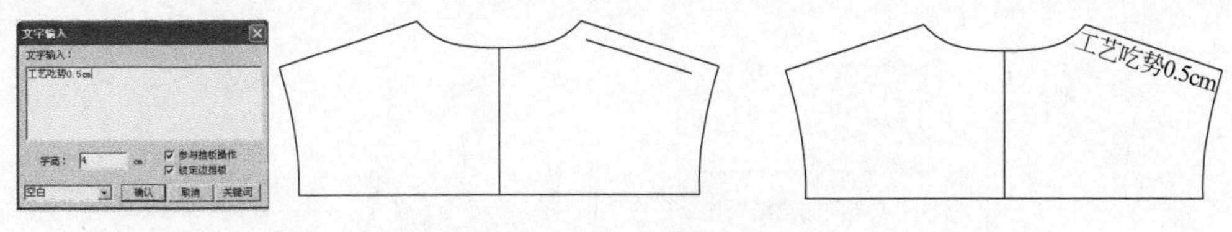

图 2-95　文字输入

注意：写完文字后，再点选文字，可以直接修改与文字相关的内容。

参与推板操作：文字可以在除基码的其他码出现。

锁定边推板：文字与最近边产生关联，使其按最近边的规则推放。但文字需靠近要锁定的边，并与此条边尽量保持平行。

八、测量工具

1. 皮尺测量

按皮尺的显示方式测量选中要素。

如图 2-96 所示，鼠标左键选择被测量要素的起始点侧框选，系统显示出测量结果。鼠标左键再次选择为关掉皮尺，【F8】快捷键可以关掉所有皮尺显示。按住【Shift】键点选要素，则只显示要素长度。

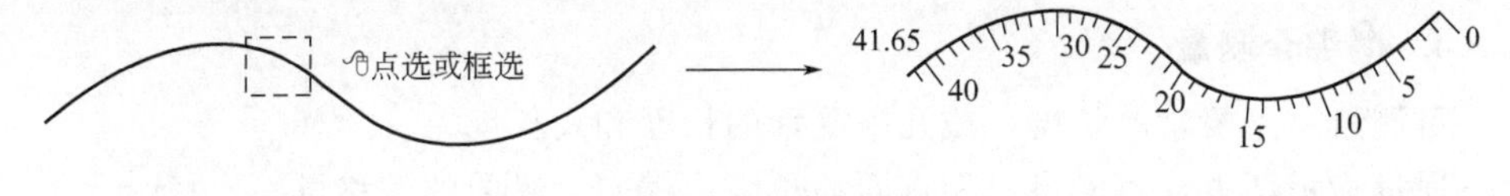

图 2-96　皮尺测量

2. 两点测量

通过指示两点，测量出两点间的长度、横向、纵向的偏移量。

如图 2-97 所示，鼠标左键指示两点位置点 1、点 2，当鼠标指示第二点时，出现测量值。【L】为两点间的直线长度，【X】为横向偏移量，【Y】为纵向偏移量。当鼠标选择其他工具时，测量值自动消失。如果是放过码的文件，能测出全码档差。点尺寸 1 或尺寸 2 和尺寸 3，可以将对应的测量值追加到尺寸表中。单击命名，在弹出的对话框中输入要素名称或直接选择尺寸表中的部位名称，可按【Alt】键＋【M】键调出所有命名过的测量值，取消再按一次。

3. 要素上两点拼合测量

通过指示要素及要素上的两点位置，测量出两组要素中，各两点间的要素长度及长度差。

如图 2-98 所示，鼠标左键点选第一组测量要素点 1。鼠标左键指示第一点点 2，鼠标左键指示第二点点 3。鼠标右键结束第一组要素的选择。鼠标左键点选第二组测量要素点 4。鼠标左键指示第一点点 5，鼠标左键指示第二点点 6。鼠标右键结束第二组要素的选择，并弹出对话框显示测量值。

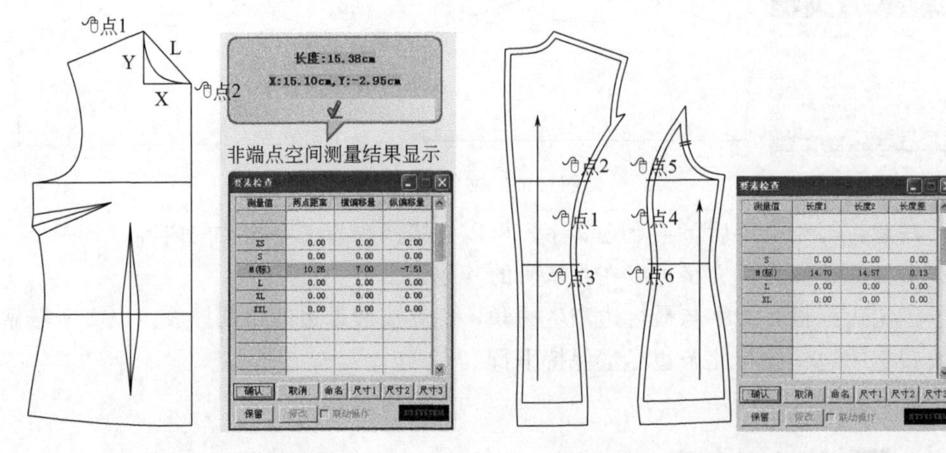

图 2-97　两点测量　　　　图 2-98　要素上两点拼合测量

如只测量第一组要素长度，则【Ctrl】键＋鼠标右键。点尺寸 1 或尺寸 2 和尺寸 3，可以将对应的测量值追加到尺寸表中。单击 命名 ，在弹出对话框中输入要素名称或直接选择尺寸表中的部位名称，可按【Alt】键＋【M】键调出所有命名过的测量值，取消则再按一次。

4. 综合测量

可测量一条要素的长度，或几条要素的长度和及长度差。

通过指示两点，可测量出两点间的长度、横向、纵向的偏移量。

如图 2-99 所示，测量要素上两点间长度，鼠标左键指示两点位置点 1、点 2，鼠标右键结束弹出对话框显示测量值。测量两点间长度，鼠标左键指示两点位置点 3、点 4，鼠标右键结束弹出对话框显示测量值。测量一条要素长度，鼠标左键指示点 5，鼠标右键结束弹出对话框显示测量值。

按住【Shift】键，鼠标左键点选另一要素，鼠标右键结束可测量两要素长度和。按住【Ctrl】键，鼠标左键点选另一要素，鼠标右键结束可测量两要素长度差。如需测量多条要素，则重复操作。

5. 要素长度测量

测量一条要素的长度，或几条要素的长度和。

如图 2-100 所示，鼠标左键选择要测量的要素框选，鼠标右键显示测量值。如果是放过码的文件，能测出全码档差，对话框要人工关闭。点尺寸 1 或尺寸 3，可以将对应的测量值追加到尺寸表中。测量出线长后如要直接修改线长，可在“要素长度和”处填入新的数值，鼠标左键点 修改 则可以修改线长，如勾选 ☑联动操作，则与它连接的那条线也随之修改。

单击 命名 ，在弹出的对话框中输入要素名称或直接选择尺寸表中的部位名称，可按【Alt】键＋【M】键调出所有命名过的测量值，取消则再按一次。

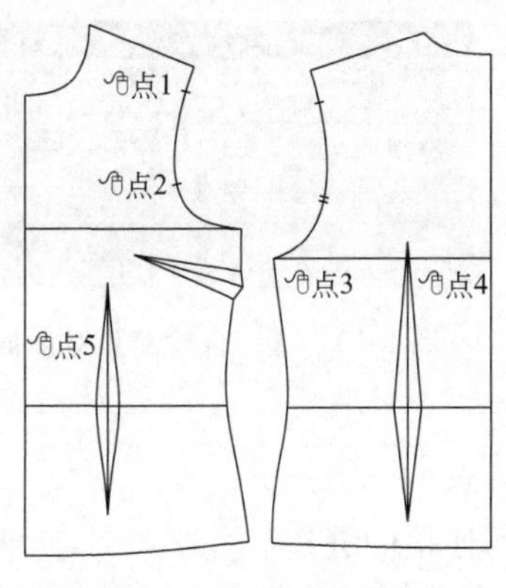

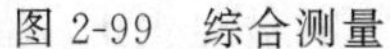
图 2-99 综合测量

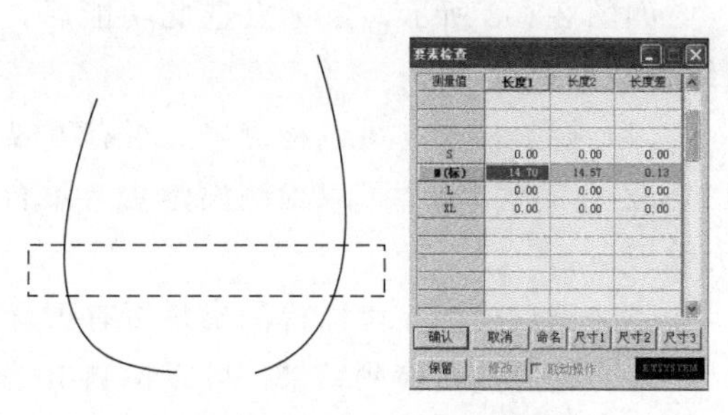

图 2-100 要素长度测量

6. 拼合检查

测量两组要素的长度及长度差。

如图 2-101 所示，鼠标左键选择第一组要素框选 1，鼠标右键过渡到下一步。鼠标左键选择第二组要素框选 2，鼠标右键弹出测量结果对话框，查看完毕，按【确认】键。如果测量推放过的样板，测量结果将显示所有号型的测量值。点尺寸 1 或尺寸 2 和尺寸 3，可以将对应的测量值追加到尺寸表中。测量出线长后如要直接修改线长，可在“长度 1”处填入新的数值，鼠标左键点 修改 变则可能修改线长，如果勾选☑联动操作，则与它连接的那条线也随之修改。单击命名，在弹出的对话框中输入要素名称或直接选择尺寸表中的部位名称，可按【Alt】键＋【M】键调出所有命名过的测量值，取消则再按一次。

7. 角度测量

测量两直线夹角角度。

如图 2-102 所示，鼠标左键选择两条构成的直线点 1、点 2。指示第二条要素时，出现测量角度值。

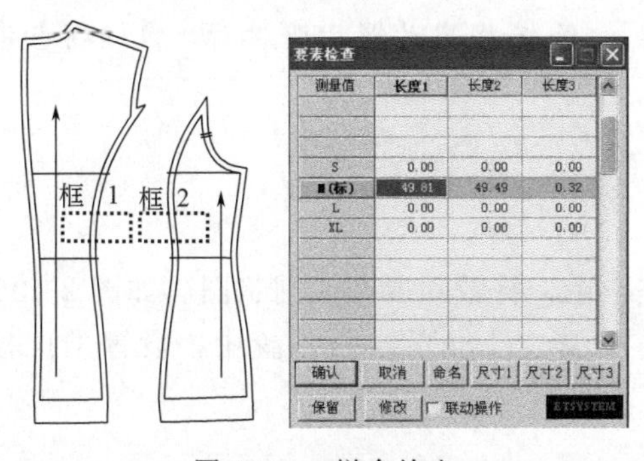

图 2-101 拼合检查

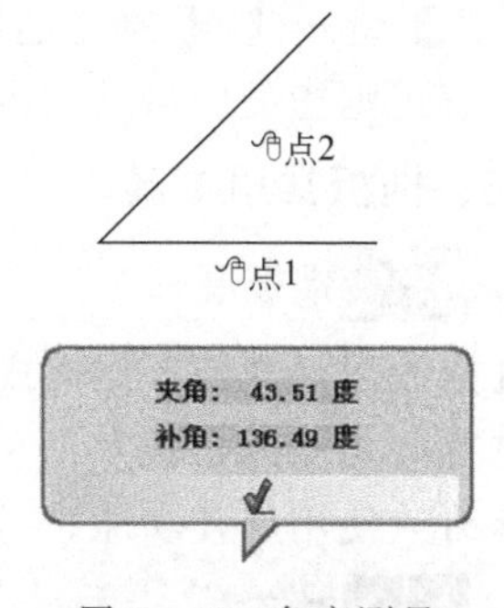

图 2-102 角度测量

8. 综合检测

可检测出系统自动判断出的所有问题。

如图 2-103 所示，鼠标点选此功能后，弹出【综合检测】对话框。

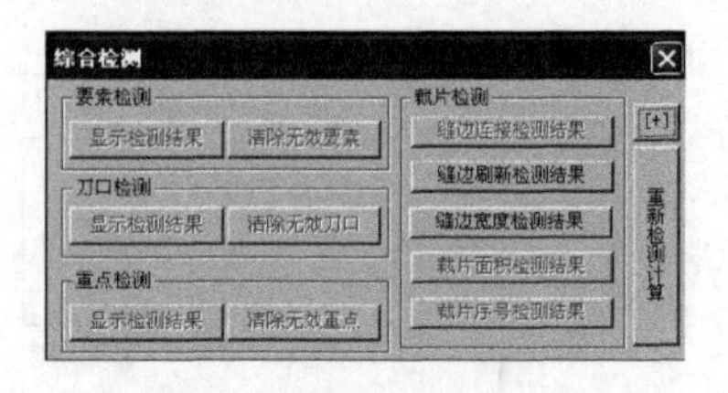

图 2-103 【综合检测】对话框

（1）要素检测　可以检测出是否有重线。

（2）刀口检测　可以检测出是否有不合理的无效刀口。

（3）重点检测　可以检测出是否有重合的放码点。

（4）缝边连接检测结果　可以检测出是否有不连接的缝边。

（5）裁片面积检测结果　可以检测同一个裁片在放码后的面积是否正常增大或减小。

（6）点“+”弹出【列表】对话框，能检查出有问题的裁片。

第二节　推板系统

推板系统是按照号型规格的要求进行相应的放大或缩小，从而获得不同号型的样板。

一、推板方式

ET 服装 CAD 推板系统主要提供点放码、切线放码、超级自动放码三种方式，各有特点。

1. 点放码

点放码是最常用的推板方法，用工具框选样板外轮廓上的控制点（即放码点）依据号型档差逐一进行推档。点放码是对各放码点采用校档差量或放码公式逐点进行横向和纵向的放缩。

2. 切线放码

切线放码是在样板的放缩部位引入适当的切线，输入切线量，实现衣片的自动放码。切线放码适合分割片较多的样板。

3. 超级自动放码

【Alt】键+【F】键是超级自动放码，系统将自动形状比对后，自动将参考裁片的放码规则拷贝后自动放码。

二、推板常用工具

1. 推板展开

在点放码规则或线放码规则输入完毕后，将裁片展开成网状图。如图 2-104 所示，选择此功能后，裁片即可展开。在屏幕左下角的推板设置中，设置了推板号型，才可以使用展开功能。

2. 对齐

如图 2-105 所示，按照框选的点，对齐各号型的裁片。鼠标左键框选对齐点。

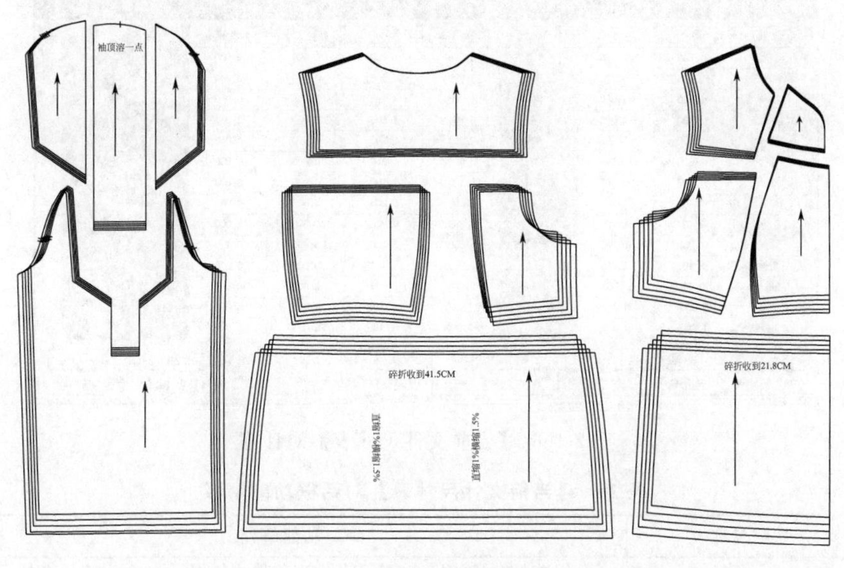

图 2-104　推板展开

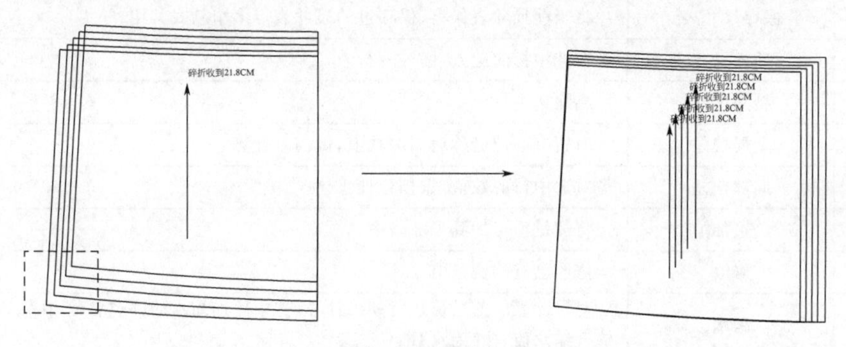

图 2-105　对齐

此功能只能针对有纱向的裁片使用。按住【Ctrl】键可进行横向对齐，【Shift】键可进行纵向对齐。恢复没对齐之前的网状图，必须用展开功能【展开】一次。如以要素对齐，可选择推板菜单中【线对齐】功能。

3. 尺寸表

对推板时要用到的尺寸表进行编辑。如图 2-106 所示，选择此功能后出现【当前文件尺寸表】对话框。在尺寸名称处填入所需的部位名称，如胸围、肩宽、衣长等。【当前文件尺寸表】对话框功能解释见表 2-6。

在（基础码）大一个号码的位置填入档差，并按【全局档差】键，使其他号型的档差自动计算。(全局档差使用一次后，再次需要计算时，要使用局部档差，以免把不规则的档差改成规则的)，如直接用实际尺寸放码，则在号型的下方填入相应的尺寸。

图 2-106 【当前文件尺寸表】对话框

表 2-6 【当前文件尺寸表】对话框功能解释

序号	名称	功能解释
1	打开尺寸表	将以前保存过的尺寸表调出,供当前款式使用,尺寸表的左上角显示尺寸表名称
2	保存尺寸表	将当前尺寸表保存,保存过的尺寸表可多个款式共用
3	插入尺寸	在选中行的上方,插入一行
4	删除尺寸	删除选中行
5	全局档差	对所有部位名称后面的数值,做档差计算
6	局部档差	对选中行的数值,做档差计算
7	追加	将测量值追加到尺寸表中
8	修改	修改已有的测量值
9	缩水	对尺寸表中的数值进行缩水计算(选中要加缩水的部位名称,在输入框中输入缩水值,按【缩水】键)
10	实际尺寸	实际尺寸与档差方式的转换
11	显示 MS 尺寸	对于直接在移动点输入框中修改的其他码的尺寸,系统会自动生成 MS 尺寸。勾选后,系统在尺寸表中显示这些尺寸
12	追加模式	打开尺寸表时,新的尺寸表以追加的方式调到当前的尺寸表中
13	确认	指此尺寸表的修改只应用于当前款式
14	Word、Excel、TXT	可将尺寸表导入其中

如图 2-107 所示,在成衣尺寸里填入工艺单的档差,纸样尺寸会自动记录用测量工具测出的裁片的实际尺寸,按【Alt】键+【M】键,弹出测量值对话框,勾选【对照模式】可显示纸样尺寸、成衣尺寸及差值,点选【绘到纸样】可将测量表放置至指定裁片上输出。

4. 规则修改

检查所选放码点的放码规则类型及数值输入状况,且可以进行数值的修改。

绘到纸样　全部删除　全部显示　尺寸表　全部刷新　☑对照模式

名称	衣长	胸围	腰围	摆围	肩宽	袖长	袖口
纸样	60	94	78	102	39	57	26
成衣	60	95	77.5	102	39.2	57	26
差值	0	1	-0.5	0	0.2	0	0

图 2-107　【对照模式】对话框

如图 2-108 所示，鼠标左键框选要检查规则的放码点，弹出【放码规则】对话框。此时对话框中显示所选点的放码规则类型及当时输入的移动量，且可以在保持当前规则类型不变的情况下，修改输入框中的数值。修改完毕，按【确定】键；如未做任何修改，按【取消】键。

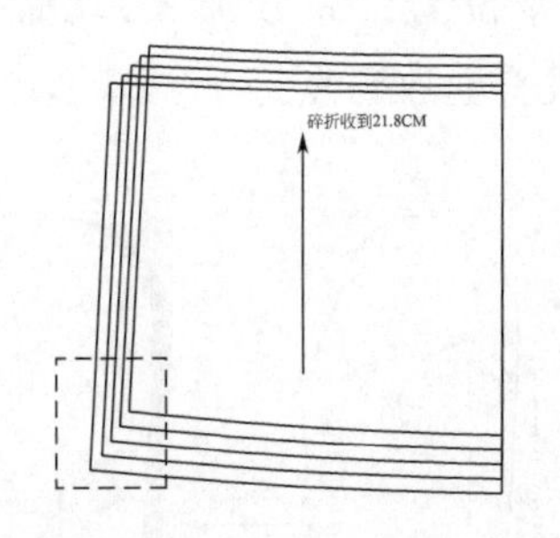

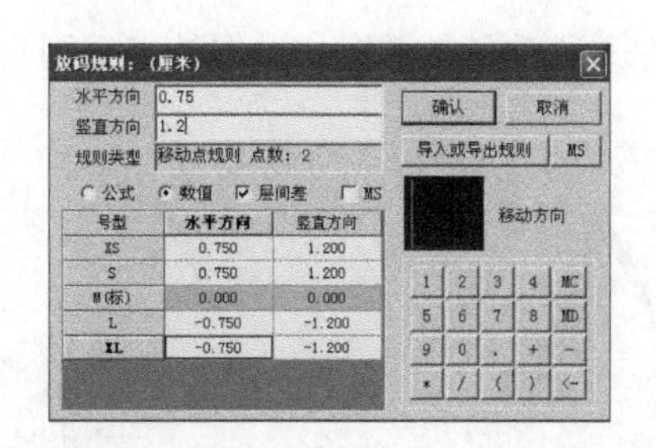

图 2-108　规则修改

5. 移动点

定义放码点横向及纵向的移动量，使之相对于固定点移动。

如图 2-109 所示，鼠标左键框选需要放码的点，弹出【放码规则】对话框。在对话框中输入横向及纵向的偏移量（可以直接输入放缩数值，也可以选取尺寸表中的项目计算放缩值）。

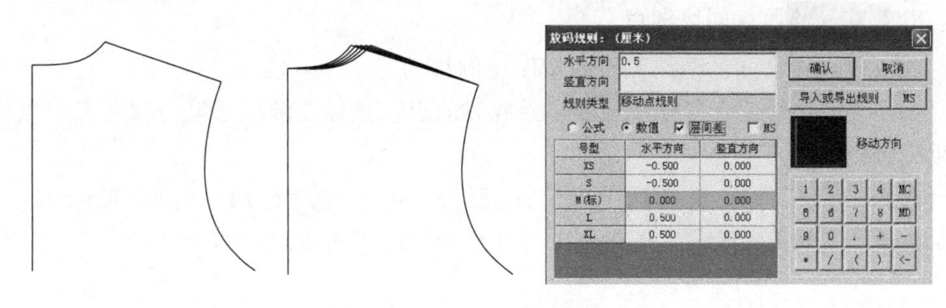

图 2-109　移动点

选择“数值”：可以输入不均匀的档差。勾选“层间差”：可以显示层与层之间的档差。数值填写完毕，按【确定】键。

（1）按住【Shift】键可连续框选多个码点，松开【Shift】键会弹出规则输入框。

（2）按住【Ctrl】键框选放码点，会出现 X、Y 坐标轴。按住鼠标左键拖动坐标轴，可自定义放码点的方向，生成任意角度的坐标，输入适当规则。红线数值在横向量中输入，绿线数值在纵向量中输入。

6. 固定点

此放码点在横向及纵向的移动量均为零。

如图 2-110 所示，鼠标左键框选放码点，鼠标右键结束操作。

7. 要素比例点

此放码点在已知要素上按原有比例移动。

如图 2-111 所示，鼠标左键框选要放码的点。鼠标左键点选参考要素点。此放码点多应用在刀口点或裁片内部分割线等位置。系统属性设置：勾选 自动转化为移动点规则，操作结束后则自动转成普通放码点。

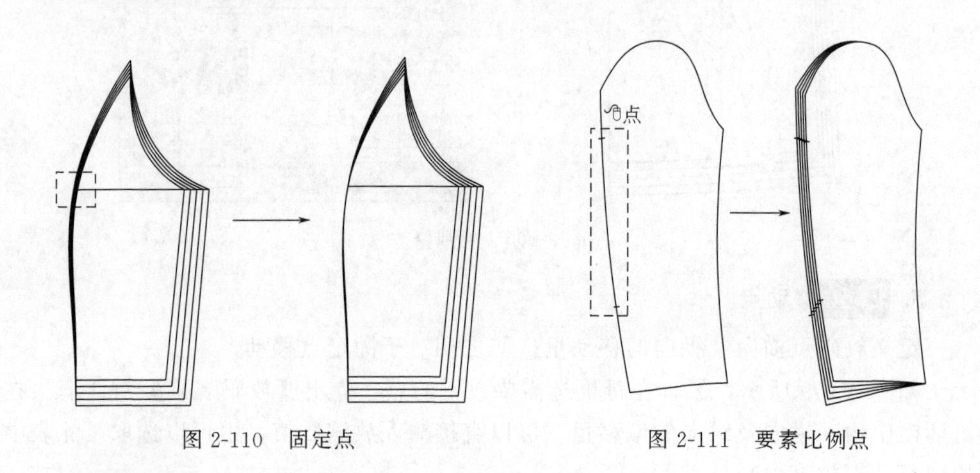

图 2-110　固定点　　　　图 2-111　要素比例点

8. 两点间比例点

此放码点在已知的两放码点间按原比例移动。

如图 2-112 所示，鼠标左键框选要放码的点。鼠标左键框选第一参考点，鼠标左键框选第二参考点。

此放码点通常用于放省道部位。系统属性设置：勾选 自动转化为移动点规则，操作结束后则自动转成普通放码点。

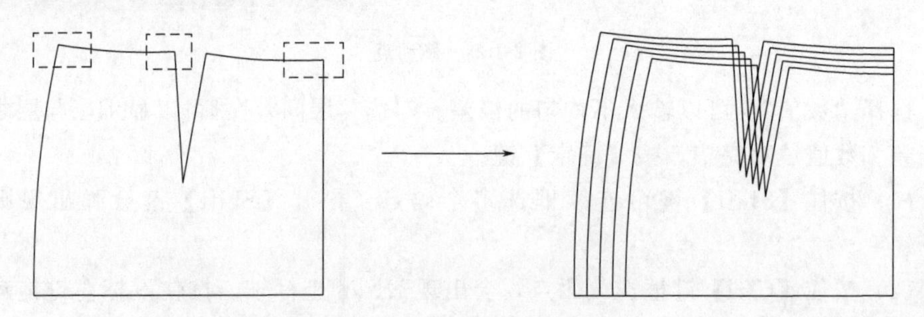

图 2-112　两点间比例点

注意：省道上的3个放码点，只能有一个做成两间比例移动点，其他两个用点规则拷贝的功能做；否则，会影响各号型的省量。

9. 要素距离点

此放码点在已知的要素上设置移动量。

如图2-113所示，鼠标左键框选要放码的点。鼠标左键点选参考距离的起点方向点，弹出【放码规则】对话框。直接在“要素距离”处填入数值，或选择尺寸表中的部位名称。填写完毕，按【确认】键。此放码点多应用在裁片上的刀口点裁片内部分割线等位置。参考距离起点方向的点可以是要素的端点，也可以是线上的点（如刀口点）。系统属性设置：勾选☑自动转化为移动点规则，操作结束后则自动转成普通放码点。

注意：原刀口在曲线上10cm的位置，当要素距离填1时，放码结果为：S码刀口在9cm的位置，L码刀口在11cm的位置。

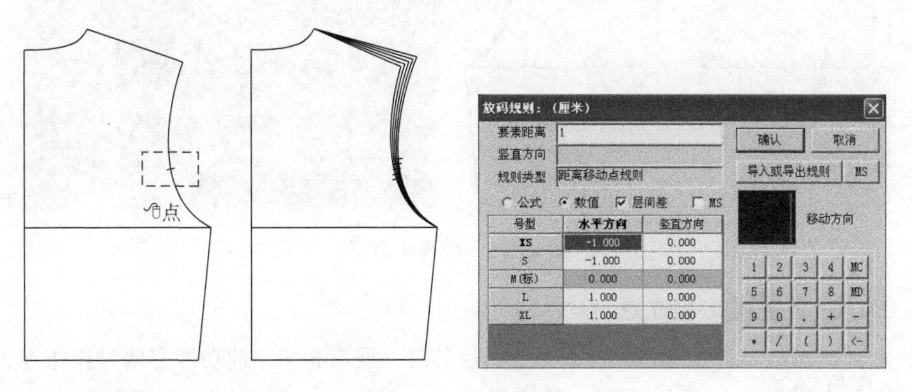

图2-113　要素距离点

10. 方向移动点

此放码点沿要素方向移动，并可以定义要素方向及要素垂直方向的移动量。

如图2-114所示，鼠标左键框选要放码的点。鼠标左键点选参考要素点1。鼠标左键指示垂直方向点2，弹出【放码规则】对话框。在“要素方向”及“垂直方向”的位置直接填入数值，或选择尺寸表中的项目。填写完毕按【确认】键。系统属性设置：勾选☑自动转化为移动点规则，操作结束后则自动转成普通放码点。

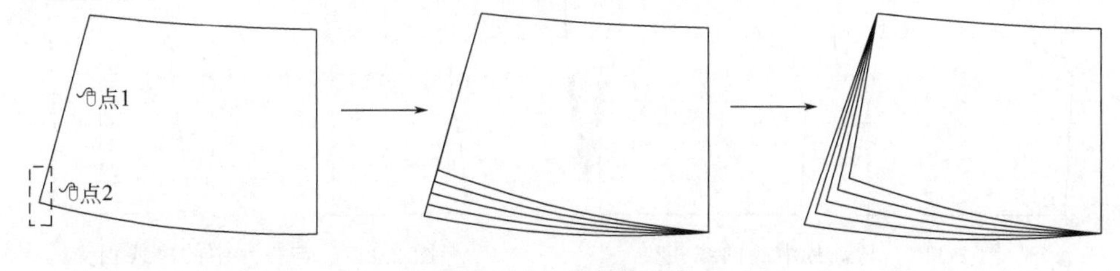

图2-114　方向移动点

注意：裁片 A 是要素方向数值为 1 的放码结果。裁片 B 是要素方向数值为 1、垂直方向数值为 0.5 的放码结果。

11. 距离平行点

此放码点与已知要素平行，并可以定义横向或纵向的移动量。

如图 2-115 所示，鼠标左键框选要放码的点。鼠标左键点选参考要素点，弹出【放码规则】对话框。在水平方向（横偏移）或竖直方向（纵偏移）的位置直接填入数值，或选择尺寸表中的项目。填写完毕按【确认】键。此放码点多应用在衣片的肩点部位。系统属性设置：勾选 ☑ 自动转化为移动点规则，操作结束后则自动转成普通放码点。

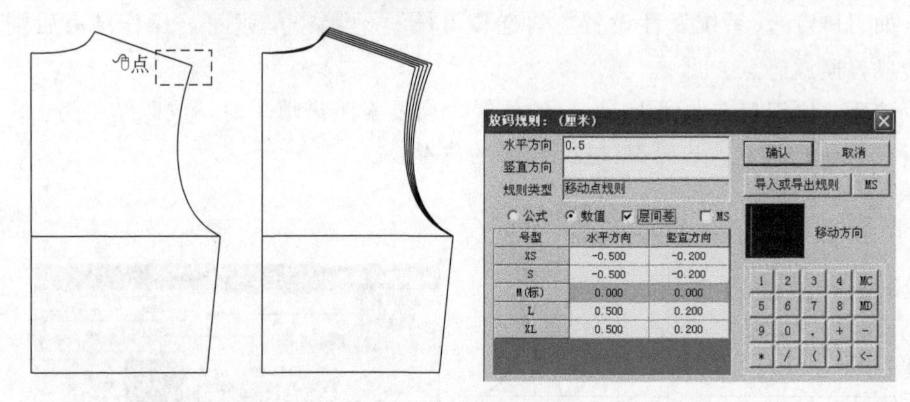

图 2-115 距离平行点

12. 方向交点

此放码点沿要素方向移动，并与放码后的另一要素相交。此功能有两种操作方法。

（1）与裁片中的内线相交（常用于驳口线的位置）。

如图 2-116 所示，鼠标左键框选要放码的点。鼠标左键点选锁定要素点。

（2）与裁片中的净线相交，也叫环边相交。

如图 2-117 所示，鼠标左键框选要放码的点，鼠标右键结束操作。环边相交的方法，可以使放码点在不同的码上相交于不同的线。

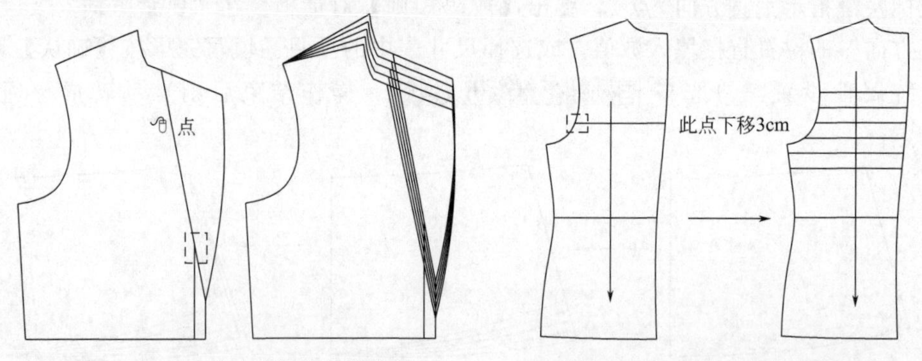

图 2-116 与裁片中的内线相交　　图 2-117 与裁片中的净线相交

13. 要素平行交点

此放码点是已知两要素平行线的交点。

如图 2-118 所示，鼠标左键框选要放码的点。鼠标左键指示平行要素点 1，鼠标左键指示平行要素点 2。此放码点多应用在西装前片的领口位置。系统属性设置：勾选☑自动转化为移动点规则，操作结束后则自动转成普通放码点。

14. 删除放码规则

删除指定点的放码规则。

如图 2-119 所示，鼠标左键框选要删除放码规则的点，鼠标右键结束操作。

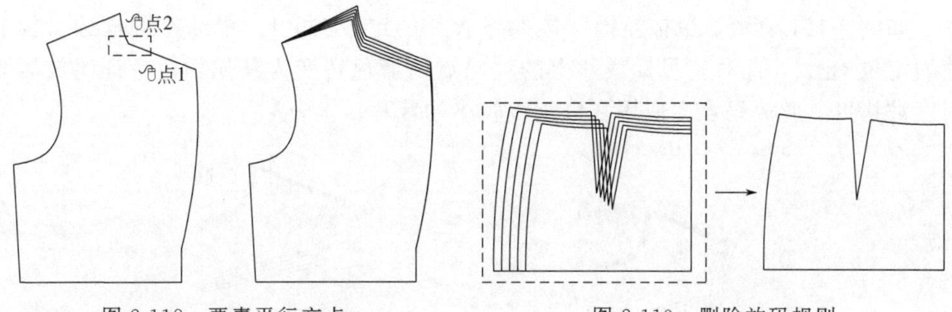

图 2-118 要素平行交点　　　　图 2-119 删除放码规则

15. 点规则拷贝

将已知放码点的规则，通过九种不同的方式，拷贝到当前的放码点上。选此功能后，如图 2-120 所示，出现【点规则拷贝】对话框。

图 2-120 【点规则拷贝】对话框

点规则拷贝九种参照方式见表 2-7。

表 2-7 点规则拷贝九种参照方式

序号	参照方式	注　解
1	完全相同	横偏移量相同,纵偏移量相同
2	左右对称	横偏移量相反,纵偏移量相同
3	上下对称	横偏移量相同,纵偏移量相反
4	完全相反	横偏移量相反,纵偏移量相反
5	单 X	只拷贝 X 规则
6	单 Y	只拷贝 Y 规则
7	单 X 相反	只拷贝相反的 X 规则
8	单 Y 相反	只拷贝相反的 Y 规则
9	角度	拷贝参考点的角度
10	拷贝	勾选“拷贝”,是拷贝的方式;不勾选“拷贝”,是参照的方式

选择一种参照方式后，鼠标左键框选参照的放码点，鼠标右键结束操作（参照放码点可以多个，如果被参照点是 3 个，对应点也要是 3 个）。在拷贝时，鼠标左键框选被参照的放码点后，可按住【Ctrl】键＋鼠标右键输入附加移动量。

参照与拷贝的区别：

将 A 点规则参照给 B 点：当 A 点规则改变时，B 点也会同时改变。

将 A 点规则拷贝给 B 点：当 A 点规则改变时，B 点不改变。

注意：只有固定点与移动点的规则可以拷贝，其他特殊点的规则都只能参照。

16. 分割拷贝

将未分割前裁片上的放码规则，拷贝到分割后的衣片上。

如图 2-121 所示，鼠标左键框选参考衣片的定位框 1。鼠标左键框选目标衣片的定位框 2。此时，目标裁片上的放码点由蓝色转变为其他颜色，证明放码规则已被拷贝。此放码点多应用在分割线较多的裁片。

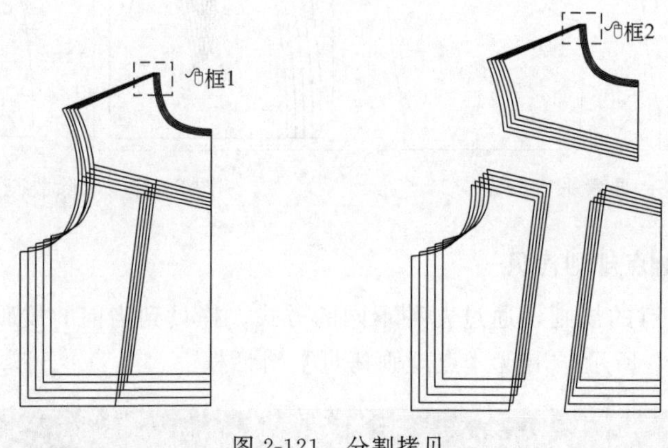

图 2-121　分割拷贝

17. 文件间片规则拷贝

将整个裁片的放码规则拷贝到另一个文件中形状类似的衣片上。

先将所需的模板文件另存在 ET 安装目录下的 Patlib _ dir 文件夹中，并输入文件名及样板号，保存结束。如图 2-122 所示，选此功能以后，弹出【文件预览】对话框。并选中所需款式。

如果参考裁片与被参考裁片方向不同，可以选择一种对称方式。

如图 2-123 所示，选此功能以后，弹出【文件预览】对话框。鼠标左键选择一个有参选规则的文件，并按【打开】键。此时，屏幕上出现两个窗口，左边的窗口显示参考文件，右边的窗口显示当前文件。鼠标左键在左边窗口中框选参考裁片的纱向。鼠标左键在右边窗口中框选被参考衣片的纱向。

18. 片规则拷贝

将整个裁片的放码规则拷贝至另一个形状类似的衣片上。

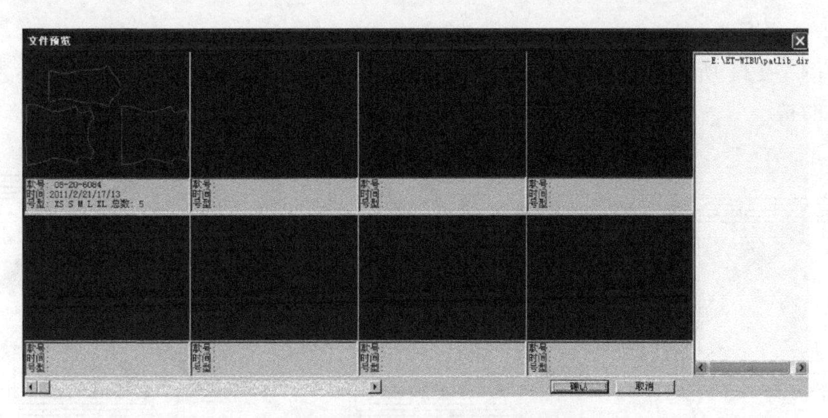

图 2-122　【文件预览】对话框

图 2-123　文件间片规则拷贝

对称变换 □左右对称 □上下对称 如果参考裁片与被参考裁片方向不同，可以先选择一种对称方式。鼠标左键框选参考裁片的纱向，鼠标左键框选被参考裁片的纱向，鼠标右键结束操作。

注意：此功能只能拷贝移动点规则。

19. 移动量检测

查看当前屏幕上点的移动量，还可以将用特殊规则放码的点转为普通的移动点。

框选放码点后，弹出【放码规则】对话框。如框选点是特殊放码点，按【确认】键，此点就变为移动点。按【取消】键，此点还是原来的特殊点。

20. 移动量拷贝

拷贝当前屏幕的放码量（包括特殊点和对齐后的量）。拷贝分割后的虚拟点

(如图中 a 点)。

如图 2-124 所示，按住【Shift】键鼠标左键点选 A 点，再一次性鼠标左键框选 a 点即可。

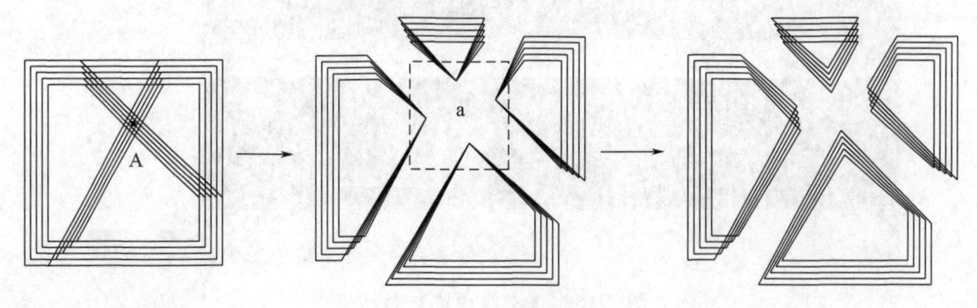

图 2-124 移动量拷贝

21. 增加放码点

在裁片上需要放码的位置，增加可以放码的点。

鼠标左键点选要增加放码点的曲线。鼠标左键指定目标放码点的位置。此放码点多应用在上衣袖窿弧线上的前宽点位置。

22. 删除放码点

将用户自行增加的放码点和系统自动生成的 T 形连接点删除。鼠标左键框选要删除的放码点，鼠标右键结束操作。

23. 锁定放码点

将其他码的选中端点位置锁住，使展开工具不影响这些锁定点。

在其他码上增加一个基码没有的图形，框选这个图形，可以将这个图形锁定在其他的码上。如右图所示的红点。

注意：

(1) 在其他码上的原线上做修改，如用智能笔、端移动、裁片拉伸等功能调整，系统会自动将线锁定。

(2) 添加的内容，需人工锁定。

24. 解锁放码点

将锁定的放码点解锁。

此功能可以在多层的状态下操作，鼠标左键框选需要解锁的放码点，鼠标右键结束操作。

25. 量规点规则

按量规的方式放码（主要是用于西裤斜侧袋的放码）。

如图 2-125 所示，鼠标左键框选目标放码点，鼠标左键框选参考点，鼠标左键点选距离参考要素侧缝线上端，弹出对话框后输入所需斜袋的档差，按【确认】键。

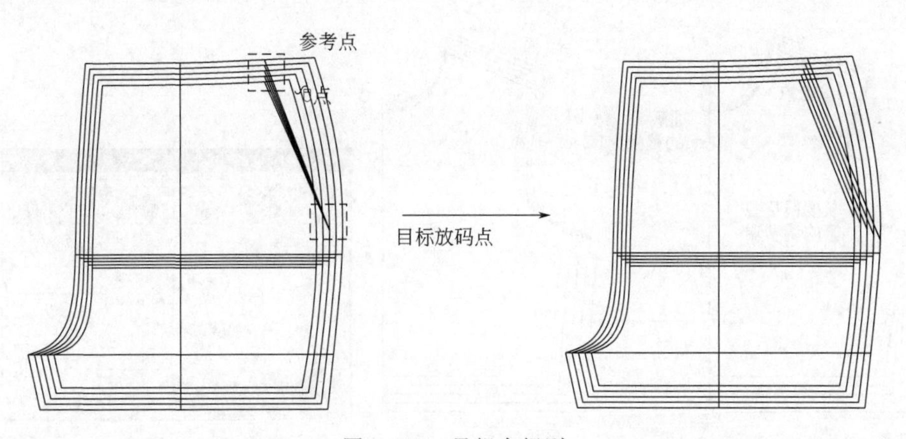

图 2-125　量规点规则

注意：侧缝线不能是断线，目标放码点上不能有多余的放码点和刀口。

26. 对齐移动点

将参考点对齐后，定义放码量。

如图 2-126 所示，鼠标左键框选对齐点，再框选目标放码点。弹出对话框后填入所需的放码量确定。

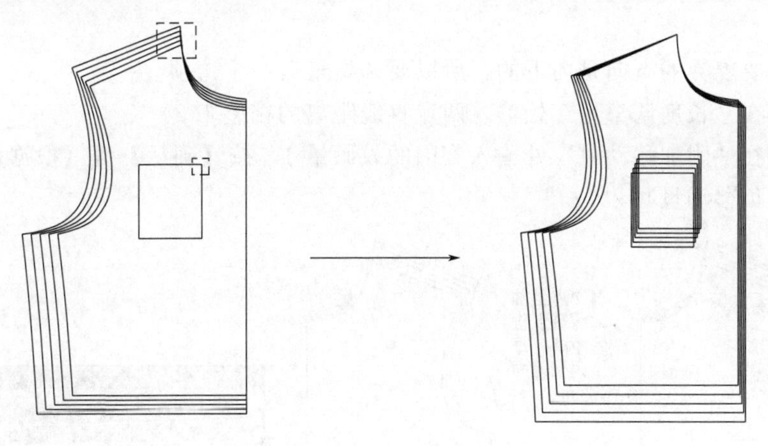

图 2-126　对齐移动点

27. 长度约束点规则

用于袖窿曲线位置的放码。

如图 2-127 所示，鼠标左键框选长度调整要素的调整端。鼠标左键框选参考点。鼠标左键选择方向参考要素，如没有参考要素则直接按鼠标右键。弹出【约束放码规则】对话框。

（1）要凑数的方向是向下的，所以要选择最后一个选项。

（2）在“长度调整量”处输入袖窿曲线的档差 1.2。

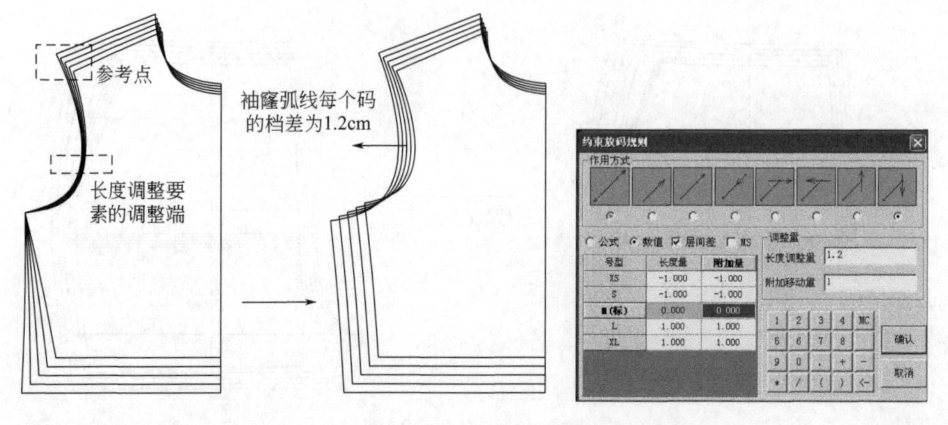

图 2-127　长度约束点规则

(3) 在“附加移动量”处输入胸围的放码量 1，按【确认】键。

28. 距离约束点规则

用于夹直位置的放码。

如图 2-128 所示，鼠标左键框选目标放码点。鼠标左键框选参考点。鼠标左键选择方向参考要素，如没有参考要素则直接按鼠标右键。弹出【约束放码规则】对话框。

(1) 要凑数的方向是向下的，所以要选择最后一个选项。

(2) 在“长度调整量”处输入两点直线距离的档差 1.2。

(3) 在“附加移动量”处输入胸围的放码量 1，按【确认】键（根据裁片的摆放输入正负移动量）。

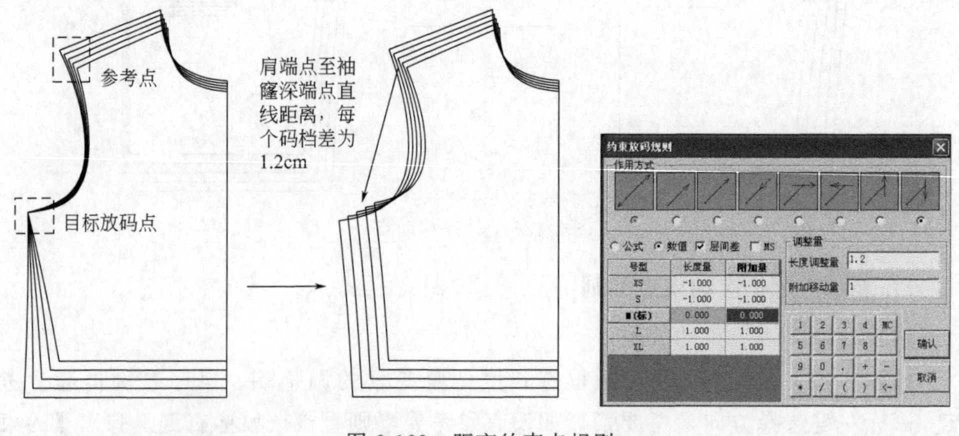

图 2-128　距离约束点规则

29. 拼接合并

用于衣褶位置的放码。

如图 2-129 所示，鼠标左键依次选择对接要素，并指示对接连接点，鼠标右键指定合并线的位置，展开后生成的点规则是要素比例点。如想修改，则选择其他功能操作并展开后，按【Alt】键＋【,】键，将其合并至大身。

注意：拼接合并前的衣褶线必须是断线。

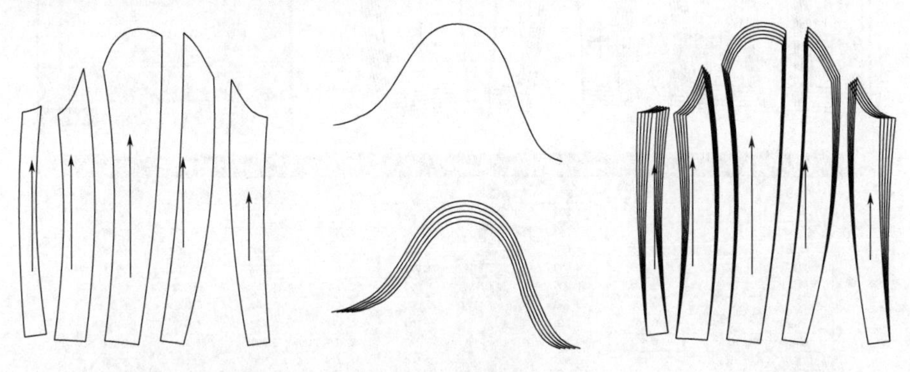

图 2-129 拼接合并

30. 缝边式推板

多用于类似缝边（如内衣）的放码。

如图 2-130 所示，鼠标左键框选要素，鼠标右键结束操作，弹出对话框后输入所需的放码量，按【确认】键结束。

如果要素平行放码时，“等距距离 1”和“等距距离 2”输入相同放码量；如果不平行时，则分别输入不同的放码量。

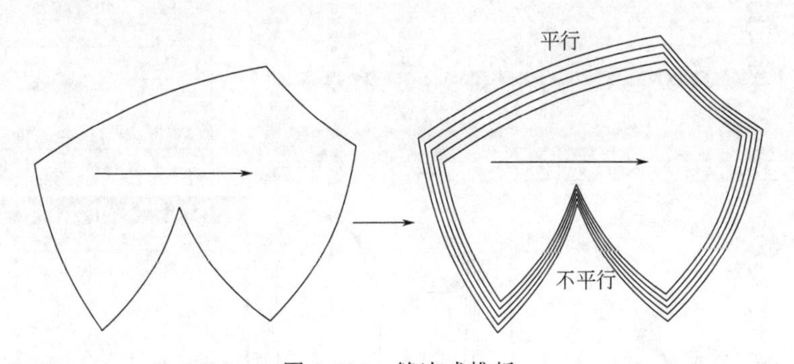

图 2-130 缝边式推板

31. 曲线组长度调整

利用推板测量结果自动计算指定位置的放码量，主要用于袖容量的调整，如图 2-131 所示。

以袖窿弧线与袖山弧线的调整来示范此功能。

首先要确定袖容量允许调整的是什么部位。如果可以调整的部位是袖山高，那

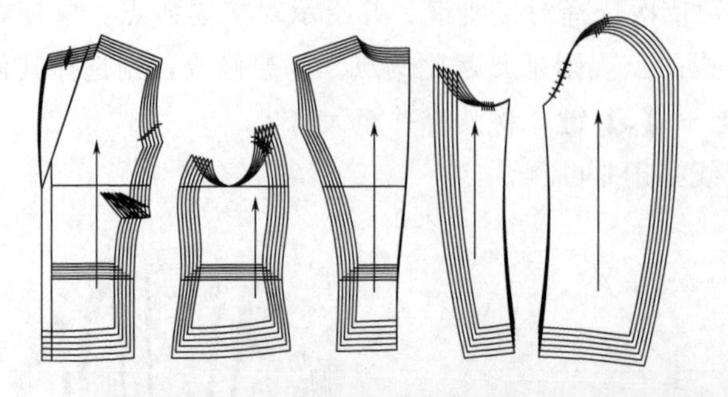

要素检查

测量值	长度1	长度2	长度3
XXS	41.54	40.37	1.17
XS	43.58	42.06	1.52
S	45.63	43.81	1.82
M(标)	47.68	45.62	2.07
L	49.74	47.47	2.27
XL	51.80	49.36	2.44

确认 取消 命名 尺寸1 尺寸2 尺寸3
修改 联动操作

当前文件尺寸表

尺寸\号型	XXS	XS	S	M(标)	L	XL	XXL	纸样尺寸	成衣尺寸
衣长	-4.500	-3.000	-1.500	0.000	1.500	3.000	4.500	60.000	60.00
胸围	-12.000	-8.000	-4.000	0.000	4.000	8.000	12.000	160.000	160.00
腰围	-12.000	-8.000	-4.000	0.000	4.000	8.000	12.000	160.000	160.00
摆围	-12.000	-8.000	-4.000	0.000	4.000	8.000	12.000	160.000	160.00
肩宽	-3.000	-2.000	-1.000	0.000	1.000	2.000	3.000	40.000	40.00
领宽	-0.600	-0.400	-0.200	0.000	0.200	0.400	0.600	8.000	8.000
领深	-0.600	-0.400	-0.200	0.000	0.200	0.400	0.600	8.000	8.000
领围	-0.600	-0.400	-0.200	0.000	0.200	0.400	0.600	8.000	8.000
袖笼深	-1.500	-1.000	-0.500	0.000	0.500	1.000	1.500	20.000	20.00
腰节高	-3.000	-2.000	-1.000	0.000	1.000	2.000	3.000	40.000	40.00
袖长	-4.500	-3.000	-1.500	0.000	1.500	3.000	4.500	60.000	60.00
袖山高	-1.500	-1.000	-0.500	0.000	0.500	1.000	1.500	20.000	20.00
袖口	-1.500	-1.000	-0.500	0.000	0.500	1.000	1.500	20.000	20.00
袖肥	-2.400	-1.600	-0.800	0.000	0.800	1.600	2.400	28.000	28.00

打开尺寸表 插入尺寸 关键词 全局档差 追加 缩水 0 显示MS尺寸 WORD EXCEL 确认
保存尺寸表 删除尺寸 清空尺寸表 局部档差 修改 打印 实际尺寸 追加模式 TXT 取消

当前文件尺寸表

尺寸\号型	XXS	XS	S	M(标)	L	XL	XXL	纸样尺寸	成衣尺寸
衣长	-4.500	-3.000	-1.500	0.000	1.500	3.000	4.500	60.000	60.00
胸围	-12.000	-8.000	-4.000	0.000	4.000	8.000	12.000	160.000	160.00
腰围	-12.000	-8.000	-4.000	0.000	4.000	8.000	12.000	160.000	160.00
摆围	-12.000	-8.000	-4.000	0.000	4.000	8.000	12.000	160.000	160.00
肩宽	-3.000	-2.000	-1.000	0.000	1.000	2.000	3.000	40.000	40.00
领宽	-0.600	-0.400	-0.200	0.000	0.200	0.400	0.600	8.000	8.000
领深	-0.600	-0.400	-0.200	0.000	0.200	0.400	0.600	8.000	8.000
领围	-0.600	-0.400	-0.200	0.000	0.200	0.400	0.600	8.000	8.000
袖笼深	-1.500	-1.000	-0.500	0.000	0.500	1.000	1.500	20.000	20.00
腰节高	-3.000	-2.000	-1.000	0.000	1.000	2.000	3.000	40.000	40.00
袖长	-4.500	-3.000	-1.500	0.000	1.500	3.000	4.500	60.000	60.00
袖山高	-1.500	-1.000	-0.500	0.000	0.500	1.000	1.500	20.000	20.00
袖口	-1.500	-1.000	-0.500	0.000	0.500	1.000	1.500	20.000	20.00
袖肥	-2.400	-1.600	-0.800	0.000	0.800	1.600	2.400	28.000	28.00

打开尺寸表 插入尺寸 关键词 全局档差 追加 缩水 0 显示MS尺寸 WORD EXCEL 确认
保存尺寸表 删除尺寸 清空尺寸表 局部档差 修改 打印 实际尺寸 追加模式 TXT 取消

要素检查

测量值	长度1	长度2	长度3
XXS	41.54	40.37	2.07
XS	43.58	42.06	2.07
S	45.63	43.81	2.07
M(标)	47.68	45.62	2.07
L	49.74	47.47	2.07
XL	51.80	49.36	2.07

确认 取消 命名 尺寸1 尺寸2 尺寸3
修改 联动操作

要素检查

测量值	长度1	长度2	长度3
XXS	42.44	40.37	2.07
XS	44.13	42.06	2.07
S	45.88	43.81	2.07
M(标)	47.68	45.62	2.07
L	49.54	47.47	2.07
XL	51.43	49.36	2.07

确认 取消 命名 尺寸1 尺寸2 尺寸3
修改 联动操作

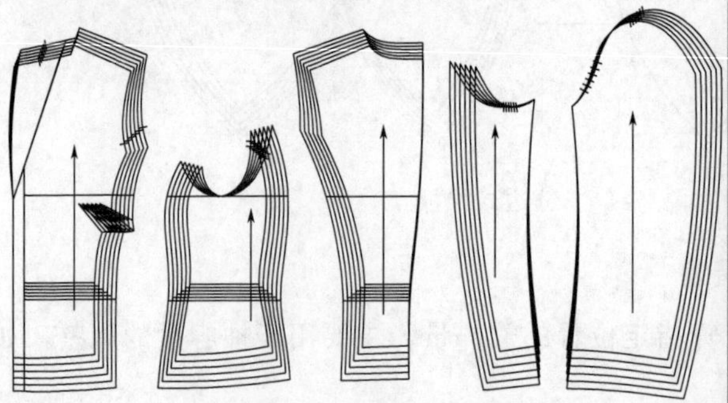

图 2-131 曲线组长度调整

么就查看袖山顶上是不是有放码点，如果没有放码点先用【增加放码点功能】在袖山顶增加一个放码点。

打开【尺寸表】，在尺寸表中增加一个新尺寸，如果：袖山高（但是这个尺寸最好不要再用在其他的位置，因为这个尺寸是用来让系统自动凑数的）。

选择曲线组度调整的工具，先选择“第一级曲线”袖山弧线，鼠标右键结束。

再选择“第二组曲线”袖窿弧线，鼠标右键结束。

弹出尺寸表对话框，选中需要修改的部位名称：“袖山高”，按【确认】键。

接着，系统会弹出测量值对话框。在对话框中，将长度 3 中的档差值改成所需的差值，按【修改】键（注意联动修改一定不能勾选）。

此时，系统自动计算，并自动修改尺寸表中的数值。按【确认】键关闭测量对话框。

32. 领曲线推板

用于线条的微调。

如图 2-132 所示，鼠标左键框选领线，鼠标右键结束。点击【推板展开】功能即可。

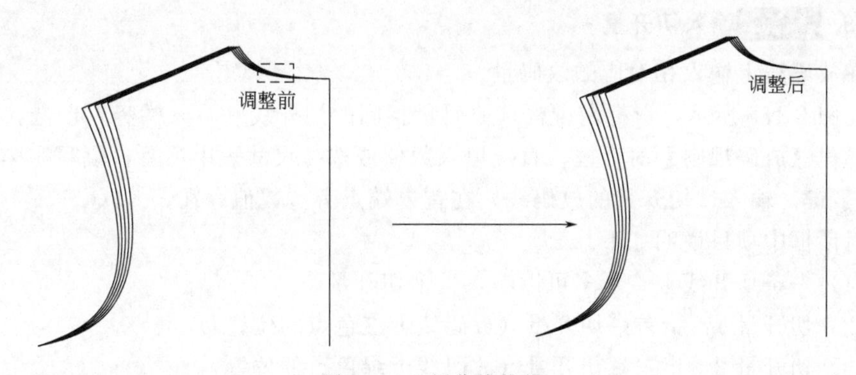

图 2-132　领曲线推板

33. 竖向切开线（绿色）

在裁片上输入竖向放码线，使衣片横向切开。

如图 2-133 所示，鼠标左键连续输入放码线的点列，鼠标右键结束操作。一次选择放码线的类型后，可输入多条放码线。

注意：放码线始端点的颜色为红色，末端点的颜色为绿色。可用颜色区分码线的输入方向。

34. 横向切开线（蓝色）

在裁片上输入横向放码线，使衣片竖向切开。

如图 2-134 所示，鼠标左键连续输入放码线的点列，鼠标右键结束操作。一次选择放码线的类型后，可输入多条放码线。

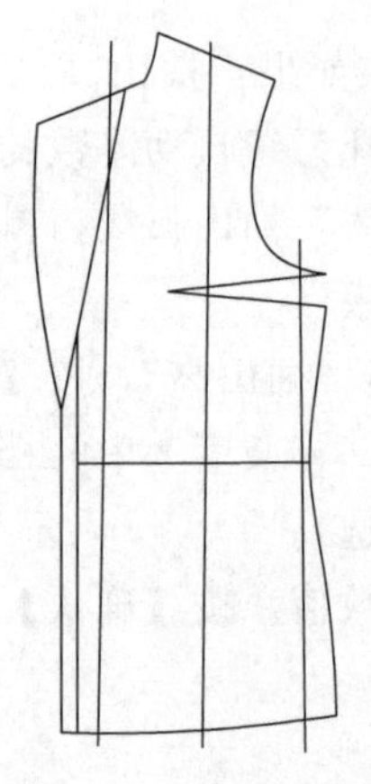

图 2-133　竖向切开线

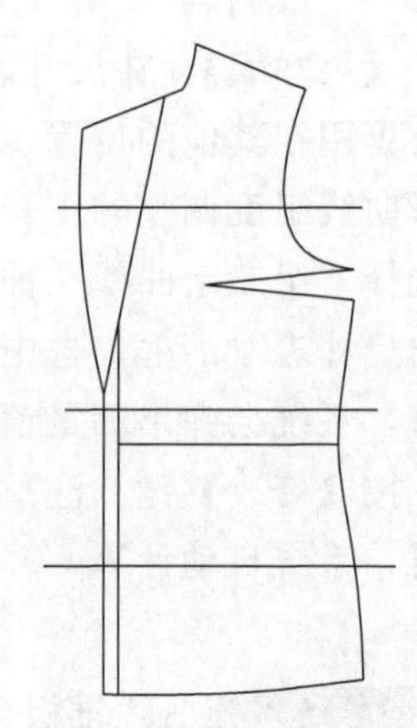

图 2-134　横向切开线

注意：放码线始端点的颜色为红色，末端点的颜色为绿色。可用颜色区分放码线的输入方向。

35. 输入切开量

在放码线上输入相对应的放码量。

如图 2-135 所示，鼠标左键框选放码量相同的切开线（不分横竖）框选，鼠标右键弹出【放码规则】对话框。直接填入数值或选择尺寸表中项目，填写完毕，按【确认】键。输入过切开量的放码线，在首末端点旁有数值存在。

对话框中项目说明如下。

(1) 一条切开线上，最多可以输入 4 个切开量。

(2) 切开量 1：指首端切开量（放码线上红色点的位置）。

(3) 切开量 2：指末端切开量（放码线上绿色点的位置）。

(4) 如只在切开量 1 处填入数值，则切开量便默认与切开量 1 数值相同。

(5) 鼠标左键框选切开线后，按【Delete】键，可以删除切开线。

36. 斜向切开线（湖蓝色）

在衣片上输入任何方向放码线，使衣片沿线的方向切开。

如图 2-136 所示，鼠标左键输入放码线的首末点，鼠标右键结束操作。一次选择放码线的类型后，可输入多条放码线。

注意：放码线始端点的颜色为红色，末端点的颜色为绿色。可用颜色区分放码线的输入方向。

37. 展开中心点

在衣片中定义切开线放码时的展开中心点（放码不动点）。鼠标左键直接在衣片上输入展开中心点的位置。衣片中出现红色的展开中心点。

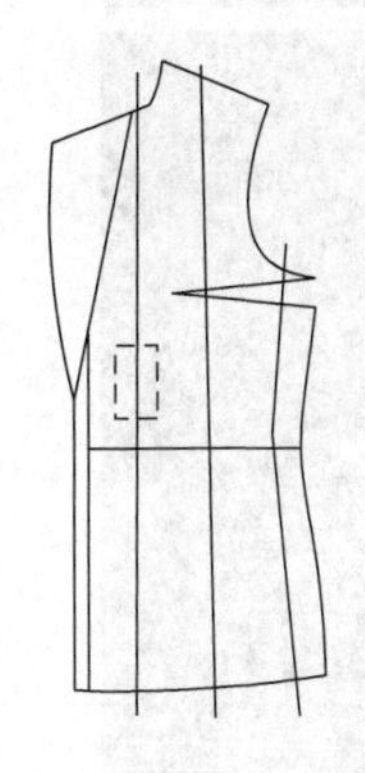

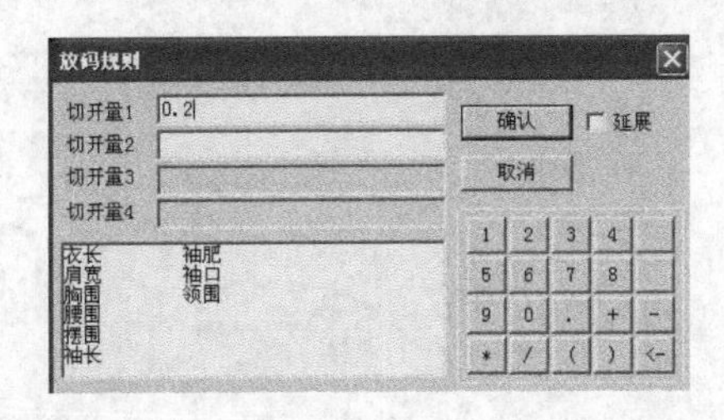

图 2-135　输入切开量

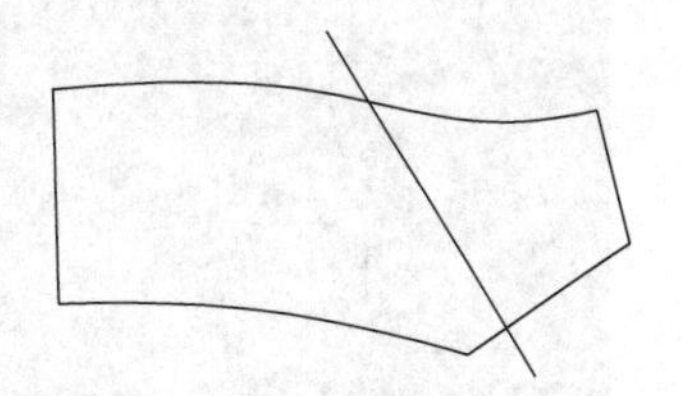

图 2-136　斜向切开线

注意：一个衣片上只能有一个展开中心点，删除点也用此功能，鼠标左键点在红点就可删除。

38. 增减切开点

在切开线上增加可以放码的点。鼠标左键在放码线上输入需要增加的点，此时放码线上出现湖蓝色的点。再次指示增加的点，则为删除此点。每条放码线上最多可增加 2 个放码点。

增加放码点后，切开量的填写方法如下。

（1）当放码线上只增加 1 个点时，切开量 1 为红色的首点、切开量 2 为新增加的点、切开量 3 为绿色的末点。

（2）当放码线上增加 2 个点时，切开量 1 为红色的首点、切开量 2 为先增加的点、切开量 3 为后增加的点、切开量 4 为绿色的末点。

注意：此功能主要应用于裤子放码。由于腰围、臀围、裤口的推放量可能不同，所以要在臀围的位置增加 1 个放码点。

第三节　排料系统

排料系统具有样板自动排料参数编辑、成组排放和拷贝、开窗放大、设置剪刀线、显示和换屏、排料图绘制打印等功能。

一、排料系统界面介绍

双击电脑桌面上的排料系统图标，进入 ET 服装 CAD 的排料系统，如图 2-137 所示。排料主界面可分为：排料工具栏、文字菜单栏、待排区、正式排料区、裁片临时放置区、排料信息显示区等。排料系统界面主要区域功能介绍见表 2-8。

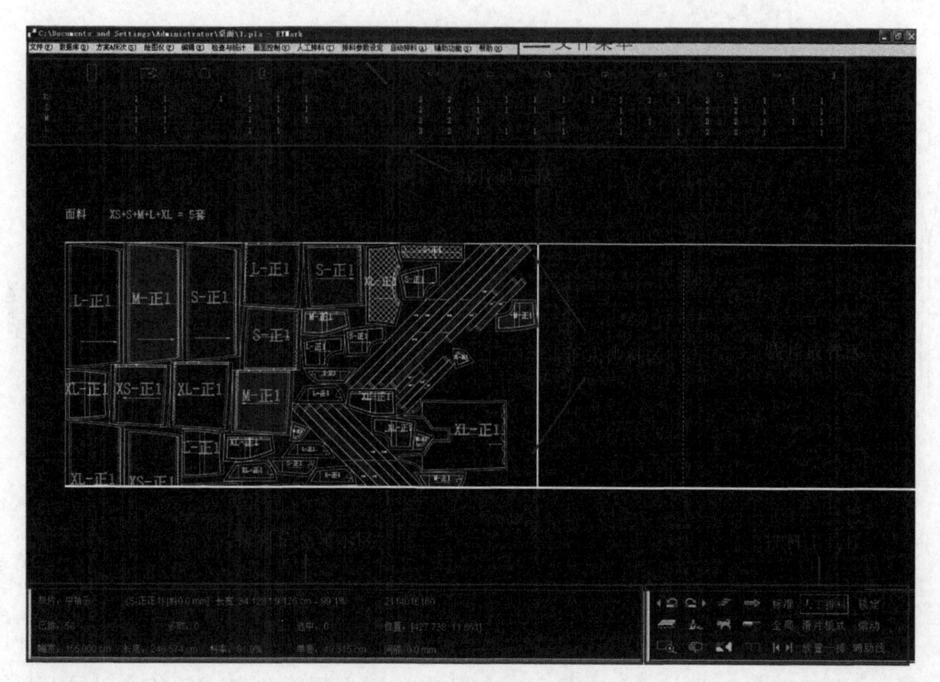

图 2-137 排料系统界面

表 2-8 排料系统界面主要区域功能介绍

序号	名称	功 能
1	排料工具栏	该区放置了排料所需的相关工具
2	文字菜单栏	该区放置了排料所需的菜单命令
3	待排区	用来存放用户所选择的待排样板
4	正式排料区	用户在上面排列样板，即相当于在面料上铺料的操作
5	裁片临时放置区	用于临时存放待排的样板
6	排料信息显示区	显示排料结果、面料利用率等相关信息

二、排料常用工具

1. UNDO（撤销）

依次撤销前一步操作。排料中撤销功能，无次数限制。

2. RERO（重复）

在进行撤销操作后，依次重复前一步操作。排料中重复功能，无次数限制。

3. 刷新视图

清扫画面。此功能在画面不清晰时使用。

4. 右分离

裁片群按指示位置向右移动。如图 2-138 所示，鼠标左键拖动指示两点位置

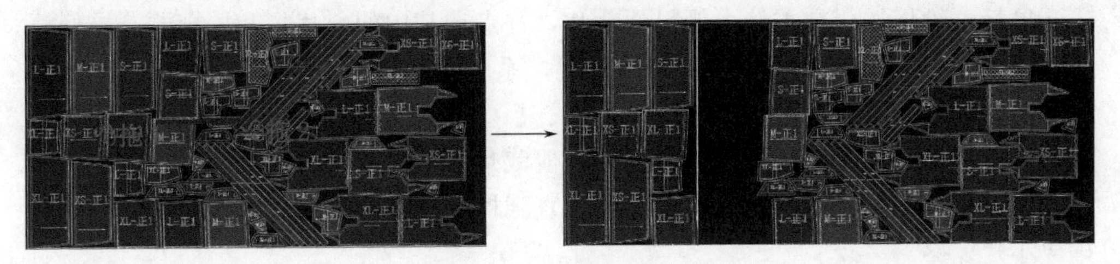

图 2-138　右分离

拖 1、拖 2。与指示点的垂线相交的裁片，以及其右侧的裁片都按指示位置向右移动。用右分离功能，向右移动的裁片，系统都视其为杂片。

5. 清空唛架

排料区内所有裁片，均被收回到待排区中。

6. 杂片清除

如图 2-139 所示，排料区所有未正式放置的裁片，均被收回到待排区中。

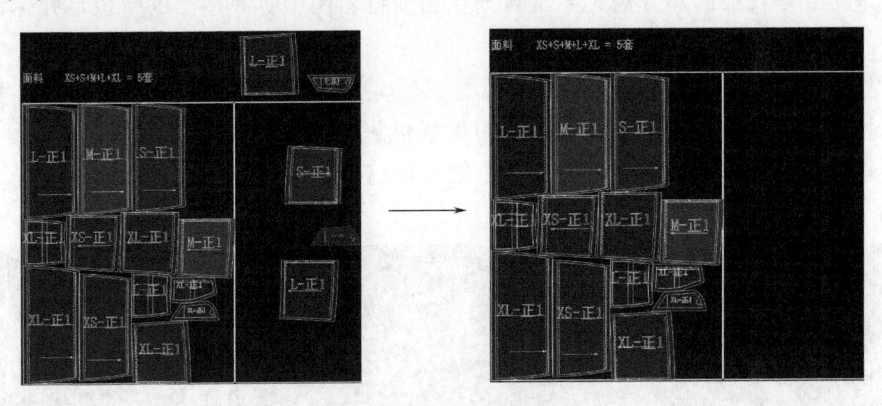

图 2-139　杂片清除

7. 裁片寻找

点击需要寻找的裁片，系统将显示此裁片在排料区的相应位置及信息。

如图 2-140 所示，鼠标左键在特排区内，点击要寻找的裁片点。寻找到的裁片，不仅在排料区内有特殊显示，在排料信息中也会显示裁片的名称、号型。在排料区内，移动到任意裁片上，可在排料信息中看到相应裁片的名称、号型。

8. 接力排料

将选中的一组裁片，按系统随机的顺序，传送到上。

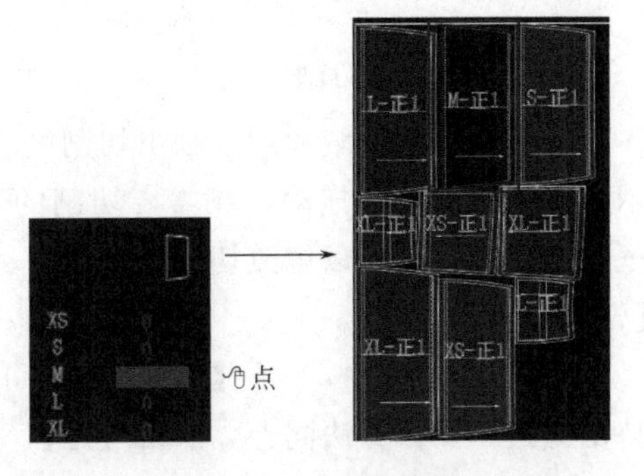

图 2-140　裁片寻找

鼠标左键框选一组需接力排料的裁片，并点选其中的一片，开始排放。排好第一片后，在排料区空白处，单击鼠标左键，系统会随意自动将下个裁片放到上，放置裁片的同时，可配套使用【K】、【L】、【<】、【>】、空格键旋转裁片。使用接力棒排料的过程中，还可以同时移动其他裁片，当鼠标在黑色屏幕上点击时，会自动回到接力排料状态。如此循环反复，直到框选的裁片全部排好。此功能最适合排放小片。

9. 放大

通过框选区域，放大画面。鼠标左键拖动要放大的两点位置。此功能选择后，只可使用一次。

10. 平移画面

通过拖动鼠标，平移画面。鼠标左键拖动，使屏幕上、下、左、右移动。

11. 选位

定义好要排放的小片后，系统自动在当前排料图中寻找适当的空位，并标识出位置。

如图 2-141 所示，鼠标左键点选后育克后点，选择【自动选位】功能，系统自动找到可以放下后育克的位置，并用黑线标识出来，此时，后育克还在上，放至合理位置即可。要去除屏幕上的标位线，用【刷新视图】功能即可。

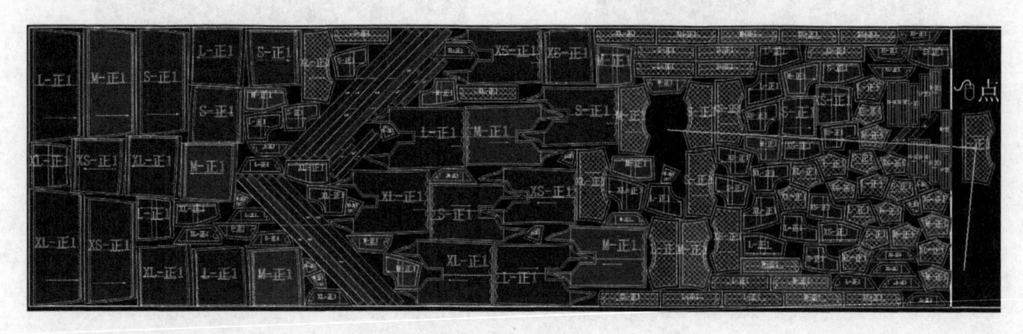

图 2-141 选位

12. 裁片切割

通过鼠标指示裁片中，画出切割线，并按指定位置将裁片切割。如图 2-142 所示，按住鼠标左键拖动，在需要切割的裁片上画切割线。弹出【裁片切割】对话框。在对话框中可以修改切割线的位置、切割处缝边的宽度等数值，修改完毕，按【OK】键。

按第一点后，按一下【Ctrl】键，可画任意角度的切割线。裁片切割功能还支持割缝边，操作方法同上，点击【是】，即可切掉缝边。如果小裁片需切割，建议放大后操作。

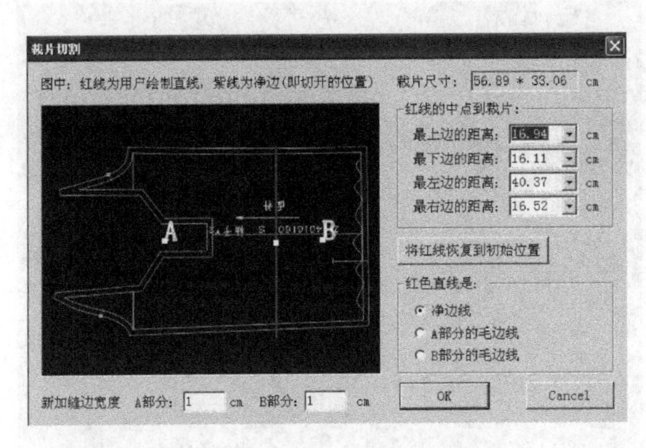

图 2-142 【裁片切割】对话框

13. 标准标准

以标准或幅宽的方式显示排料图。此种显示方式，可看到待排区、临时放置及正式排料区。

14. 全局全局

以布长充满工作区的方式，显示排料图。此种显示方式，可看到排料图的全貌。

15. |◀ ▶|床切换

如果一个排料文件中包含多个床次，可通过左右箭头进行切换。

16. 人工排料人工排料

以压片的方式排放裁片。

鼠标左键点选一块裁片移动，使该裁片压住其他裁片，或压住排料区边线，鼠标左键放下裁片，该片自动放置到合理位置。裁片放下后，可按空格键，选择其他可能放置的位置。裁片在🖱上时，可按键盘上的上、下、左、右键滑动裁片。放下裁片后，可用小键盘的2、4、6、8键进行微动。将裁片放下后，在空白的位置单击一下鼠标左键，再将鼠标指着需要滑动的裁片按键盘上的【F】键就可以进行裁片的快速调整（要让裁片有可以移动的空间才可以使用此功能）。

17. 滑片模式滑片模式

先点选【滑片模式】，鼠标左键点选一块裁片不松开，并移动鼠标拉出方向线。松开鼠标左键，该片会自动放置到所需位置，如图2-143所示。

18. 放置一排放置一排

系统自动将待排区内的裁片，在排料区内放置一排。

选此功能后，裁片自动放置一排。如对放置的裁片不满意，可用人工排料的方式，调整裁片位置。调整后，再放置一排功能，放置下一排裁片。

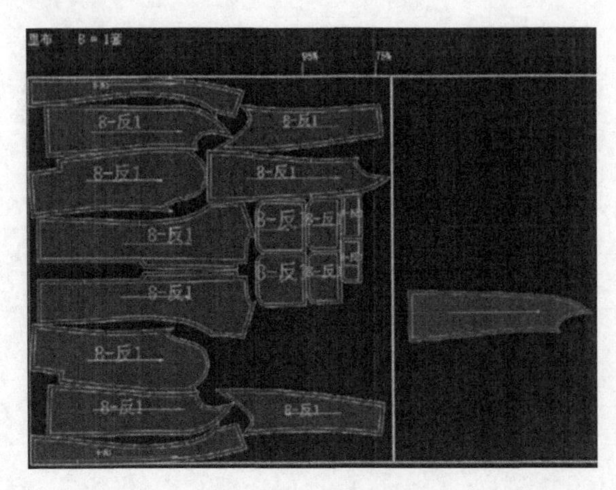

图 2-143　滑片模式

19. 锁定 锁定

此功能用来锁定床尾线。床尾线被锁定后，裁片可左右靠齐被锁定的床尾线摆放。

20. 微动 微动

根据自定义的微动量，上、下、左、右移动裁片。先在排料参数设定→系统参数→排数参数设定中，在 手工微调移动量: 5 毫米 中，设置微转量，选择【微动】功能，并用鼠标左键选择一个或一组裁片，按键盘上的上、下、左、右键，移动裁片，每按一次键，裁片移动 5mm。

21. 辅助线 辅助线

在当前排料图上增加水平、垂直、45°的辅助线。

选此功能后，在屏幕上的任意位置，单击鼠标左键，就会出现一条垂直于屏幕的辅助线，空格键可以改变辅助线的方向，确定辅助线的方向后，单击鼠标左键，弹出【辅助线】对话框。在对话框中修改数值后，按【OK】键。辅助线在上时，可以按【Delete】键，将辅助线删除。如果想删除所有的辅助线，可选用菜单中“辅助功能”里边的【清除所有辅助线】功能。

第四节　菜单功能介绍

ET 服装 CAD 系统中菜单。包括文件、编辑、显示、检测、设置、打板、推板、图标工具、帮助、定制工具等功能。

一、打板和推板系统菜单功能介绍

1. 文件菜单功能介绍

文件菜单功能介绍见表 2-9。

表 2-9 文件菜单功能介绍

序号	菜单命令		功 能
1	打开	快捷键 Ctrl+O	打开储存 ET 打板文件
2	保存	快捷键 Ctrl+S	保存 ET 打板文件
3	另存为		该命令用于给当前文件做一个备份
4	最近文件		打开上个窗口的最后一个文件
5	数字化仪文件		通过数字化仪读入打板或放码文件
6	模板文件		在已设为模板的文件上修改基码样板
7	参考模式打开文件		打开文件时,选择参照还是辅助线底层显示
8	文件比较		可将已修改样板文件与原文件进行比较
9	双文档拷贝		将两个打板文件合并成一个打板文件
10	回到文档拷贝状态		在双文档拷贝过程中,用了其他功能后返回双文档拷贝状态
11	打开 DXF 文件		打开国际通用 DXF 格式文件
12	打开 UK-DXF 文件		打开优卡软件的 DXF 格式文件
13	保存切割文件		进入自动裁床的文件必须用此功能保存
14	打开 PLT 文件		打开 PLT 打印文件
15	打开其他系统文件		打开格柏、力克服装 CAD 软件绘制的原文件
16	输出其他系统文件		输出格柏、力克服装 CAD 软件绘制的原文件
17	打开图片文件	调入底图	调入 bmp、jpg 图片文件
		关闭底图	关闭 bmp、jpg 图片文件
		打开款式文件图	打开 bmp、jpg 图片文件
		绣花位	打开 bmp、jpg 图片文件
18	Office 文件	切图至 Office	将打推系统中的裁片转入 Word、Excel 等系统软件中
		打开 Word 文件	打开 Word 文件
		输出 Word 文件	输出 Word 文件
		打开 Excel 文件	打开 Excel 文件
19	内部文件转换		转换 ET 服装 CAD 不同版本绘制的文件
20	系统属性		系统属性设置
21	视频监控		监控电脑屏幕
22	ET 视频播放		播放 ET 服装 CAD 软件教学视频
23	退出系统		退出 ET 服装 CAD 打板系统

2. 编辑菜单功能介绍

编辑菜单功能介绍见表 2-10。

表 2-10 编辑菜单功能介绍

序号	菜单命令		功 能
1	撤销	快捷键 Ctrl+Z	用于按顺序取消做过的操作指令
2	恢复	快捷键 Ctrl+X	恢复撤销的操作
3	裁片平移	快捷键 Alt+A	移动裁片
4	删除辅助线		删除辅助线
5	删除裁片序号		删除裁片序号
6	批注浏览		对裁片进行注释
7	删除所有批注		删除所有批注

3. 显示菜单功能介绍

显示菜单功能介绍见表 2-11。

表 2-11 显示菜单功能介绍

序号	菜单命令		功 能
1	工具条		显示状态小图标
2	画面显示	纹理显示	裁片填充布料纹理
		编辑纹理	更换纹理图片
		照片集	将当前裁片界面以拍照方式存储
3	1∶1 显示		1∶1 显示
4	显示误差修正		修正不同分辨率的显示精度
5	全局导航图		进行部位局部当前显示
6	裁片分类放置		以裁片布种分类进行放置
7	裁片查询		裁片无规则提取后检查母片、子片的归属

4. 检测菜单功能介绍

检测菜单功能介绍见表 2-12。

表 2-12 检测菜单功能介绍

序号	菜单命令	功 能
1	三点角度测量	测量三点角度
2	缝边检测	检测当前窗口裁片缝边是否正常
3	成本估算	根据当前裁片估算成本
4	裁片情报	统计裁片信息
5	时间检测	记录文件始建时间和修改时间
6	子片面积标注	标注裁片面积，用于羽绒服充绒计算

5. 设置菜单功能介绍

设置菜单功能介绍见表 2-13。

表 2-13 设置菜单功能介绍

序号	菜单命令	功 能
1	布料名称	设置布料名称
2	关键字	设置关键字
3	号型名称	设置号型名称

续表

序号	菜单命令		功　能
4	尺寸表		设置尺寸表
5	规则表		设置点规则
6	曲线登录		将裁片上常用的曲线,登录到曲线库中
7	曲线调出		将已保存的曲线按指定大小调出
8	附件登录		将服装上常用的部件,登录到附件库中
9	附件调出		将已保存的附件按指定大小、指定模式调出
10	设置与标注	长度标注	要素距离标注
		两点标注	要素距离两点标注
		角度标注	要素角度标注
		粘衬标注	对需要粘衬部位的要素进行标注
		要素上两点标注	要素上两点距离标注
11	设置属性文字大小		设置纱向上文字大小

6. 打板菜单功能介绍

打板菜单功能介绍见表2-14。

表2-14　打板菜单功能介绍

序号	菜单命令		功　能
1	裁片补正	纱向水平补正	可以水平补正所有裁片
		纱向垂直补正	可以垂直补正所有裁片
2	缝边与角处理	自动加缝边	自动加缝份量
		缝边改净边	将缝边改为净边并加零缝边
		缝净边互换	将裁片上的缝边与净边做互换处理
		更新所有缝边	自动检测所有裁片的缝边
		清除所有缝边	删除基码所有裁片缝边
3	裁片工具	层间拷贝	将裁片移动至另一个号型
		裁片对齐	将读入的裁片对齐成网状图显示
		通码裁片	设置不放码裁片
		内部刷新快捷键 Alt＋D	只刷新修改裁片
		捆条	根据要素长度生成相同长度的长条矩形
		褶收放	设置单片裁片上的衣褶合拢
		全收褶	所有衣褶裁片全部合拢
		全展褶	所有衣褶裁片全部展开

续表

序号	菜单命令		功　能
4	服装工艺	特殊省	特殊要求的转省
		切线	通过指定点,做圆或曲线的切线/垂线
		平行线	按指定长度或指定点做与参照线的平行线
		角度线	按指定角度做定长的直线
		连续线	连续画出多条要素线
		角平分线	自动找到相交要素的角度平分线
		定长调曲线	两端固定调整曲线至所需长度
		曲线端矢调整	曲线调整时有端矢线做参考
		半径圆	通过输入圆的半径做圆
		圆角处理	自动生成半径定长或不定长的圆角
		两点镜像	以两点为镜像轴进行要素镜像
		两点相似	通过指示两点位置,做要素的相似处理
		单边展开	按指定的分割量,系统会自动生成泡泡袖形状
		局部调整	将多条直线或曲线做局部的变形处理
		直角连接	按已知两点的位置连接水平线或垂直线
		要素合并	将一条或多条要素,合并成一条要素
		要素打断	将指定的若干条线,按指定的一条线打断
		变更颜色	将所有要素,变更成指定的颜色
		变更线宽	改变要素粗细显示
		刷新明线	当明线的基线改动后,将明线按基线的形状刷新
		转换成袖对刀	将读图进入的刀口转换为袖对刀
		扣子	生成一串扣子
		分割扣子扣眼	将一串生成的扣子或扣眼分割
		联动修改	同时调整袖窿弧线与袖山弧线,保证形状和长度不变
		解除联动关系	无规则提取裁片后取消与母片的联动关系
		设置打孔点尺寸	修改已生成的打孔点的尺寸
		明线	裁片上压边的车缝线标识
		等分线	要素上做等分处理
		波浪线	要素需要归拢时做的工艺标识
		曲线减点	将折线变为曲线并可减少曲线的点数
		刀口拷贝	将一块裁片上的刀口拷贝至另一块裁片
5	对格子	定义横条对位点	定义裁片上的横条对格线
		定义竖条对位点	定义裁片上的竖条对格线
		删除所有对位点	一次性删除所有对位点
		显示对位点分组	显示选中裁片上的对位点和其他对应裁片的关系

7. 推板菜单功能介绍

推板菜单功能介绍见表 2-15。

表 2-15　推板菜单功能介绍

序号	菜单命令	功　能
1	进入推板状态	进入推板系统状态
2	单步展开	设置放码规则后展开网状图
3	袖对刀推板	设置袖对刀放码规则

续表

序号	菜单命令	功　能
4	线对齐移动点	以裁片上的某条要素对齐对其他放码点设置放码量
5	线对齐	线对齐移动点设置结束后用此功能检查
6	修改切开量	用于输入线放码量
7	定义角度放码线	放码后其他码的要素起始角度与基码一致
8	内衣点规则 1	用于文胸裁片放码

8. 图标工具菜单功能介绍

图标工具菜单功能介绍见表 2-16。

表 2-16　图标工具菜单功能介绍

序号	菜单命令		快捷键	功　能
1	上方图标工具	打开	Ctrl+O	打开储存 ET 打板文件
		保存	Ctrl+S	保存 ET 打板文件
		缩小	X	缩小或局部缩小
		放大	Z	放大或局部放大
		全屏	V	全屏显示
		屏幕移动	C	手形移动裁片
		前画面	F10	前一个画面
		撤销	Ctrl+Z	用于按顺序取消做过的操作指令
		恢复	Ctrl+X	恢复撤销的操作
		删除		删除选中的要素
		平移		按指示的位置，平移选中要素
		水平垂直补正		将所选图形，按指定要素做水平或垂直补正
		水平垂直镜像		将选中的要素做上下或左右的镜像
		要素镜像		将所选要素按指定要素做镜像
		旋转		将选中要素按角度或步长做旋转
2	左侧图标工具	刷新参照层		在裁片下增加一层参照层
		显示参照层		清除增加的参照层
		线框显示		裁片显示缝净边外框
		填充显示		裁片内填充指定颜色
		单片全屏		将所选的裁片充满视图
		显示要素长度		显示所有要素的长度
		显示缝边宽度		显示所有要素的长度
		显示/隐藏放码量		显示/隐藏基码上的放码点
		显示/隐藏放码规则		显示/隐藏放码点规则
		显示/隐藏切开线		显示/隐藏切开线
		显示/隐藏属性文字		显示/隐藏属性文字
		显示/隐藏缝边		显示/隐藏缝边
		显示/隐藏净边		显示/隐藏净边
		隐藏裁片		隐藏裁片

续表

序号	菜单命令		快捷键	功能
3	打板图标工具	智能工具		智能笔
		打板一		图标功能
		打板二		图标功能
		打板三		图标功能
		打板四		图标功能
		打板五		图标功能
		打板六		图标功能
4	检查与检测	皮尺测量	Ctrl+1	按皮尺的显示方式测量选中要素
		两点测量	Ctrl+3	通过指示两点,测量出两点间的长度、横向、纵向的偏移量
		线上两点拼合检查	Ctrl+5	通过指示要素及要素上的两点位置,测量出两组要素中,各两点间的要素长度及长度差
		综合测量		可测量一条要素的长度,或几条要素的长度和长度差
		长度测量	Ctrl+2	测量一条要素的长度或几条要素的长度之和
		拼合检查	Ctrl+4	测量两组要素的长度及长度差
		角度测量	Ctrl+6	测量两直线夹角角度
		安全检测		可检测出系统自动判断出的所有问题
5	推板图标工具	推板一		图标功能
		推板二		图标功能
		推板三		图标功能
		推板四		图标功能
		线放码		图标功能
6	智能工具条	矩形框		用于画矩形框
		丁字尺		用于画出水平、垂直、45°直线
		直线/曲线		画直线或曲线
		曲线编辑		修改曲线
		端修正		要素延长或减短后与另一条要素相交

9. 帮助和定制工具菜单功能介绍

帮助和定制工具菜单功能介绍见表2-17。

表2-17 帮助和定制工具菜单功能介绍

序号	菜单命令	功能
1	关于ETCOM	显示所用版本年号
2	自定义快捷菜单	将菜单功能加入鼠标滚轮
3	自定义工具组	将功能组合后按【Tab】键切换
4	快捷键显示	显示所有功能的快捷键
5	定制工具	调出系统属性下的定制功能

二、排料系统菜单功能介绍

1. 文件和数据库菜单功能介绍

文件和数据库菜单功能介绍见表 2-18。

表 2-18 文件和数据库菜单功能介绍

序号	菜单命令	快捷键	功 能
1	新建	Ctrl+N	新建一个 ET 排料文件
2	追加款式		加入另一个打板放码文件进行套排
3	刷新款式		排好排料文件后,当打板文件改动时,则用此功能更新排料文件
4	更改样板号		打板文件更改样板号后刷新款式
5	简单出图		每块裁片只打印一块
6	网状出图		打印网状排料图
7	打开	Ctrl+O	打开储存 ET 排料文件
8	保存	Ctrl+S	保存 ET 排料文件
9	另存为		该命令用于给当前文件做一个备份
10	恢复非正常退出前的状态		打开上一个窗口的最后一个文件
11	款式文件导出		用排料文件导出全套的打板文件
12	款式及裁片属性		可查看打板文件的裁片信息,并可对其修改和重新进行设置
13	修改本床 Word		记忆小图模板中的出图设置
14	将小排料图导入 Word		将排料系统中的排料图转入 Word 系统软件中
15	打印	Ctrl+P	打印排料图
16	打印预览		预览排料图
17	打印设置		设置打印机输出信息、纸张方向等
18	页面设置		设置打印机输出纸张大小、方向和页边距
19	小排料图设定		设置小图的文字大小和选项
20	小排料图文字		设置小图信息栏打印内容
21	退出		退出 ET 服装 CAD 排料系统

2. 方案和床次菜单功能介绍

方案和床次菜单功能介绍见表 2-19。

表 2-19 方案和床次菜单功能介绍

序号	菜单命令	快捷键	功 能
1	方案设定		设置排料的方案
2	方案完整性检查		对所有方案进行检查
3	生产任务单		自动分床时设置颜色和套数
4	生产任务单导出		将自动分床后的方案导进 Excel
5	床次设定		对幅宽、方向、件数进行设置

续表

序号	菜单命令	快捷键	功能
6	增加指定裁片		将另一款的某块纸样调入排料
7	清除所有指定裁片		将调入的指定裁片删除
8	设定条纹	Alt+G	对格对条设置
9	图案设计		对格对条中进行大小格设置
10	床注释		在信息栏和裁片上的备注选项进行注释
11	备份床次		一床排料图(唛架)保存多次方案进行对比
12	刷新最后一个备份		刷新床尾线
13	当前床次的历史记录		调出备份床次的历史记录

3. 绘图仪菜单功能介绍

绘图仪菜单功能介绍见表 2-20。

表 2-20 绘图仪菜单功能介绍

序号	菜单命令	快捷键	功能
1	输出预览		出图前查看打印状态
2	裁床文件		输出自动裁床文件
3	综合检查	F2	由系统自动检查出排料文件中的多种错误,并可以及时进行修改
4	手动设定切割顺序		自定义裁片切割顺序
5	自动生成切割顺序		系统自动生成的顺序
6	修改裁片切割顺序		对自动生成的顺序进行修改
7	动画显示切割顺序		以动画的方式显示裁片顺序
8	指定裁床切割轨迹		设定裁片的起始切割轨迹

4. 编辑菜单功能介绍

编辑菜单功能介绍见表 2-21。

表 2-21 编辑菜单功能介绍

序号	菜单命令	快捷键	功能
1	撤销	Ctrl+Z	用于按顺序取消做过的操作指令
2	重新执行	Ctrl+X	恢复撤销的操作
3	各取一片		每块裁片只取一片进行排料
4	全部回收		清空唛架上所有裁片
5	杂片回收		清空辅助放置区裁片
6	全选	Ctrl+A	指一次性全部选择排料区域的所有样板
7	整体复制		指复制排料区域的所有样板
8	整体转 180°		指区域的所有样板整体 180°翻转
9	整体上下翻转		指区域的所有样板整体上下翻转
10	整体左右翻转		指区域的所有样板整体左右翻转

5. 检查与统计菜单功能介绍

检查与统计菜单功能介绍见表2-22。

表2-22 检查与统计菜单功能介绍

序号	菜单命令	功能
1	测距	测量点对点之间的距离
2	裁片查找	寻找裁片使待排区和唛架区的裁片相对应
3	打开片名查找	按裁片名搜索裁片
4	人工检查格子	检查鼠标上的裁片与格子是否匹配
5	格子匹配度检查	排料后检查所排裁片是否和打板中格子设定一致
6	标记(重叠与微转)裁片	检查裁片是否重叠与微转
7	标记排料区内(杂片)	检查排料区内是否有杂片
8	标记(方向错误)的裁片	检查裁片有无与设定方向不符
9	标记(斜置)裁片	检查裁片是否转动
10	标记(切割)裁片	检查裁片是否进行过切割处理
11	修正方向错误	重新设定方向后将原唛架中排好的裁片修正
12	选择被标记的裁片	选中所有检测有问题的裁片
13	强行校正裁片的尺寸	将有可能尺寸不一致的同块裁片进行强行校正

6. 画面控制菜单功能介绍

画面控制菜单功能介绍见表2-23。

表2-23 画面控制菜单功能介绍

序号	菜单命令	快捷键	功能
1	平移	F7	手形移动唛架
2	放大	F5	放大或局部放大
3	画面刷新		刷新当前视图使界面清晰
4	切换视图		在全局、标准、幅宽模式之间切换
5	全局视图	F8	全部显示所有裁片
6	幅宽视图	F8	幅宽模式显示所有裁片
7	标准视图	F8	标准模式显示全部裁片
8	切换工具		在手形平移和人工排料之间切换

7. 人工排料菜单功能介绍

人工排料菜单功能介绍见表2-24。

表 2-24 人工排料菜单功能介绍

序号	菜单命令	快捷键	功能
1	人工排料	F3	人工以压片的方式排放裁片
2	滑片模式	F6	以滑片的方式摆放裁片
3	右分离		裁片群按指示位置向右移动
4	所选裁片变为非定位状态		将裁片变为浮空状态
5	自动选位		指示所选裁片能够放置的区域
6	接力排料		将裁片组合在鼠标上进行排料
7	裁片嵌套		将需要改码的小码裁片放在大码裁片中
8	点对齐排料		将需要改码的裁片以点对齐形式放置
9	中间对齐排料		排料时以裁片中心点对齐进行排料
10	特殊对齐排料		以裁片上、下、左、右对齐方式进行排料

8. 排料参数设定菜单功能介绍

排料参数设定菜单功能介绍见表 2-25。

表 2-25 排料参数设定菜单功能介绍

序号	菜单命令	功能
1	额外取片	选择此功能后，点击待排区中为“0”的片数位置，可取出负的裁片
2	自动放置	选择此功能，点击待排区的裁片后自动排到唛架上
3	锁定尾线	锁定床尾线
4	系统参数	用于常用排料操作参数的设置
5	本床的裁片间隔	设定当前排料文件中每个裁片的间隔量
6	自动排裁片设定	睿排排前的裁片参数设定

9. 自动排料菜单功能介绍

自动排料菜单功能介绍见表 2-26。

表 2-26 自动排料菜单功能介绍

序号	菜单命令	功能
1	放置一排	自动放置一排裁片尽可能摆满幅宽
2	自动排料	选择此功能，系统自动排料
3	继续排料	放置好大裁片后，点此功能自由放置小裁片
4	快速排料	一次放置好所有裁片
5	本床仿制	同一床中，一个码仿制另一个码的裁片摆放状态
6	同面料仿制	在同一个排料文件中，仿制已排好的相同布料的方案
7	同面料仿制(有向导)	自定义调整仿制已排好的相同布料的方案
8	仿制其他文件	仿制其他文件的排料方案

续表

序号	菜单命令	功　能
9	仿制其他文件(有向导)	自定义调整仿制已排好的不同文件方案
10	打开参照文件	将其他文件以底图的方式调入进行参考排料
11	打开 PLT 文件	将 PLT 文件以底图的方式调入进行参考排料
12	调整底图	将调入的文件底图进行调整
13	关闭底图	关闭调入的底图
14	整体调整	按方向键对已排好的唛架上裁片进行上、下、左、右移动

10. 辅助功能菜单功能介绍

辅助功能菜单功能介绍见表 2-27。

表 2-27　辅助功能菜单功能介绍

序号	菜单命令	功　能
1	自定义快捷菜单	将菜单功能加入鼠标滚轮中
2	文字注释	对唛架进行备注
3	清除所有注释	清除备注文字
4	辅助线	在唛架上设定辅助线
5	对格辅助线	在唛架上设定对格辅助线
6	清除所有辅助线	清除所有辅助线
7	方块	自定义大小做裁片参与排料
8	组合粘朴	将需要粘朴的裁片组合,形成一块裁片后进行排料
9	自动组合粘朴	将需要粘朴的裁片自动组合,形成一块裁片后进行排料
10	复制其他床的朴	将定义好的其他床的组合粘朴裁片调入当前床使用
11	清除所有的方块	删除自定义的方块裁片
12	组合裁片	按【+】键将几块裁片组合成一块裁片进行排料
13	撤销组合	撤销选中的组合好的裁片
14	撤销所有组合	撤销当前唛架中所有组合好的裁片
15	裁片切割	将裁片进行切割设置
16	指定床尾线	自定义唛架床长度

11. 帮助菜单功能介绍

帮助菜单功能介绍见表 2-28。

表 2-28　帮助菜单功能介绍

序号	菜单命令	功　能
1	当前功能说明	当前选中工具和菜单功能说明
2	维护人员专业工具	维护人员专业工具功能说明
3	人工排料快捷键说明	人工排料快捷键功能说明
4	关于 ET Mark(A)	关于 ET Mark 系统说明

第五节 ET 服装 CAD 优势功能介绍

ET 服装 CAD 软件作为服装 CAD 软件行业的后起之秀，一经推出，便以强大的技术优势迅速占领国内外市场。2002 年 ET 服装 CAD 软件在行业内第一个成功研发出智能笔功能。随后整个 CAD 行业便追随 ET 服装 CAD 软件进入智能笔模式。ET 服装 CAD 软件优势功能特别多。本节重点介绍 ET 服装 CAD 软件部分显著功能，让读者更加了解 ET 服装 CAD 软件独特的功能魅力。

一、打板系统优势功能介绍

1. 一枚袖和两枚袖工具

袖窿弧线和袖山弧线的关系是影响袖子造型和舒适性的一个重要因素，不同风格的袖子要考虑不同吃势量。传统手工制作袖子时，设计吃势量要经过测量和调整。ET 服装 CAD 软件中的一枚袖和两枚袖工具让一片袖和二片袖按照设计需求一步到位快速成型。而且立即可以模拟三维成衣效果，此时二维修改样板时，会立即联动三维成衣效果刷新调整呈现变化，如图 2-144 所示。让你的样板成衣效果更直观。

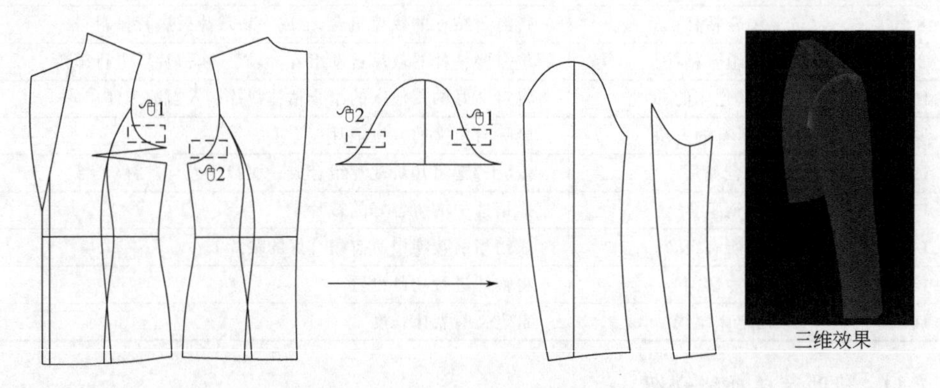

图 2-144　快速自动生成一枚袖和两枚袖并可三维联动

2. 插肩袖工具

传统手工制作插肩袖时，很难一次成型。因为前后袖的角度、袖山高、袖肥、袖侧缝长度之间的关系如果处理不当，就容易出现前后袖侧缝长度相差太大、袖子分割缝与衣身分割缝无法吻合、袖肥和袖山高不吻合等问题。如图 2-145 所示，我们就能看到插肩袖的结构关系。如图 2-146 所示，ET 服装 CAD 软件中的插肩袖工具可以一步到位制作出插肩袖。而且避免了上述问题的出现，让插肩袖制板变得快捷简单。

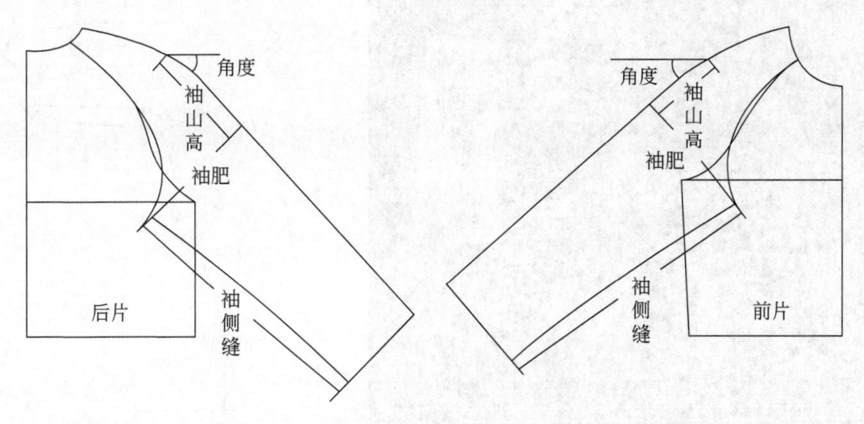

图 2-145　插肩袖结构图

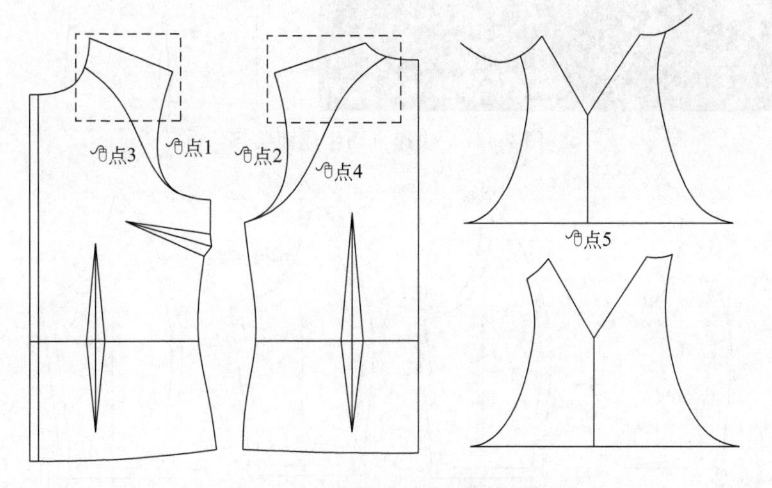

图 2-146　快速自动生成插肩袖

3. 西装领工具

如图 2-147 所示，ET 服装 CAD 软件中的西装领工具可以快速自动生成西装领（翻领和领座）。

4. 缝边刷新工具

缝边刷新工具功能有两大优势。一是结构图不必经过拾取裁片后再加缝份，只要点击一下【缝边刷新】工具即可自动加缝份；二是对加过缝份的裁片进行修改后，只要点击一下【缝边刷新】工具即可自动更新。如图 2-148 所示。

5. 自动生成朴工具

如图 2-149 所示，自动生成朴工具可自动生成下摆、袖窿朴。不必另外复制下摆或袖窿部位去制作朴板。

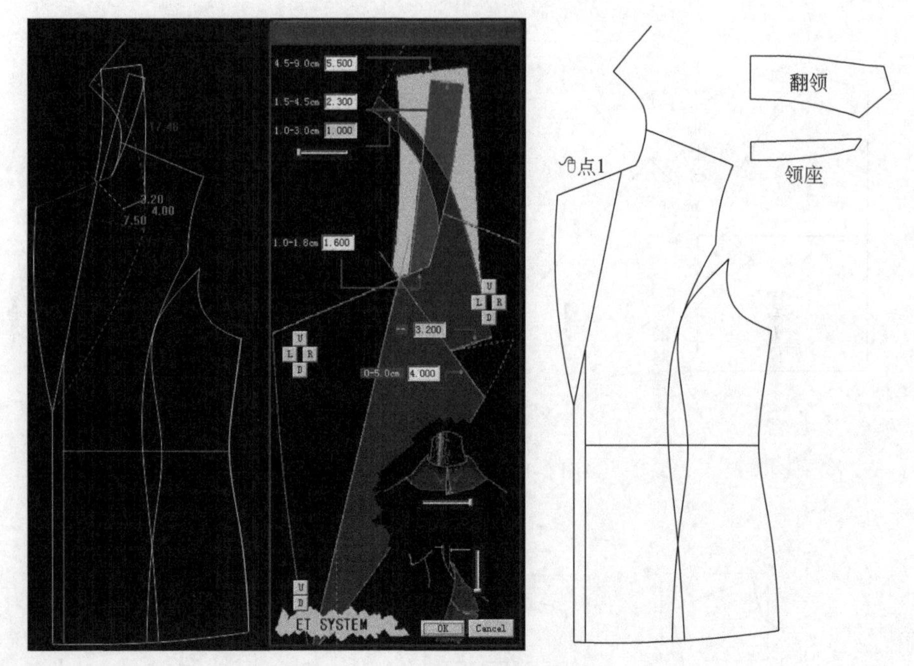

图 2-147　快速自动生成西装领

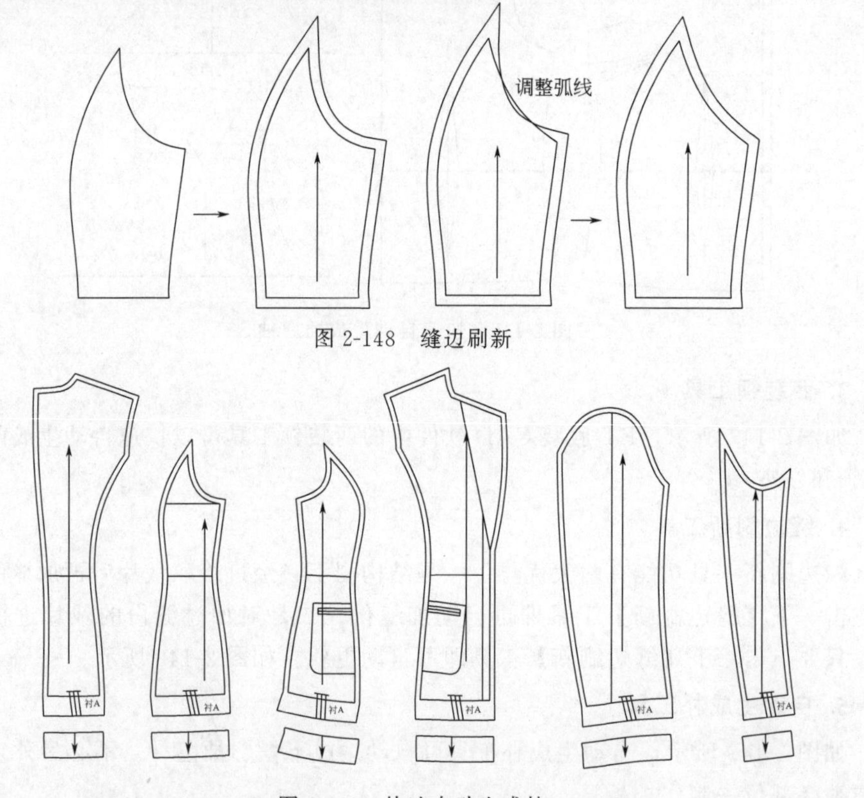

图 2-148　缝边刷新

图 2-149　快速自动生成朴

6. 拉链缝合工具

如图 2-150 所示，拉链缝合工具可以将两个裁片假缝后，再做工艺线或确定袋口位置。在假缝时，鼠标可在假缝对合线上滑动，让你快速找到理想的缝合位置，处理工艺线或确定袋口位置。

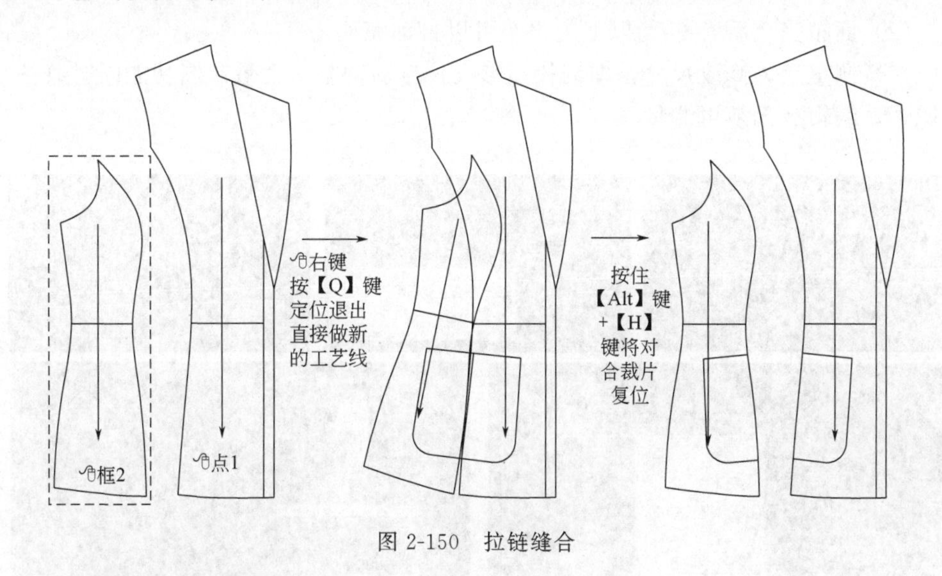

图 2-150　拉链缝合

7. 文员式打板机制

如图 2-151 所示，ET 服装 CAD 系统提供制作企业内部标准化样板机制，可以让制板经验少的新手按制单尺寸要求快速联动修改到位，并且系统自动提供局部修改时的缝合类专用功能，相当于经验丰富的 CAD 制板师在改样时才会用到的辅助功能。

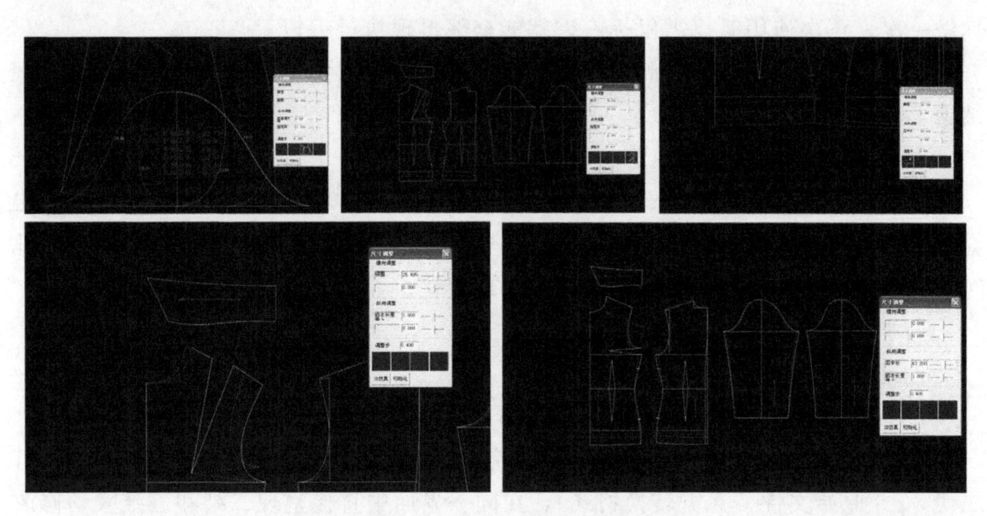

图 2-151　文员式打板机制

8. CAD中的流水作业（图2-152）

（1）ET服装CAD系统中有大量的组合连贯功能。例如，在制作领、袖过程中，可以从领口线和袖窿弧线开始一口气贯穿到翻领、领座和两枚袖形成裁片及名称的完成。

（2）面布完成后有90%以上的里布可以自动完成。

（3）测量后要修改尺寸，即刻让图形线长自动调整，大量制图功能同时兼备测量职责，编辑后无须再测量。

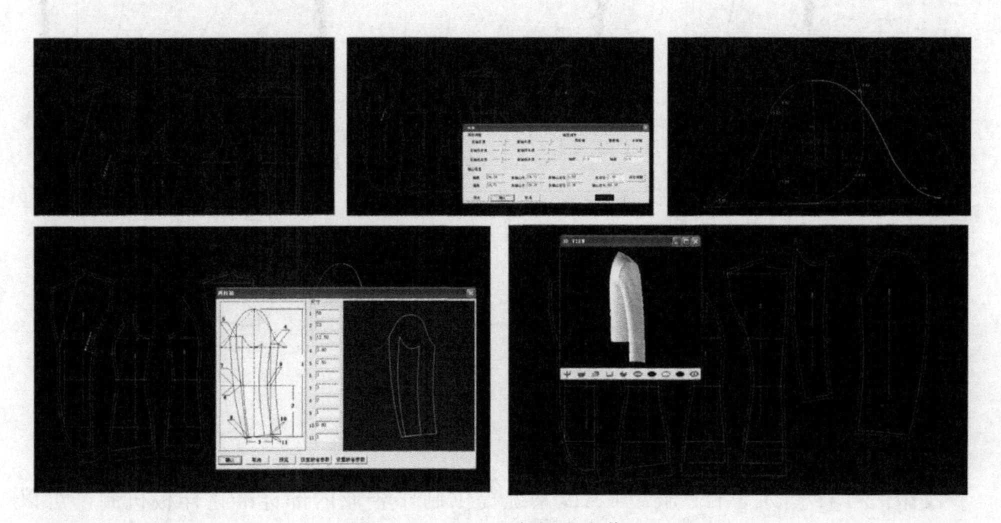

图2-152　CAD中的流水作业

9. 功能再现机制

（1）凡在系统中好用、实用但却每次要多选择线才能实现的功能，系统仅需要你做一次，再次使用时仅需鼠标右键就能全部再现执行编辑。

（2）仅一次的关键尺寸测量被命名后，多次修改均无须再次测量系统自动呈现结果。

10. 三维二维联动

（1）在ET服装CAD系统中类似制作袖子、省道类二维工具完成后，程序也会在后台将袖子或省道自动在空间缝合完毕，另跳窗口以三维的形式呈现出来。此时二维的修改会立即联动三维刷新调整呈现变化。

① 袖子三维效果，如图2-153所示。

② 省道三维效果，如图2-154所示。

③ 袖窿圆顺三维效果，如图2-155所示。

（2）ET服装CAD系统同时也提供完整的二维转三维的缝合机制（启用ET二代*prj原始文件，无需转换格式），在同一界面中直接呈现二维和三维联动修改变化，如图2-156所示。

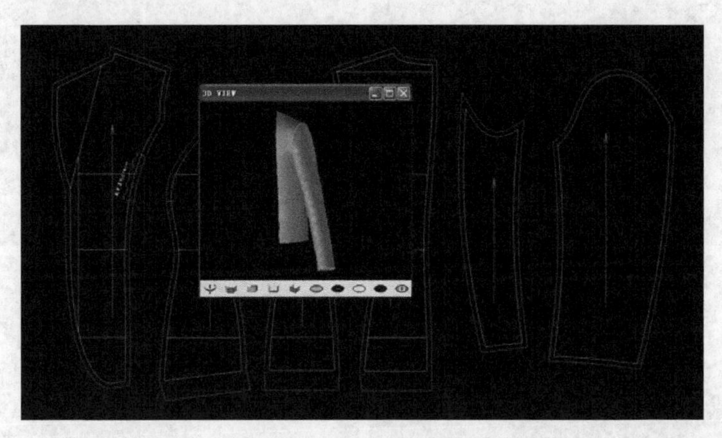

图 2-153　袖子三维效果

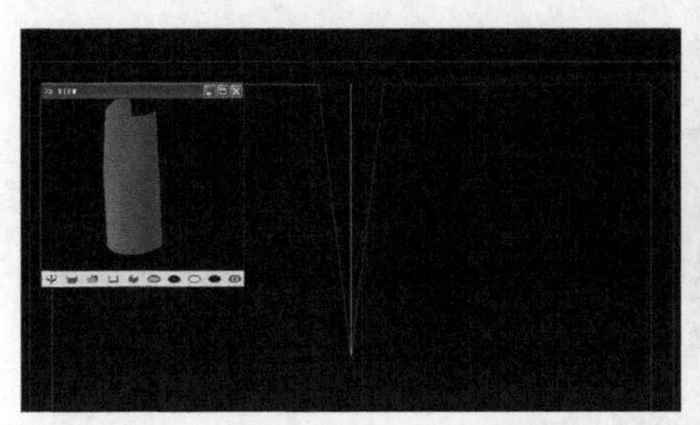

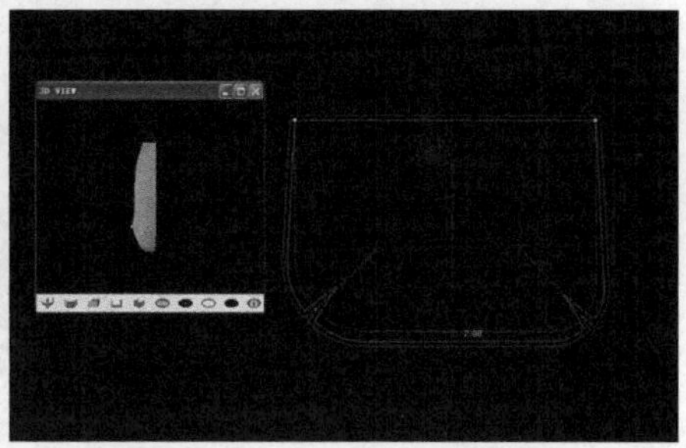

图 2-154　省道三维效果

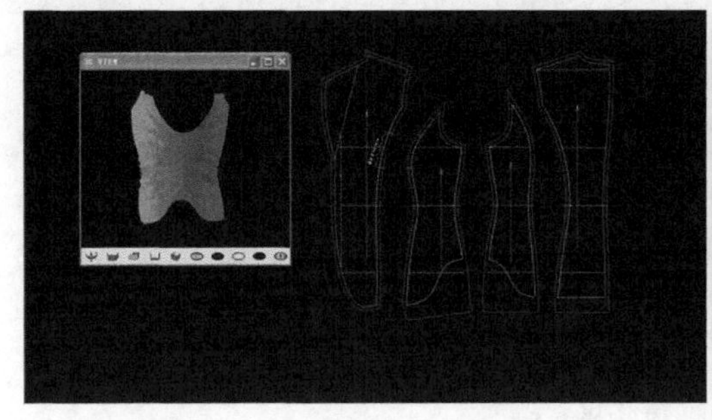

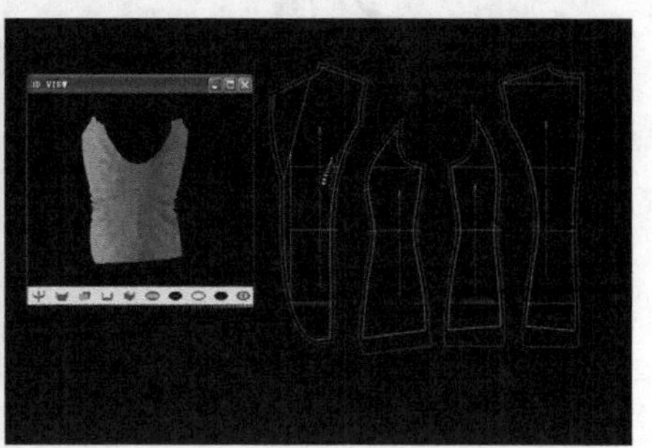

图 2-155　袖窿圆顺三维效果

11. 绣花位处理

如图 2-157 所示，选择【编辑】菜单→【绣花位处理】功能，在任何位置点击一下鼠标左键。找到绣花图（.jpg 格式文档）。然后用推板系统中的【移动点】工具可以对绣花位进行放码，也可以从绣花位置处断接样板，再对绣花位进行放码。

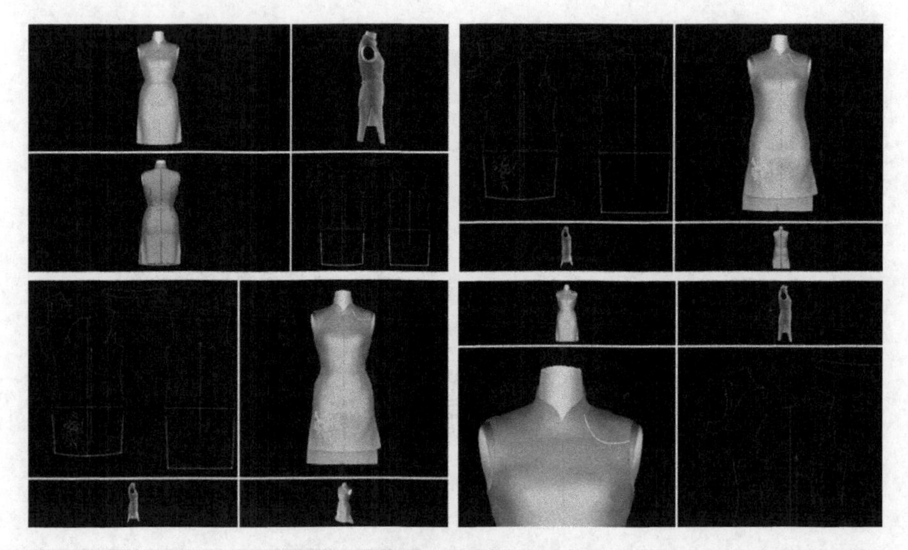

图 2-156　旗袍二维与三维联动

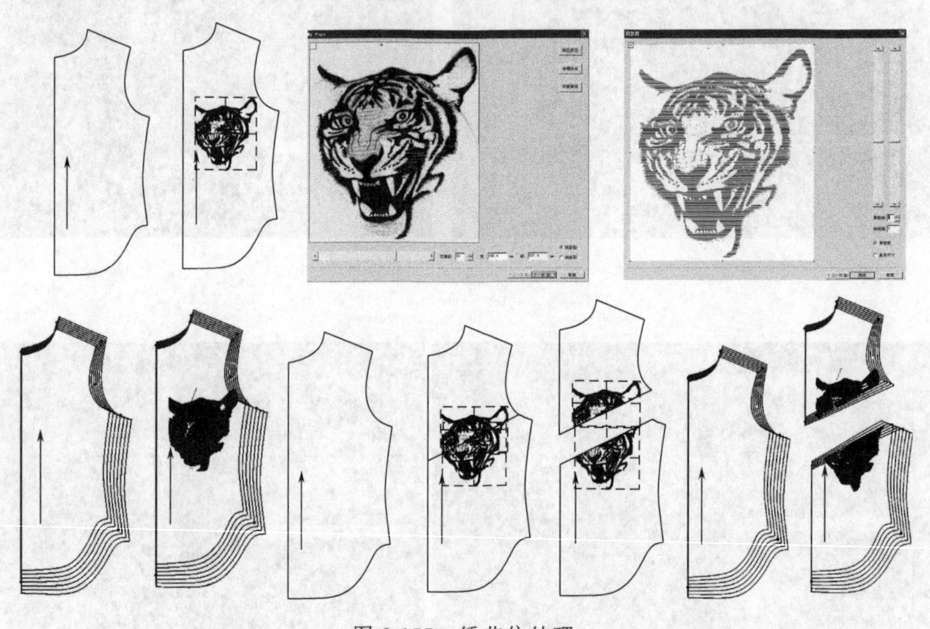

图 2-157　绣花位处理

12. 男西装两枚袖

如图 2-158 所示，选择【打板】菜单→【两枚袖】功能，鼠标左键分别点击前片、侧片、后片袖窿弧线。系统会根据操作者所设置的要素信息，自动生成男西装两枚袖。

13. 一片领

如图 2-159 所示，选择【打板】菜单→【一片领】功能→【领子综合调整】功能。

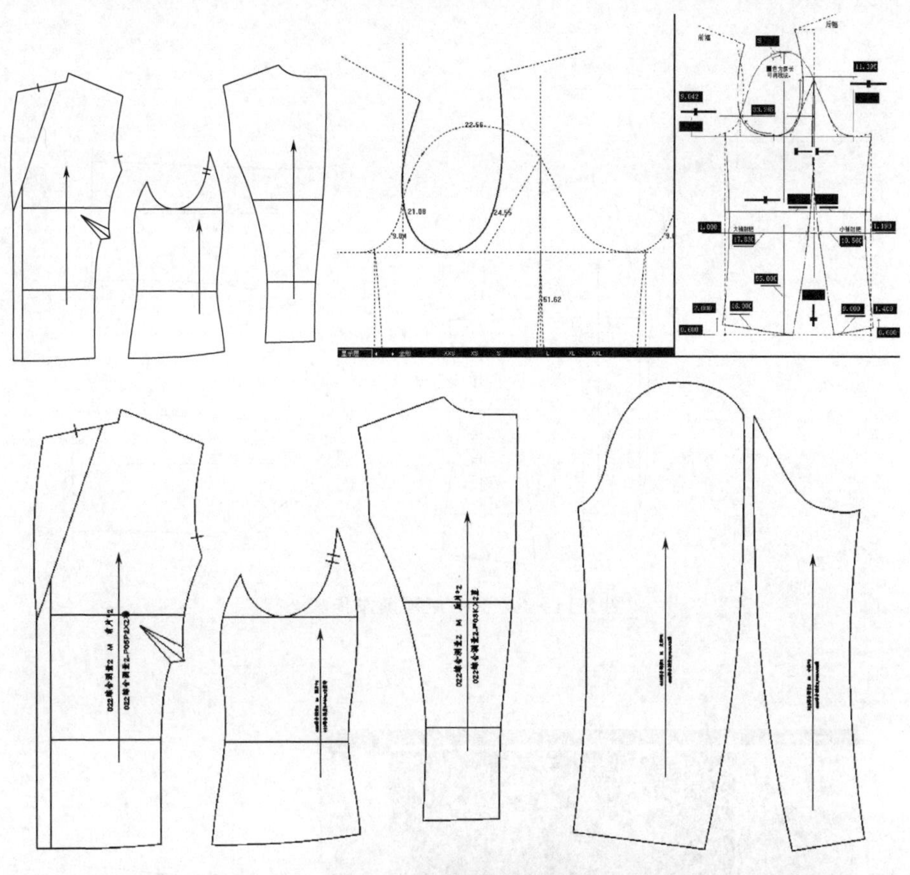

图 2-158　男西装两枚袖

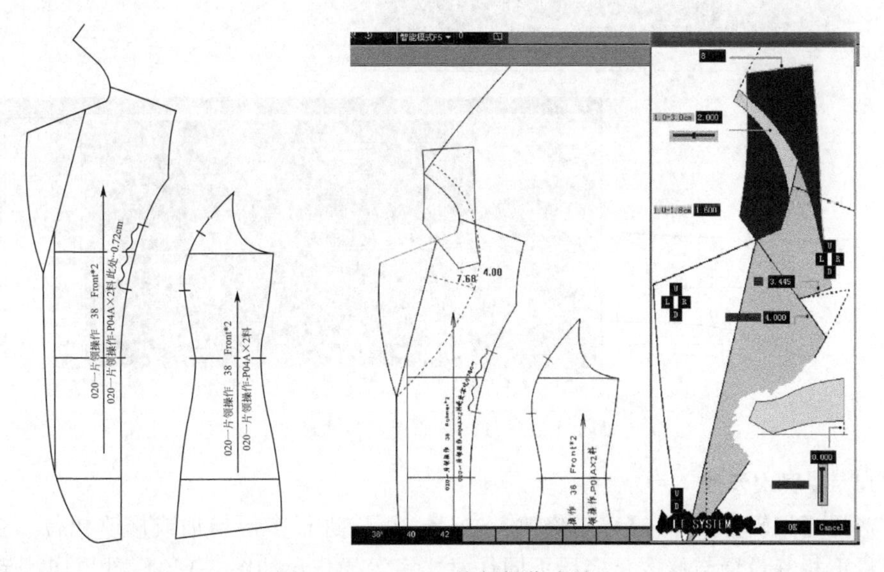

图 2-159（1）　一片领操作步骤 1

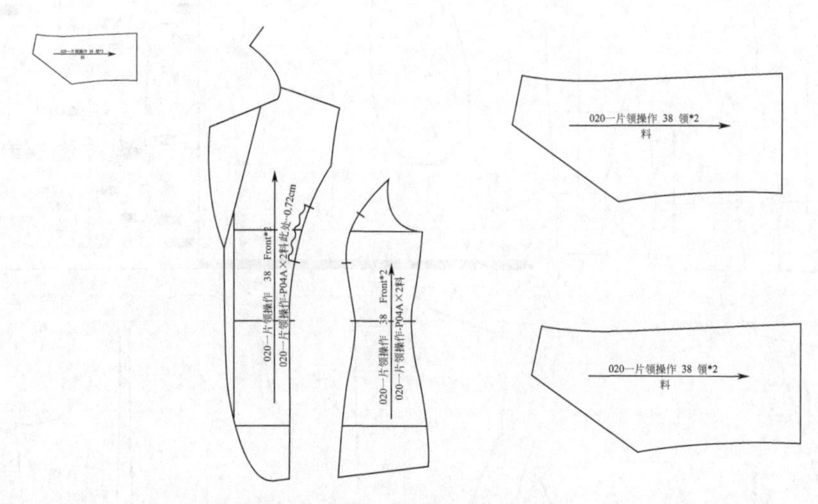

图 2-159（2） 一片领操作步骤 2

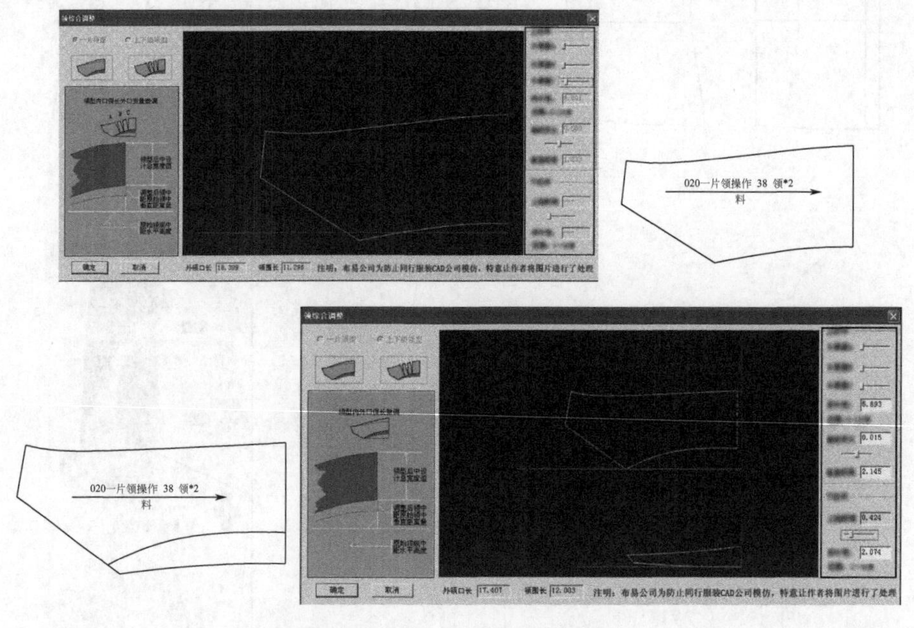

图 2-159（3） 一片领操作步骤 3

14. 多层次修改

选择【编辑】菜单→【多层修改】功能，可以进行多层增加或修改扣位、多层省褶量不相等设置与修改、多层不同任意文字等操作，如图 2-160～图 2-162 所示。

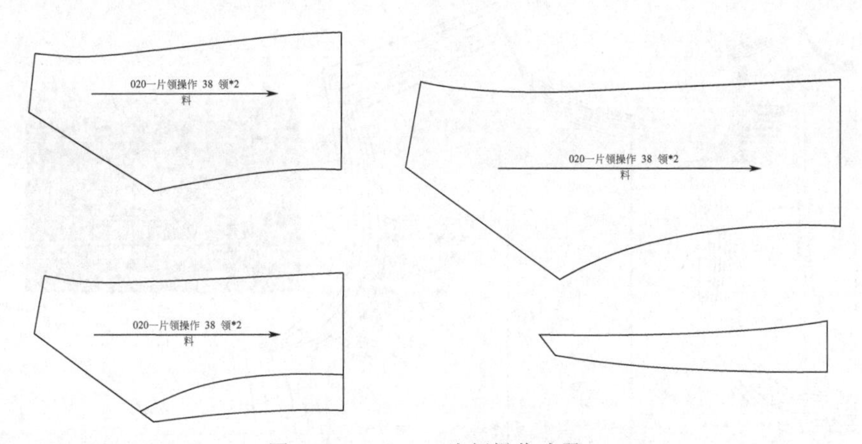

图 2-159（4）　一片领操作步骤 4

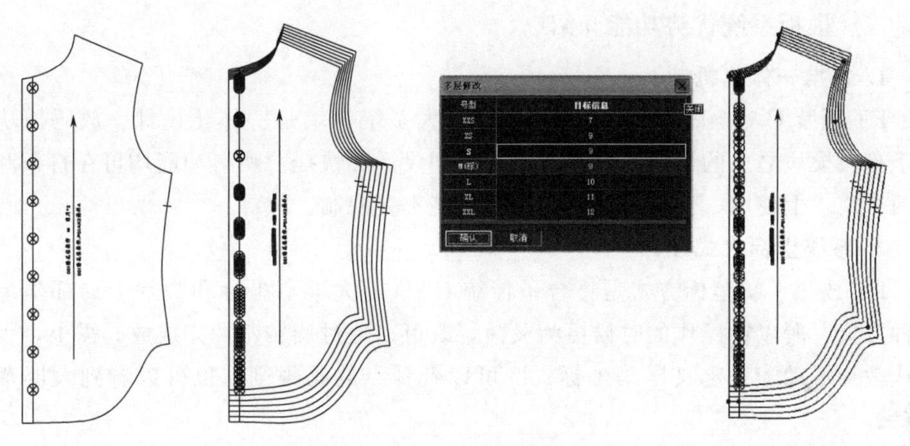

图 2-160　多层增加或修改扣位

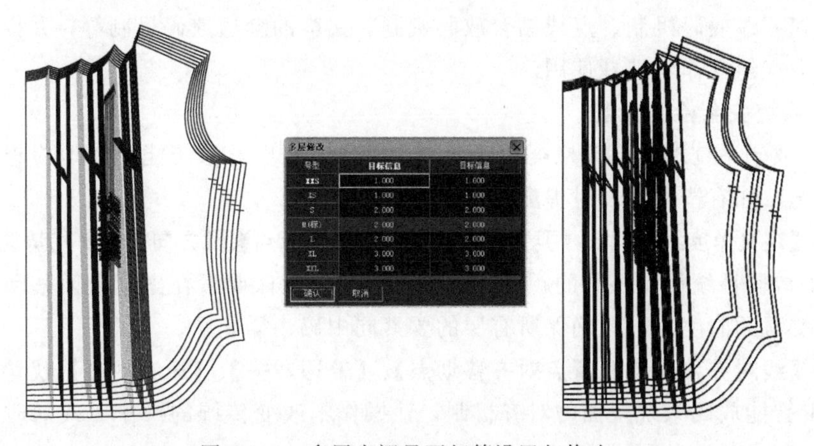

图 2-161　多层省褶量不相等设置与修改

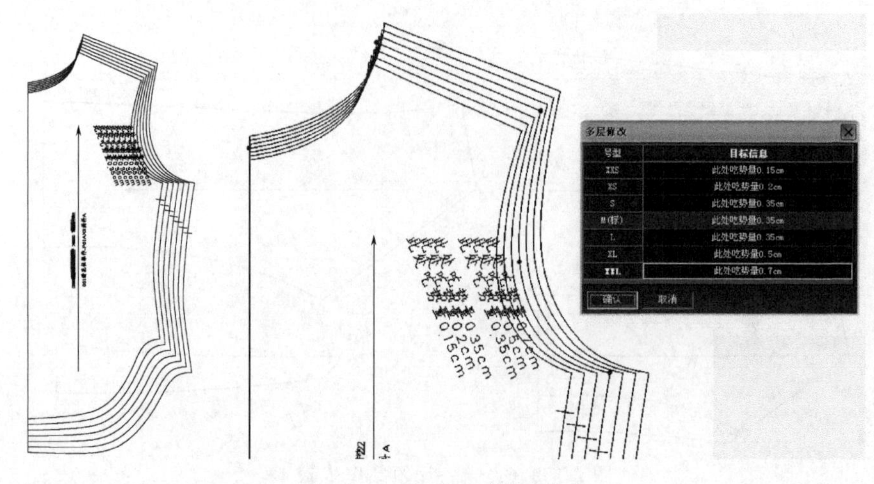

图 2-162　多层不同任意文字

二、推板系统优势功能介绍

1. 打推一体化机制

ET 服装 CAD 软件中的打板和推板两大系统模块是一体化设计。放码模块是基于打板模块之上的，所以其操作显得更加灵活和快捷。所有功能均可在打板和推板两个模块下使用，任意功能的使用均丝毫不受限制。

2. 系统坐标方式设计

ET 放码系统坐标方式是集合了传统 CAD 的大屏幕坐标和裁片上局部坐标的两种方式，所以在操作的时候更为灵活，既可以通过旋转裁片完成放码需求，也可以让裁片不动随意定义屏幕坐标；既可以看到点放码规则，也可以看到大屏幕移动量。

3. 多种放码机制

ET 放码系统的放码机制结合了点规则放码机制、尺寸表驱动参数化自动放码机制、切开线放码机制、点线结合放码机制、文胸的缝边放码机制等，并提供了多种放码方式给操作者选择使用。

4. 系统安全检测机制

ET 放码系统拥有自动检查的功能，在操作过程中，系统能自动地检查裁片的放码情况，如有错误将及时提醒操作者。

5. 【定义角度线放码】、【要素比例点】、【要素距离点】、【方向交点】优势功能

ET 放码系统拥有强大的顺线滑动处理机制，确保要素在坐标数值移动的同时不影响要素的曲度，同时确保所有层的要素同中码一样光顺。

6. 【线对齐移动点】、【点对齐移动点】、【普通对齐】、【永久对齐】优势功能

ET 智能放码系统全面的对齐机制，让操作不改变传统的操作方式同时增加了更多的对齐机制。

7.【Alt】键+【F】键优势功能

ET 放码系统超级放码功能改变传统的参数化自动放码，全新的形状自动比对拷贝方式，解决了 DXF、数字化仪读入及其他服装 CAD 系统读入的裁片在 ET 服装 CAD 系统的超级自动放码，不需要任何公式化的打板和放码。

8.【点规则拷贝】、【分割拷贝】、【文件间拷贝】、【片规则拷贝】、【移动量拷贝】优势功能

ET 放码系统中的齐全拷贝机制，解决了传统 CAD 无法解决的拷贝，如角度拷贝及要素对称拷贝等。

9.【要素距离】、【要素比例】、【两点间比例点】、【方向移动点】、【距离平行点】、【方向交点】、【要素平行交点】、【量规点规则】、【对齐移动点】、【长度约束点】、【距离约束点】、【拼接合并】、【曲线组长度调整】、【线对齐移动点】优势功能

ET 放码系统中的自动凑数功能，操作者只要告诉计算机最终的放码目的，放码系统将为操作的放码目的自动凑数，让操作走出经验数值放码时代。

10.【要素距离】、【要素比例】、【两点间比例点】、【方向移动点】、【距离平行点】、【方向交点】、【要素平行交点】、【量规点规则】、【长度约束点】、【距离约束点】、【拼接合并】、【曲线组长度调整】、优势功能

放码规则自动记忆法是 ET 放码系统解决传统 CAD 反复输入放码规则及反复凑数最好的解决方案。

11.【拼接合并】优势功能

合并放码让操作利用打板的思路将复杂的裁片要素合拼成完整要素进行准确放码，再通过简单的按键将完整的放码规则回归到复杂的裁片上。

12.【号推型推】优势功能

强大的号推型推智能系统，让 ET 放码在解决制服及文胸复杂放码时更为得心应手。

三、排料系统优势功能介绍

1.【任务单】优势功能

ET 排料系统拥有强大的任务单系统，可以自动为操作者进行分色分床等相关任务单编辑。

2.【款式文件导出】优势功能

ET 排料系统可以轻松将排料图导出为打板或放码文件，即使你的打板放码文件丢失，也可以高枕无忧。

3.【款式刷新】优势功能

ET 打推系统及 ET 排料系统的超级联动，让操作者在打板系统所做的任何操作都可以选择性地刷新到排料图里。

4.【综合检查】优势功能

强大齐全的综合检查系统，只需一键就可以自动地检测出排料图里 12 种人为错误并且给予提醒。

5.【睿排】优势功能

ET排料系统嵌入了强大的睿排系统，解决了排料多数的次要矛盾，同时为管理者带来了管理排料科学的量化标准。而且睿排系统可以实施多站点（局域网）排队作业，24小时不间断地精算所有作业，请求并自动送回发送站点。

6.【查找输出错误原因】优势功能

自动备份系统不只是备份文件，同时备份了在排料系统输出过的任何文件，可准确地找到某一个时间段里的任何输出记录，同时可以恢复打印前的状态，再将其导出打板放码文件，裁片里所有信息都可以原汁原味地导出。

7.【压片模式及滑片模式】优势功能

ET智能排料拥有两种强大的放片模式，方便操作者进行排料设计。

8.【将小排料图导入Word系统】优势功能

简单快捷的mini make，同时可以自己设计小图的模板及所需提取的数值，让mini make变得更为个性化。

9.【设定条纹】、【图案设计】优势功能

ET排料条纹及图案设计解决了复杂的对条对格的排料工艺需求。

10.【组合粘朴】、【自动组合粘朴】优势功能

ET排料可以将一些关键的裁片组合进行排料，也可以将烫朴的裁片组合及形成朴，同时其他的床次可以随意复制该组成的朴进行排料。

入门篇

第三章　ET 服装 CAD 操作快速入门

本章遵循工业服装 CAD 制板的顺序进行编写，结合 ET 服装 CAD 软件的各种功能，以具体的操作步骤指导读者进行服装 CAD 制板、排板及排料。

第一节　裙子 CAD 打板快速入门

一、裙子款式效果

裙子款式效果如图 3-1 所示。

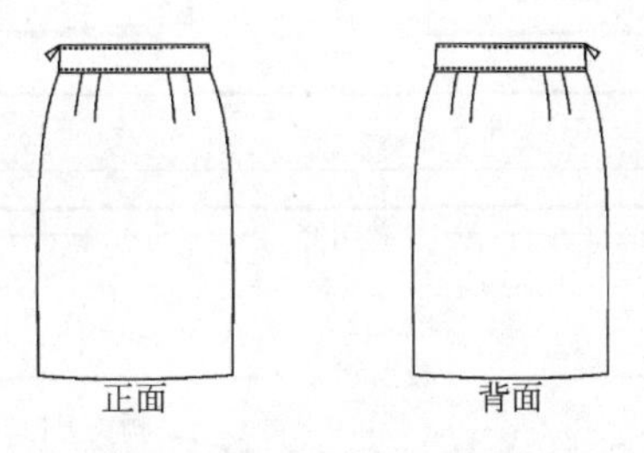

图 3-1　裙子款式效果图

二、裙子 CAD 制板步骤

1. 建立尺寸表

裙子尺寸见表 3-1。

表 3-1　裙子规格尺寸　　单位：cm

号型 部位	S	M(基础板)	L	XL	档差
	155/64A	160/68A	165/72A	170/76A	
裙长	54.5	56	57.5	59	1.5
腰围	64	68	72	76	4
臀围	88	92	96	100	4
摆围	92	96	100	104	4

2. 裙子结构图

裙子结构如图 3-2 所示。

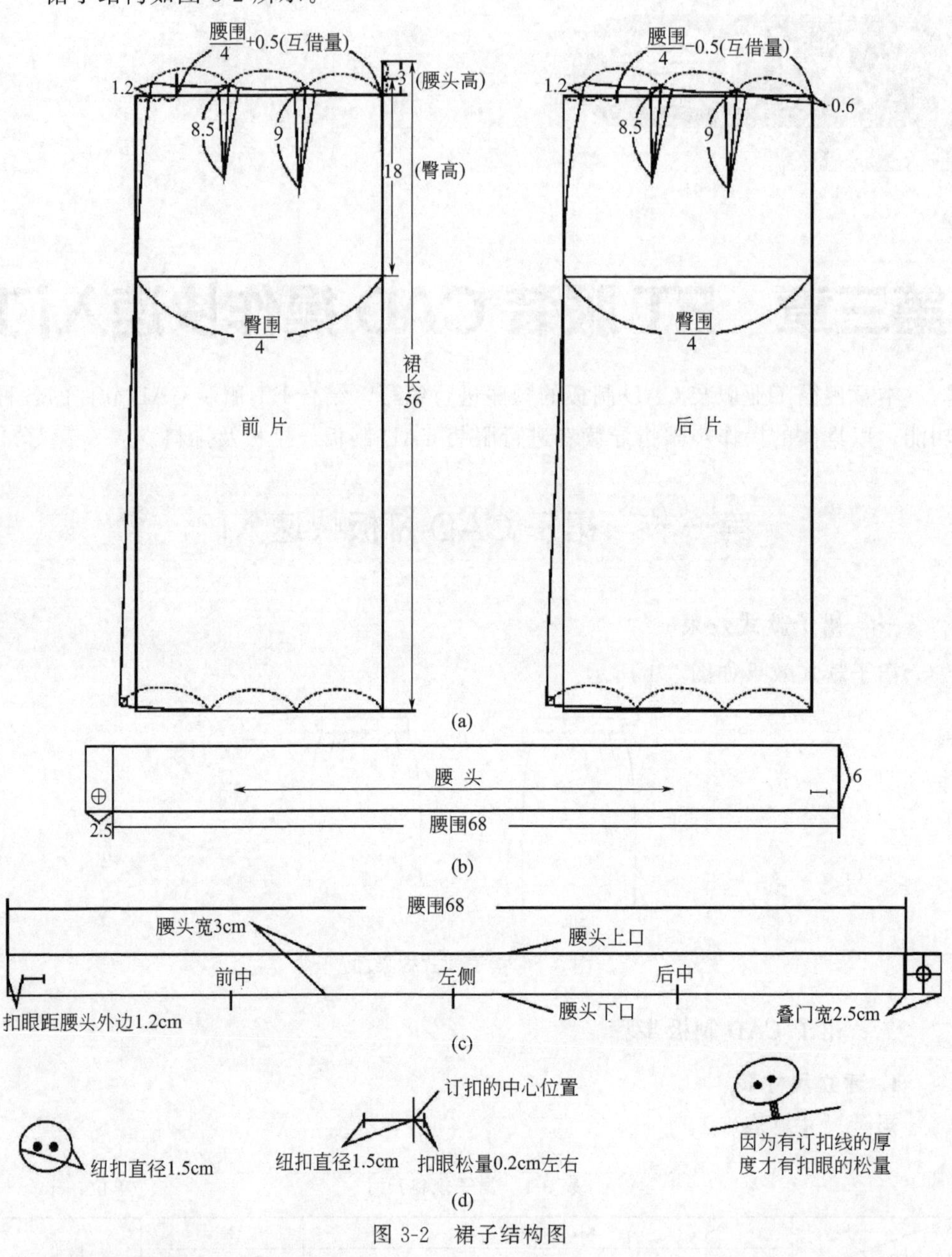

图 3-2 裙子结构图

3. 画前片矩形

在输入框 长度 53 宽度 23 处输入长度 53cm（计算方法：裙长 56cm－腰头宽 3cm）、输入宽度 23cm（计算方法：$\frac{臀围}{4}$）。在空白处单击鼠标左键，再左键点击第 2 点位置即画好前片矩形，如图 3-3 所示。

4. 画前片平行线

在输入框[智能模式F5 16.5]处输入 16.5cm（计算方法：臀高 18cm$-\frac{腰头宽}{2}$）画平行线为臀围线，如图 3-4 所示。

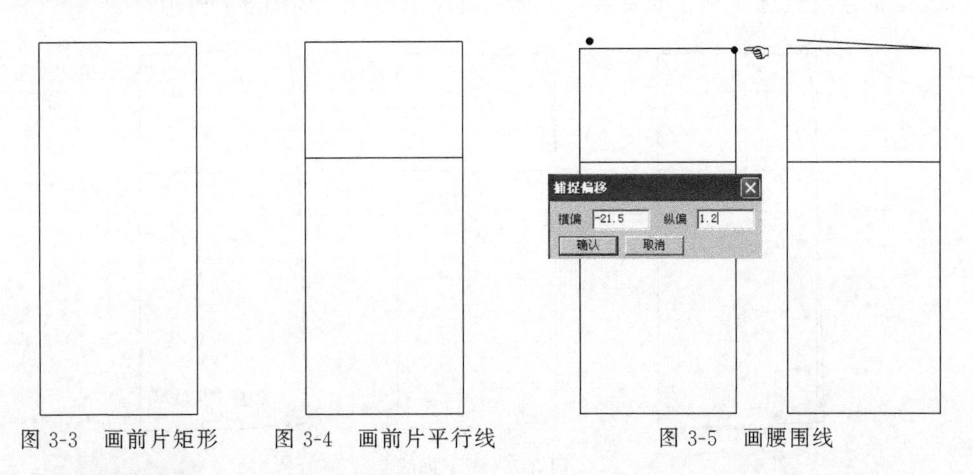

图 3-3　画前片矩形　　图 3-4　画前片平行线　　图 3-5　画腰围线

5. 画腰围线

把光标放在前中线顶点按【Enter】键，弹出【捕捉偏移】对话框输入横偏 -21.5cm（计算方法：$\frac{腰围}{4}$+互借量 0.5cm+省量 4cm)，纵偏 1.2cm（起翘量）。然后用【智能笔】工具画好腰围线，如图 3-5 所示。

6. 画侧缝线

（1）选择【智能笔】工具画侧缝线，在摆围基础线前中点按【Enter】键，弹出【捕捉偏移】对话框输入横偏-24cm（计算方法：$\frac{摆围}{4}$)，纵偏 1cm（起翘量）。然后用【智能笔】工具画好侧缝线，如图 3-6 所示。

（2）选择【智能笔】工具右键点击侧缝线，按住【Ctrl】键，鼠标左键在侧缝

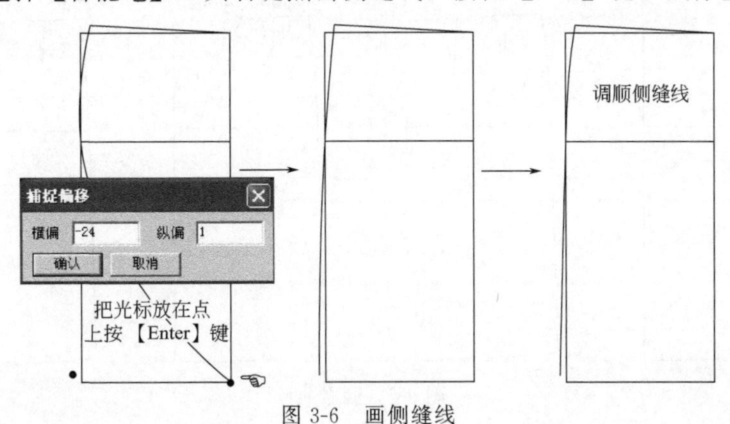

图 3-6　画侧缝线

线点击出现控制点，然后调顺侧缝线。

7. 画下摆线

选择【智能笔】工具画下摆线，鼠标右键点击下摆线，按住【Ctrl】键，鼠标左键在下摆线点击出现控制点，然后调顺下摆线。然后选择【删除】工具，鼠标左键框选或点选要删除的要素，鼠标右键结束即可，如图 3-7 所示。

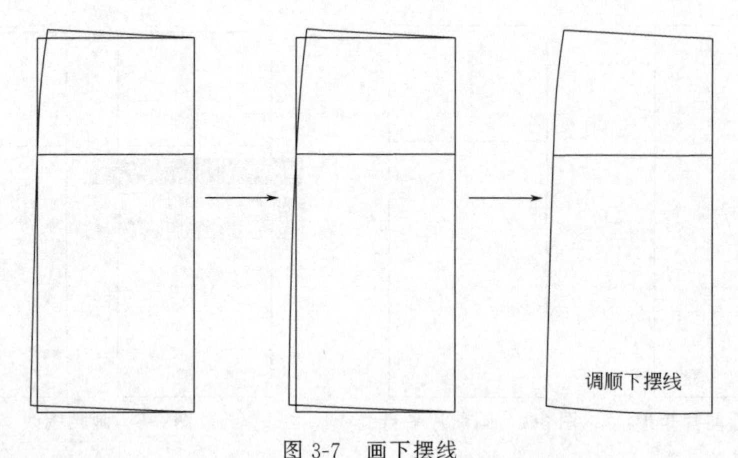

图 3-7　画下摆线

8. 画腰省

(1) 在输入框 智能模式F5 .3 长度 8.5 宽度 2 处输入【.3】(腰围线$\frac{1}{3}$处)，省长 8.5cm，省肥 2cm。鼠标左键单击要做省的要素，鼠标左键指示省的方向。

(2) 在输入框 智能模式F5 .5 长度 9 宽度 2 处输入【.5】(腰围线$\frac{1}{3}$处)，省长 9cm，省肥 2cm。鼠标左键单击要做省的要素，鼠标左键指示省的方向。

(3) 选择【智能笔】工具分别鼠标左键框选腰省，鼠标右键结束即自动画好腰省线，如图 3-8 所示。

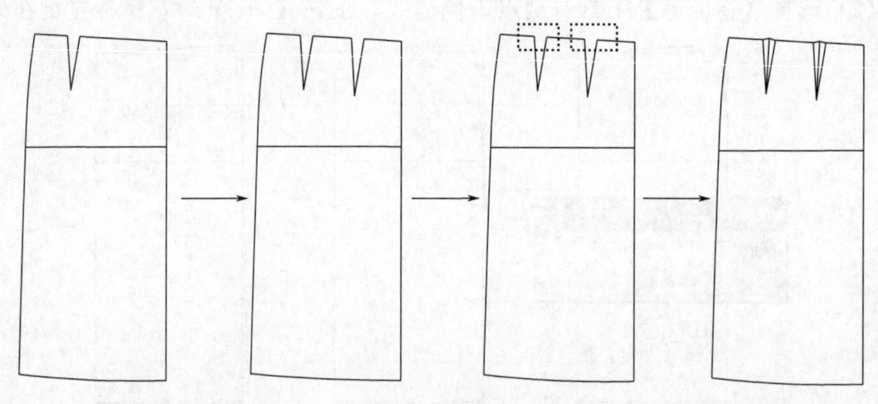

图 3-8　画腰省

（4）选择【接角圆顺】工具调顺腰围弧线，如图 3-9 所示。

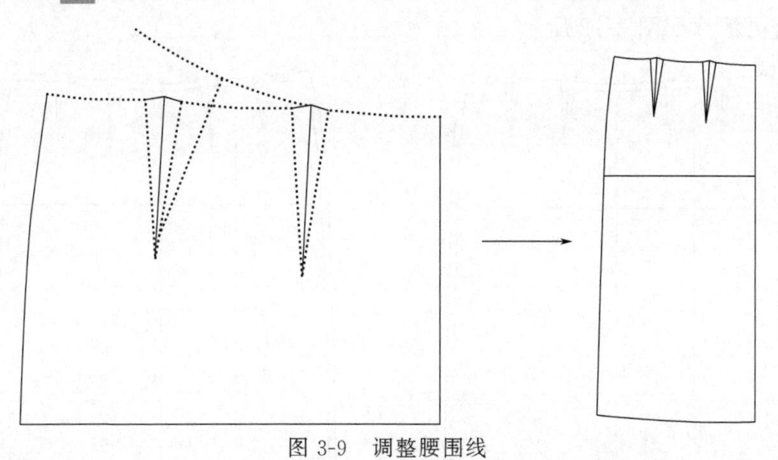

图 3-9　调整腰围线

9. 画后片

后片与前片唯一不同的是后中下降 0.6cm 和后腰围尺寸不一样。后片腰围 20.5cm（计算方法：$\frac{\text{腰围}}{4}$－互借量 0.5cm＋省量 4cm）。参照前片 CAD 制图步骤和方法画好后片，如图 3-10 所示。

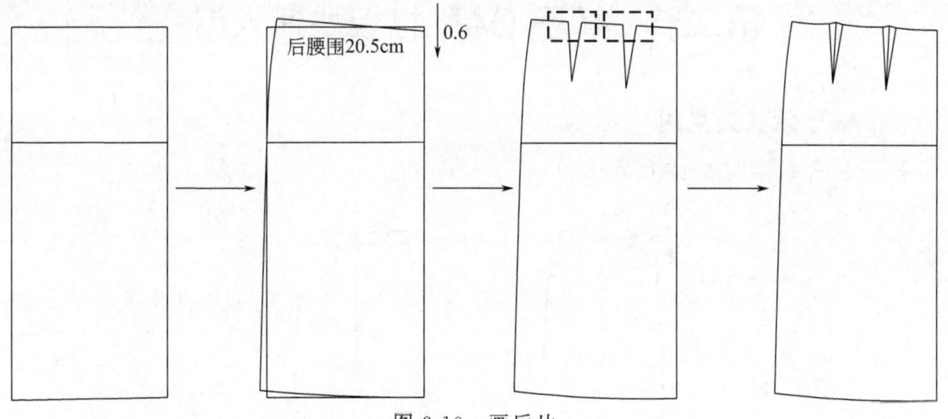

图 3-10　画后片

10. 画腰头

（1）在输入框 长度 70.5 宽度 6 处输入长 70.5cm（计算方法：腰围 68cm＋搭门宽 2.5cm）、输入宽度 6cm（计算方法：腰头宽 3cm×2）。在空白处单击左键，再左键点击第 2 点位置即画好腰头矩形，如图 3-11 所示。

（2）在输入框 智能模式F5 2.5 输入 2.5cm，然后用【智能笔】工具画腰头前中线。

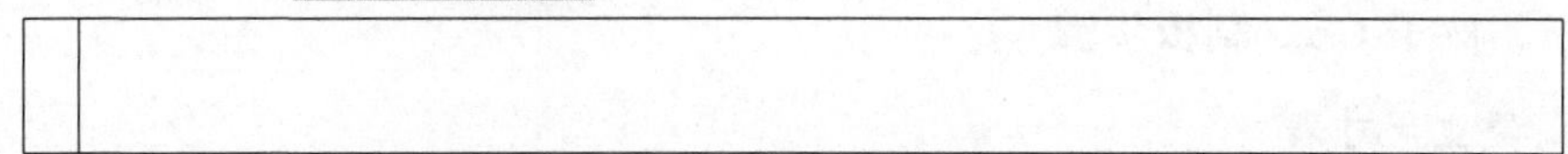

图 3-11　画腰头

11. 直筒裙裁片图

直筒裙裁片如图 3-12 所示。

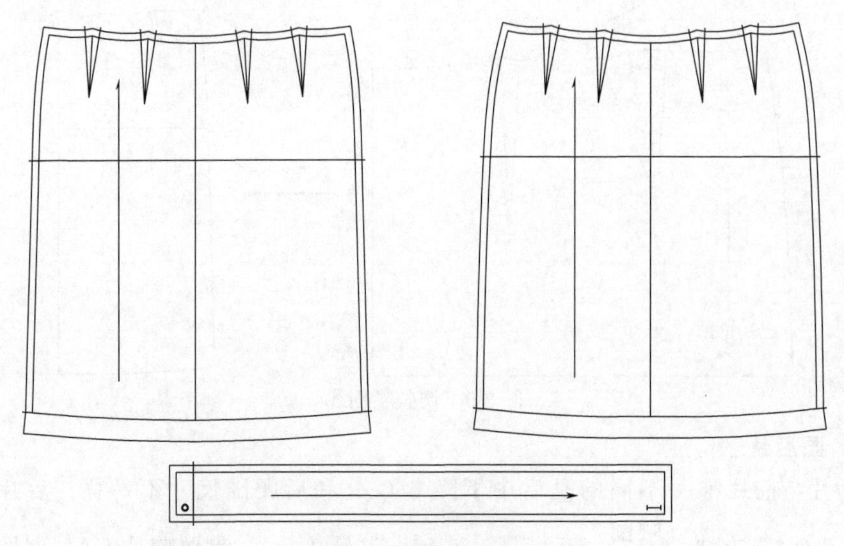

图 3-12　直筒裙裁片图

第二节　裤子 CAD 打板快速入门

一、裤子款式效果图

裤子款式效果图 3-13 所示。

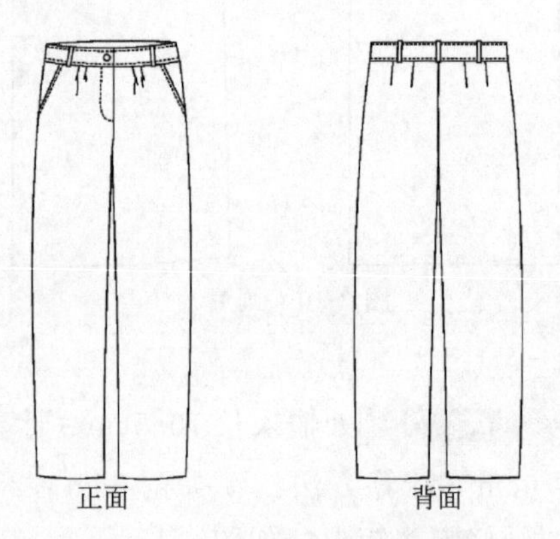

图 3-13　裤子款式效果图

二、裤子 CAD 制板步骤

1. 建立尺寸表

裤子尺寸见表 3-2。

表 3-2　裤子基本型规格尺寸　　单位：cm

部位＼号型	S	M(基础板)	L	XL	档差
	155/64A	160/68A	165/72A	170/76A	
裤长	97	100	103	106	3
腰围	64	68	72	76	4
臀围	94	98	102	106	4
立裆(含腰)	27.8	28.5	29.2	29.9	0.7
前裆(不含腰)	26.6	27.5	28.4	29.3	0.9
后裆(不含腰)	34.8	35.8	36.8	37.8	1
横裆宽	57.5	60	62.5	65	2.5
膝围	43	45	47	49	2
裤口	42	44	46	48	2

2. 裤子结构图

裤子结构如图 3-14 所示。

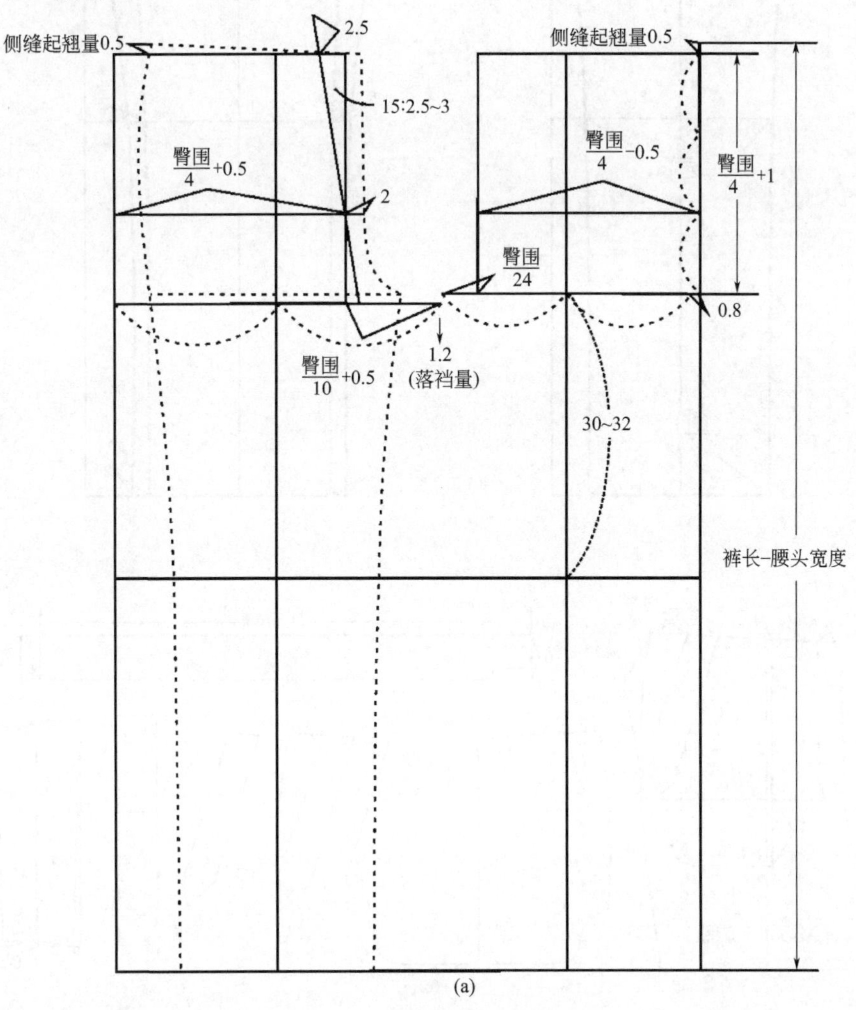

(a)

图 3-14

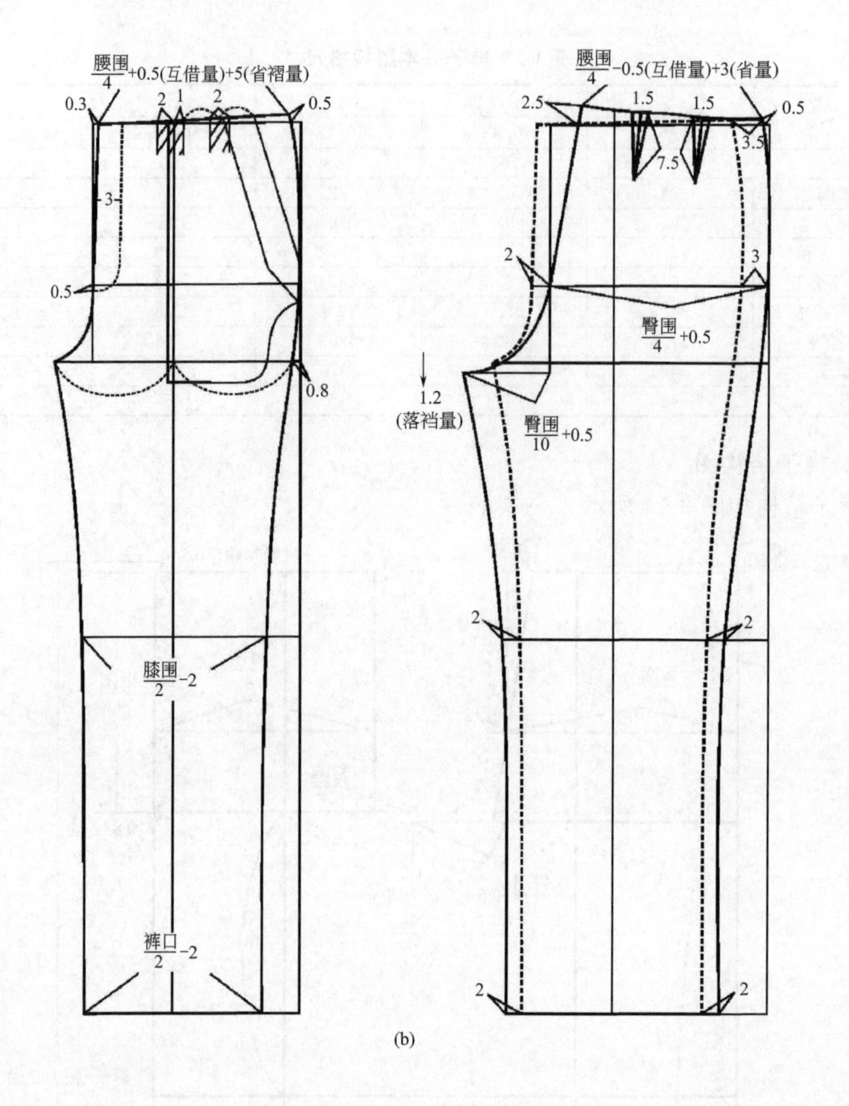

(b)

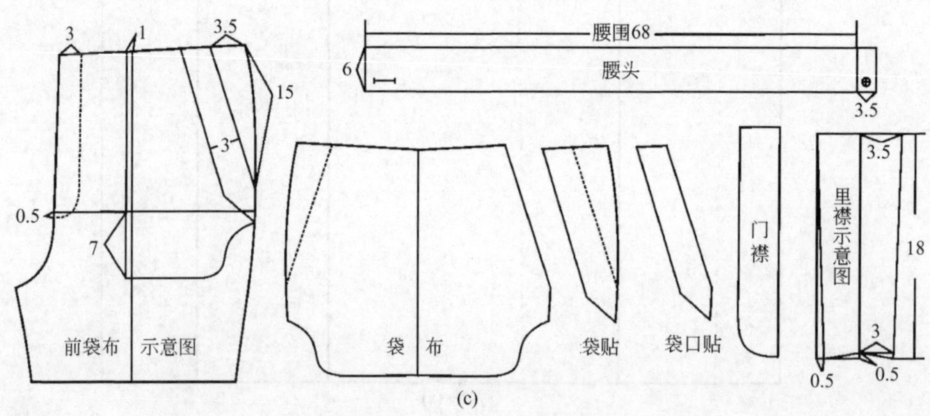

(c)

图 3-14　裤子结构图

3. 画前片矩形

在输入框 长度 25.5 宽度 24 处输入长度 25.5cm（计算方法：$\frac{\text{臀围}}{4}+1\text{cm}$）、输入宽度 24cm（计算方法：$\frac{\text{臀围}}{4}$－互借量 0.5cm）。在空白处单击左键，再左键点击第 2 点位置即画好前片矩形，如图 3-15 所示。

4. 画臀围线

在输入框 智能模式F5 8.5 处输入 8.5cm（计算方法：$\frac{\text{立裆 }28.5\text{cm}-\text{腰头宽 }3\text{cm}}{3}$）画平行线为臀围线，如图 3-16 所示。

图 3-15　画前片矩形

图 3-16　画臀围线

5. 处理横裆线

（1）在输入框 调整量 4 处输入 4cm（计算方法：$\frac{\text{臀围}}{24}$），选择【智能笔】工具鼠标左键框选要处理的横裆线的靠近前中处，鼠标右键结束即可。

（2）在输入框 调整量 -0.8 处输入－0.8cm（0.8cm 为劈势量），选择【智能笔】工具鼠标左键框选要处理的横裆线的靠近侧缝处，鼠标右键结束即可，如图 3-17 所示。

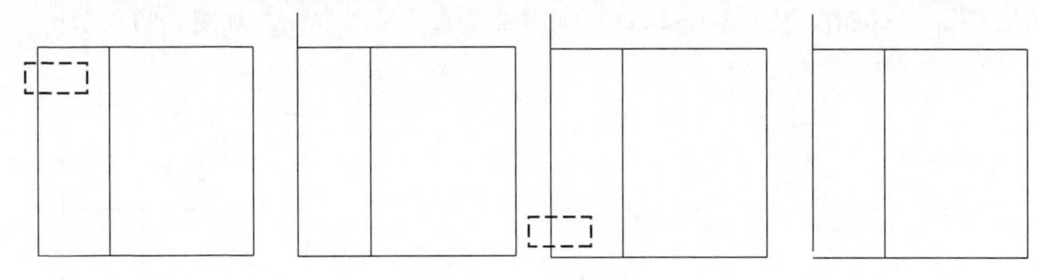

图 3-17　处理横裆线

6. 画烫迹线

（1）在输入框 智能模式F5 .5 处输入【.5】（$\frac{\text{横裆线}}{2}$），选择【智能笔】工具按一下【Ctrl】键，从横裆线中点画一条垂直水平线相交至腰围基础线。

（2）在输入框 调整量 71.5 处输入 71.5cm（计算方法：裤长 100cm－立裆 28.5cm），选择【智能笔】工具鼠标左键框选烫迹线的靠近横裆线处，鼠标右键结束即可，如图 3-18 所示。

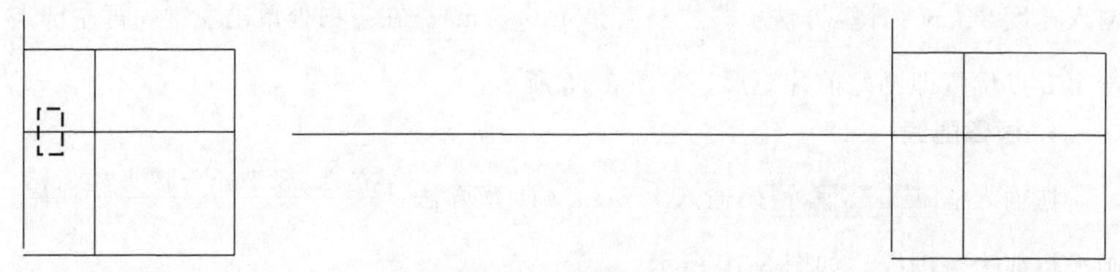

图 3-18　画烫迹线

7. 画膝围线

选择【智能笔】工具按一下【Ctrl】键，在输入框 智能模式F5 30 长度 10 处输入 30cm 和长度 10cm，在横裆线向下 30cm 处画一条垂直水平线 10.25cm（计算方法：$\frac{膝围}{4}-1cm$），如图 3-19 所示。

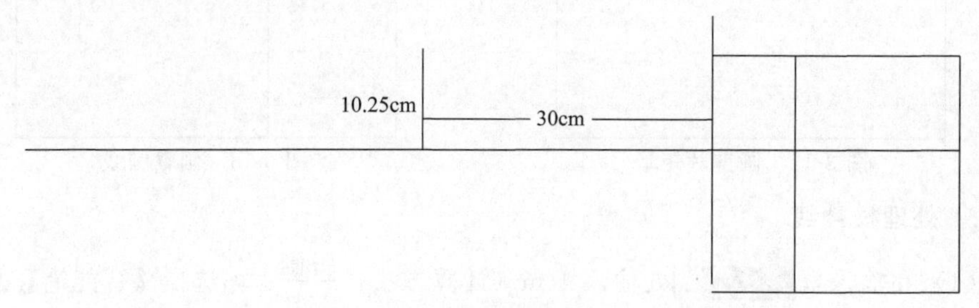

图 3-19　画膝围线

8. 画裤口线

选择【智能笔】工具按一下【Ctrl】键，在输入框 长度 10 处输入 10cm（计算方法：$\frac{裤口}{4}-1cm$），从烫迹线裤口端点画一条垂直水平线 10cm，如图 3-20 所示。

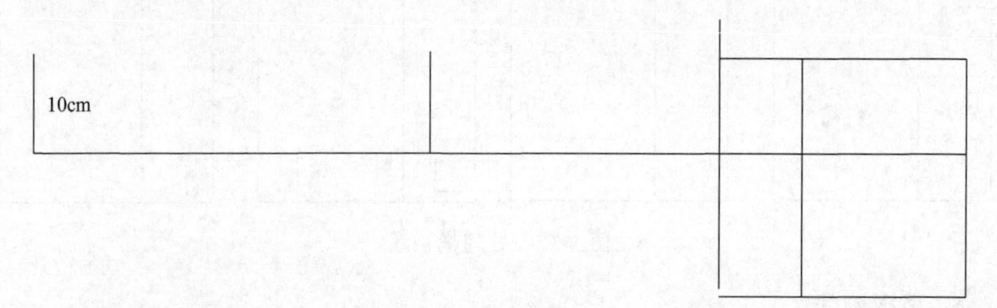

图 3-20　画裤口线

9. 画内侧缝线

选择【智能笔】工具从裤口线端点经膝围线端点与横裆线端点相连画一条线，

按住【Ctrl】键，鼠标左键在内侧缝线点击出现控制点然后调顺内侧缝线，如图3-21所示。

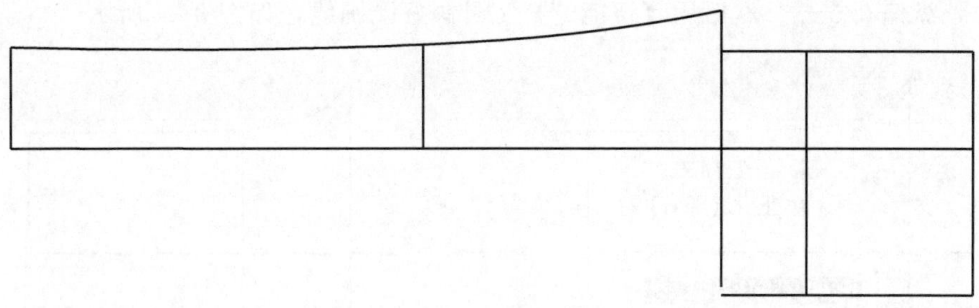

图 3-21 画内侧缝线

10. 复制内侧缝线

选择【对称修改】工具鼠标左键框选要复制的线段，鼠标右键结束。鼠标左键指示对称轴对称后点 1、点 2 即可复制好内侧缝线，如图 3-22 所示。

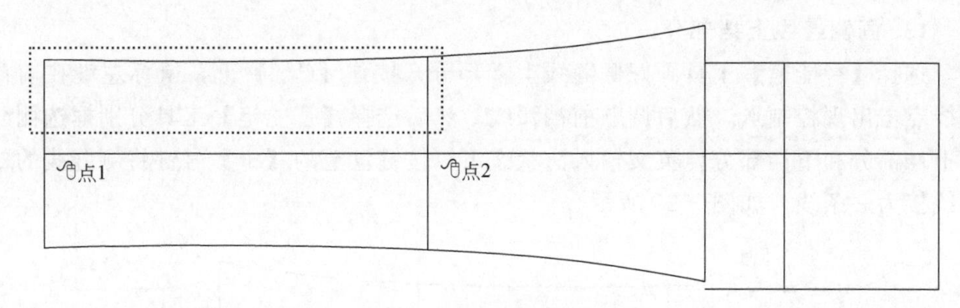

图 3-22 复制内侧缝线

11. 画前裆弧线

(1) 在输入框处输入－0.3cm，选择【智能笔】工具鼠标左键框选腰围基础线的靠近横前中处，鼠标右键结束即可。

(2) 选择【智能笔】工具画前裆弧线，按住【Ctrl】键，鼠标左键在前裆弧线点击出现控制点，然后调顺前裆弧线，如图 3-23 所示。

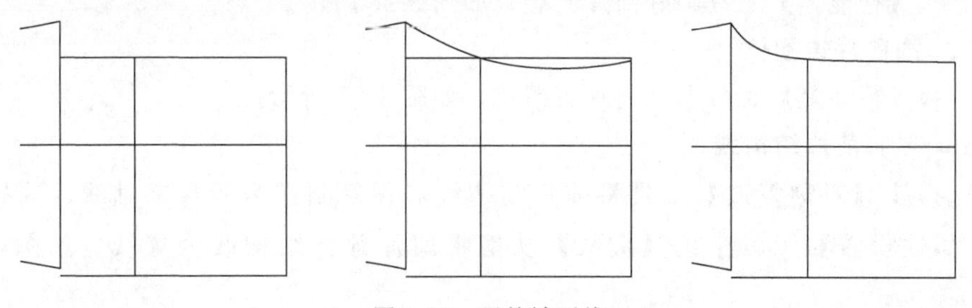

图 3-23 画前裆弧线

12. 画腰围线

选择【智能笔】工具画腰围线，在腰围基础线前中点按【Enter】键，出现

【捕捉偏移】对话框输入横偏−22.5cm（计算方法：$\frac{腰围}{4}$＋互借量0.5cm＋省褶量5cm），纵偏0.5cm。然后用【智能笔】工具画好腰围线，如图3-24所示。

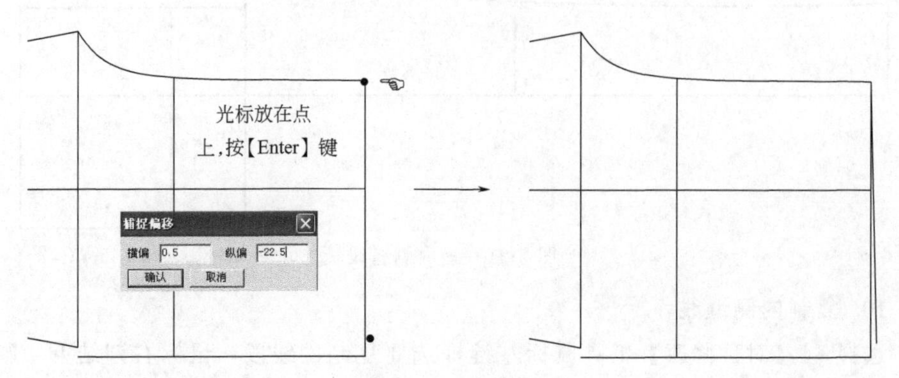

图3-24 画腰围线

13. 画侧缝线上裆部分

选择【智能笔】工具画好侧缝线上裆部分，按住【Ctrl】键，鼠标左键在前裆弧线点击出现控制点，然后调顺前裆弧线。然后选择【智能笔】工具分别框选侧缝线上裆部分和下裆部分，英文输入法状态下，按键盘上的【+】号键将侧缝线的二段线接为一条线，如图3-25所示。

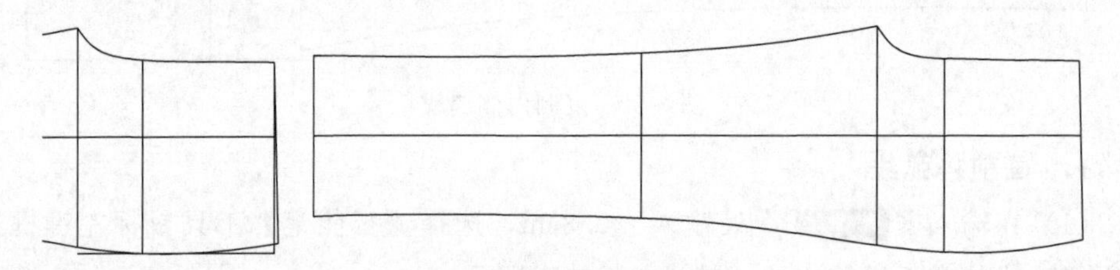

图3-25 画侧缝线上裆部分

14. 画前片侧袋

选择【智能笔】工具画好前片侧袋，如图3-26所示。

15. 画前片省褶位

选择【智能笔】工具画好前片省褶位，如图3-27所示。

16. 复制前片结构线

选择【对称复改】工具将前片结构线对称复制作为后片基础线，选择【要素属性设置】工具中的【虚线】功能将前片部分结构改为虚线，如图3-28所示。

17. 画后片内侧缝线

(1) 选择【智能笔】工具分别框选膝围线和裤口线，在输入框 调整量 2 处输入2cm，分别向外延长2cm，如图3-29所示。

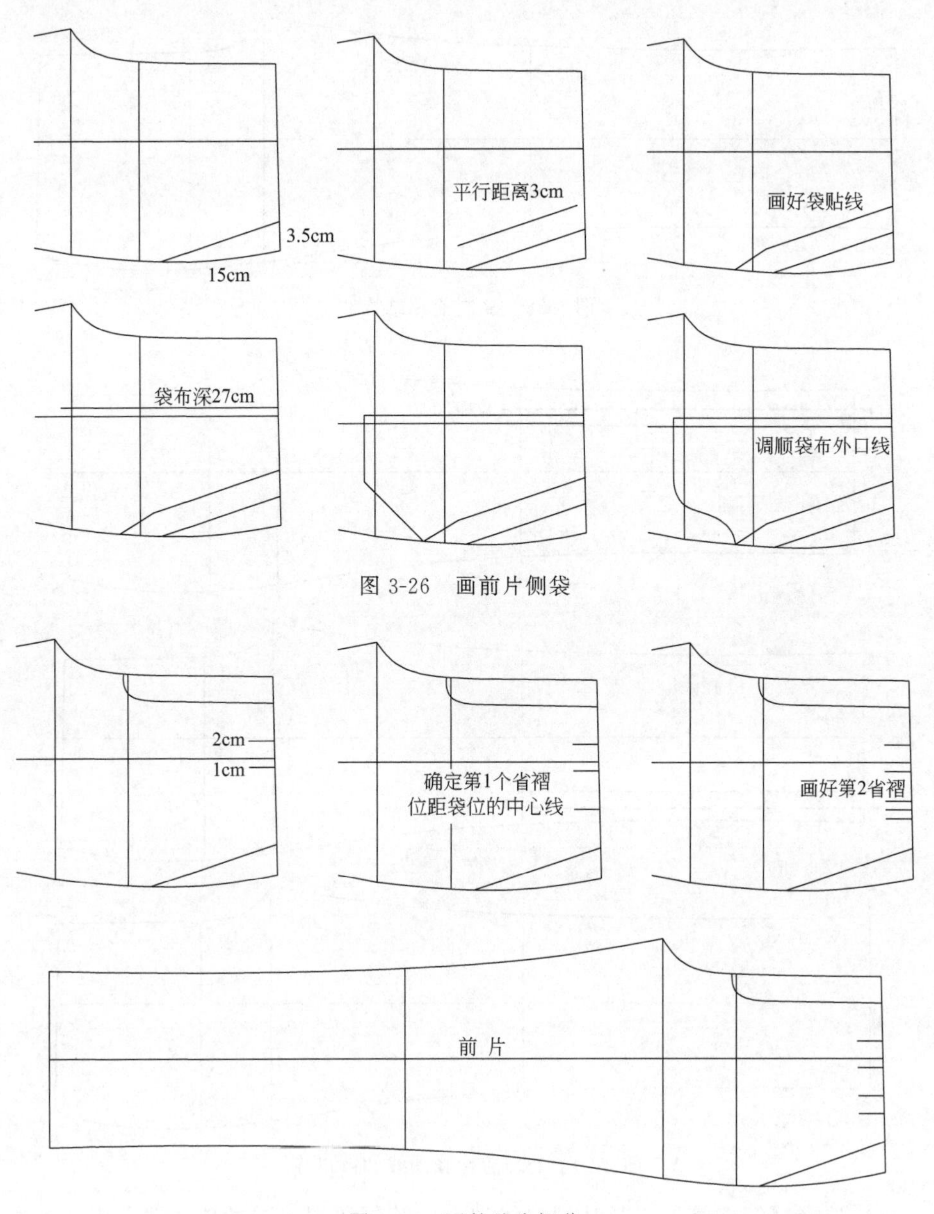

图 3-26　画前片侧袋

图 3-27　画前片省褶位

（2）选择【智能笔】工具框选臀围线后中处，在输入框 调整量 -2 处输入－2cm，将臀围线缩短 2cm。然后以此画一条垂直水平线相交至横裆线，如图 3-30 所示。

（3）选择【智能笔】工具把光标放在横裆线后中交点上，按【Enter】键，出现【捕捉偏移】对话框输入横偏－1.2cm（1.2cm 为落裆量），纵偏 10.3cm（计算方法：$\frac{臀围}{10}$＋ 0.5cm）。

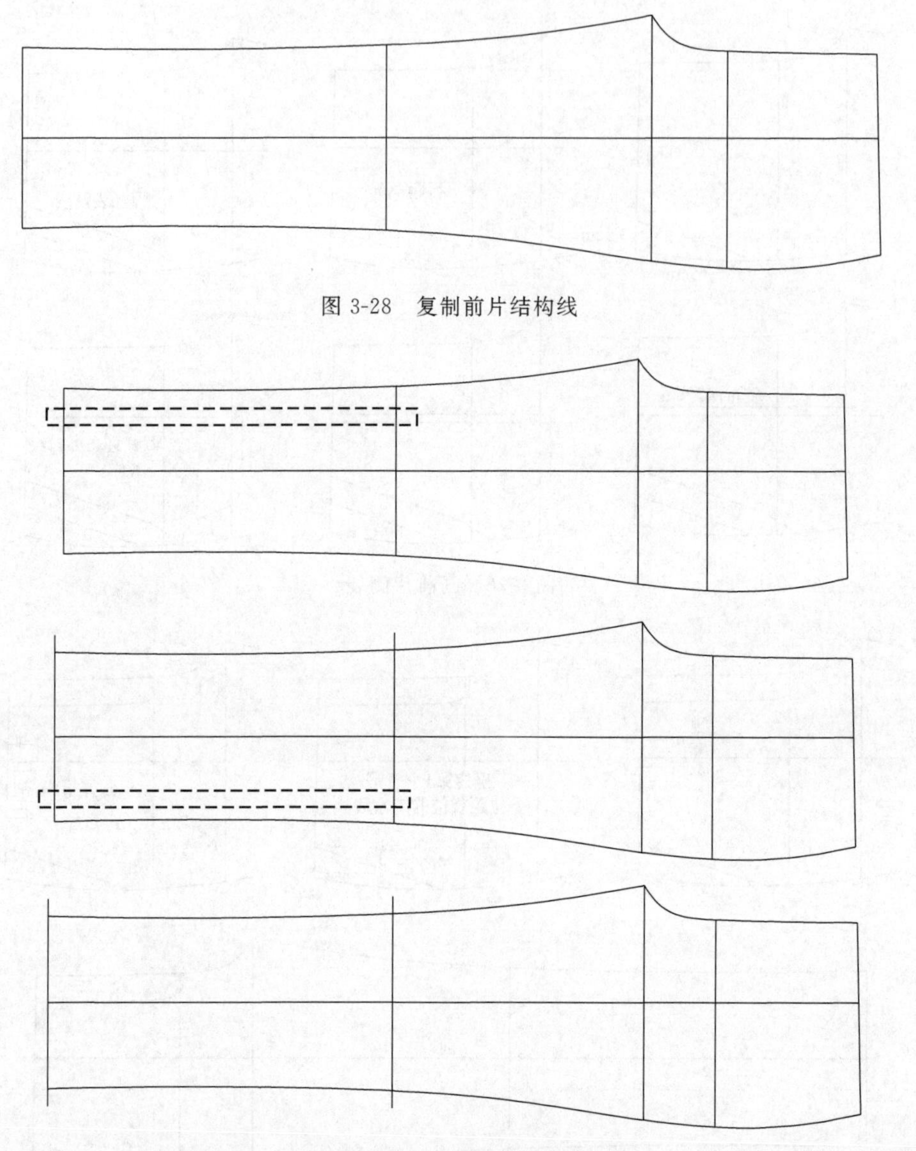

图 3-28　复制前片结构线

图 3-29　处理后片膝围线和裤口线

（4）选择【智能笔】工具从裤口线端点经膝围线端点与横裆线端点相连画一条线，按住【Ctrl】键，鼠标左键在内侧缝线点击出现控制点，然后调顺后片内侧缝线，如图 3-31 所示。

18. 画后裆弧线和腰围线

（1）在输入框 智能模式F5 ▼ 3 处输入数值，选择【智能笔】工具从后片横裆线端点经臀围线后中端点与距腰围基础线后中 3cm 处相连为后裆弧线，如图 3-32 所示。

（2）选择【智能笔】工具按住【Ctrl】键，鼠标左键在后裆弧线点击出现控制点，然后调顺后裆弧线。

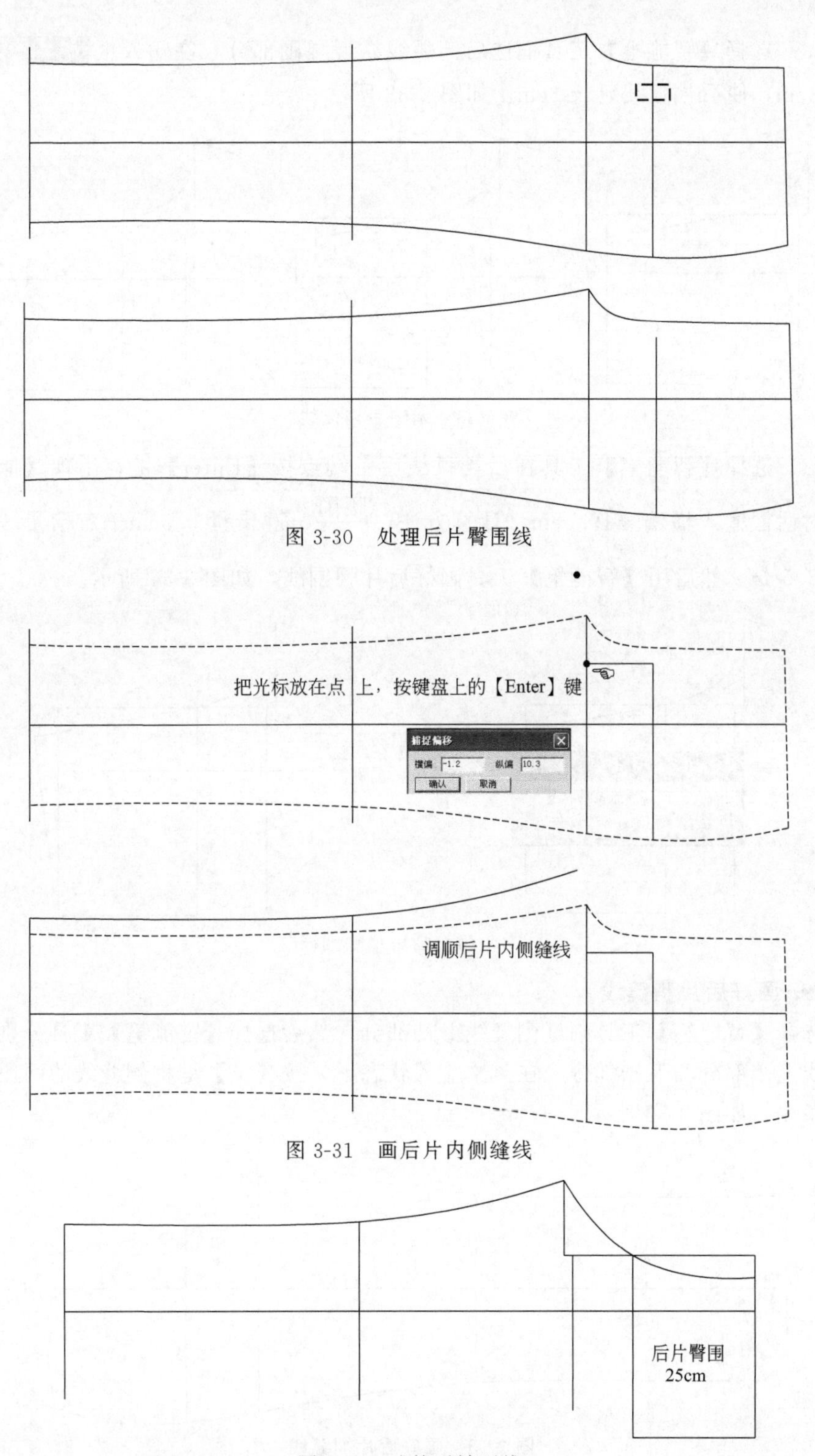

图 3-30　处理后片臀围线

图 3-31　画后片内侧缝线

图 3-32　连接后裆弧线

(3) 选择【智能笔】工具框选后裆弧线靠近腰围部分，在输入框 调整量 3 处输入 3cm，使后裆弧线延长 3cm，如图 3-33 所示。

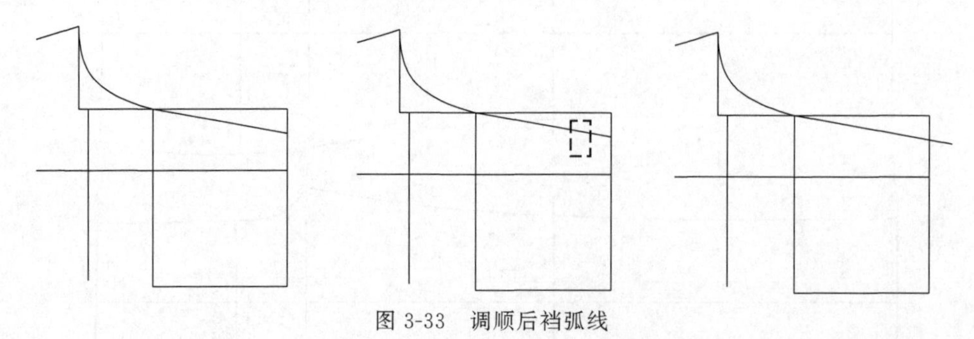

图 3-33 调顺后裆弧线

(4) 选择【智能笔】工具在后裆弧线后中端点按【Enter】键，出现【捕捉偏移】对话框输入横偏－19.5cm（计算方法：$\frac{\text{腰围}}{4}$－互借量 0.5cm＋省褶量 3cm），纵偏 2.5cm。然后用【智能笔】工具画好后片腰围线，如图 3-34 所示。

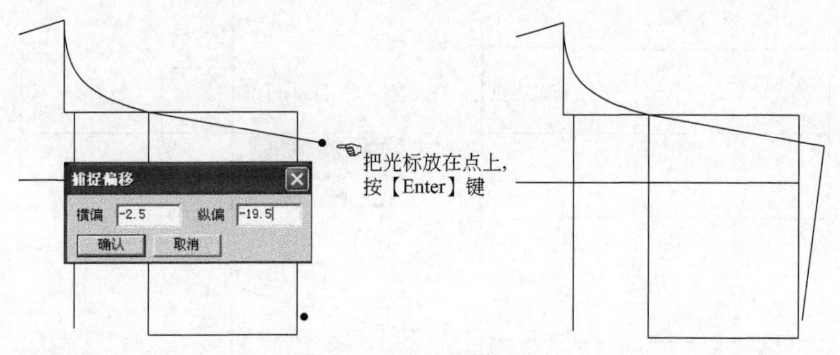

图 3-34 画后片腰围线

19. 画好后片侧缝线

选择【智能笔】工具画好侧缝线上裆部分，然后选择【智能笔】工具分别框选侧缝线上裆部分和下裆部分，在英文输入状态下，按【＋】键将侧缝线的两段线接为一条线，如图 3-35 所示。

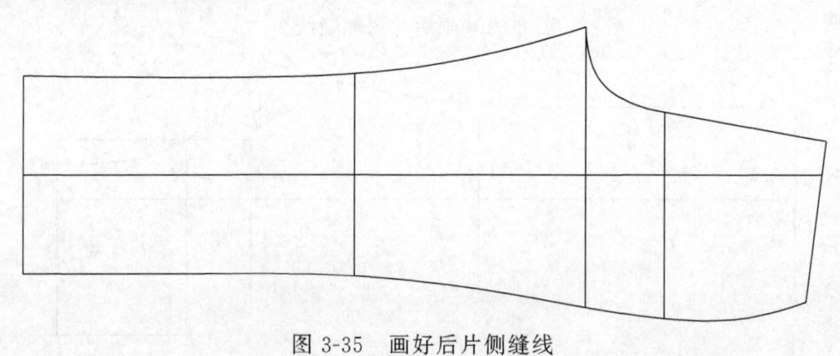

图 3-35 画好后片侧缝线

20. 画后片腰省

（1）在输入框处输入【.3】（腰围线$\frac{1}{3}$处），省长8.5cm，省肥1.5cm。鼠标左键单击要做省的要素，鼠标左键指示省的方向。

（2）在输入框处输入【.5】（腰围线$\frac{1}{3}$处），省长8.5cm，省肥1.5cm。鼠标左键单击要做省的要素，鼠标左键指示省的方向。

（3）选择【智能笔】工具分别在鼠标左键框选腰省，鼠标右键结束即自动画好后片腰省，如图3-36所示。

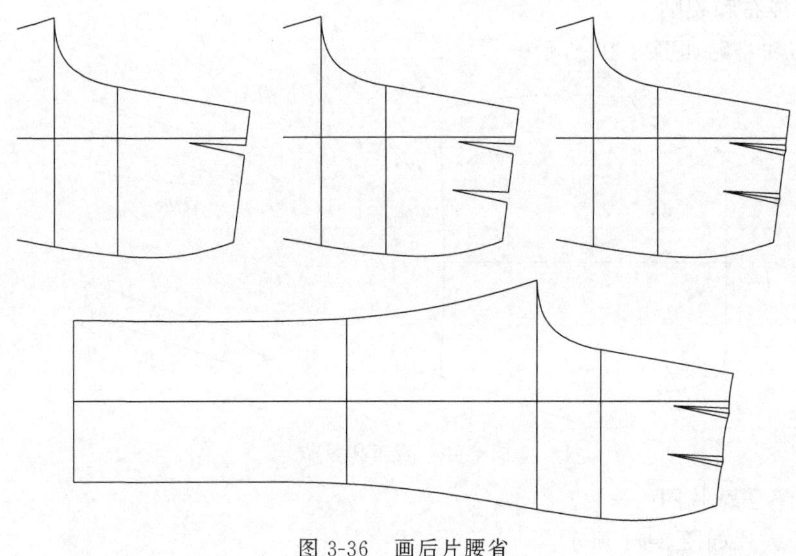

图3-36　画后片腰省

（4）选择【接角圆顺】工具调顺后片腰围弧线。

21. 画腰头

在输入框处输入长71.5cm（计算方法：腰围68cm+搭门宽3.5cm）、输入宽度6cm（计算方法：腰头宽3cm×2）。在空白处单击鼠标左键，再左键点击第2点位置即画好腰头矩形。在输入框输入3.5cm，然后用【智能笔】工具画腰头前中线，如图3-37所示。

22. 画串带

在输入框处输入长度55cm，宽度2cm，在空白处单击鼠标左键，再左键点击第2点位置即画好串带矩形，如图3-38所示。

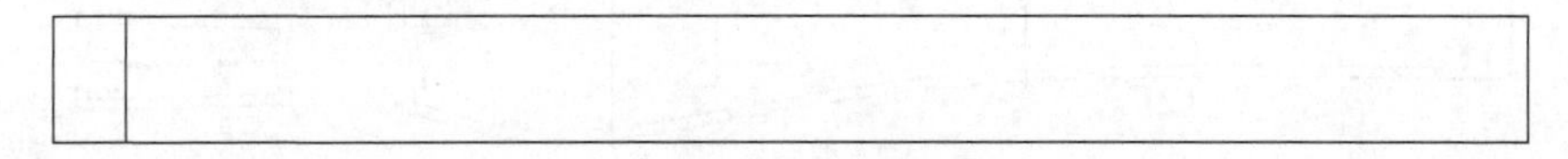

图3-37　画腰头

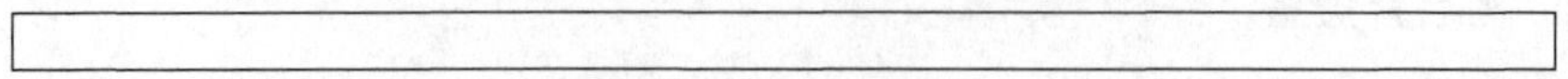

图 3-38　画串带

23. 门襟和里襟

门襟和里襟如图 3-39 所示。

图 3-39　门襟和里襟

24. 袋布和袋贴

袋布和袋贴如图 3-40 所示。

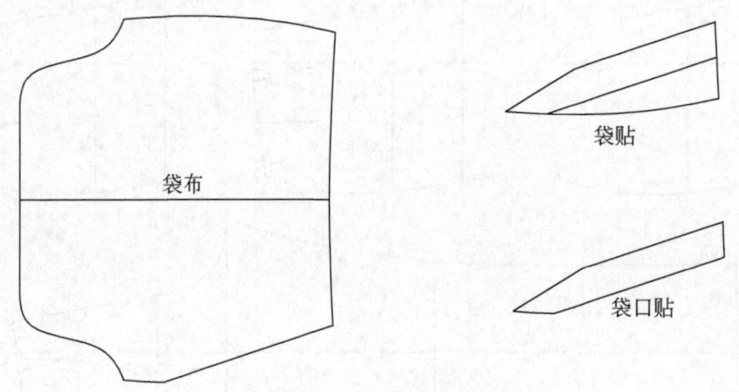

图 3-40　袋布和袋贴

25. 裤子裁片图

裤子裁片如图 3-41 所示。

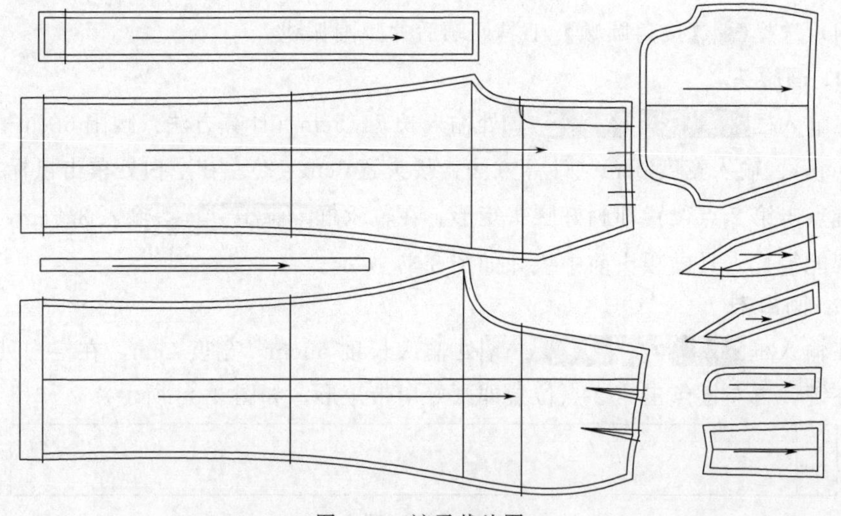

图 3-41　裤子裁片图

第三节　衬衫 CAD 打板快速入门

一、衬衫款式效果图

衬衫款式效果如图 3-42 所示。

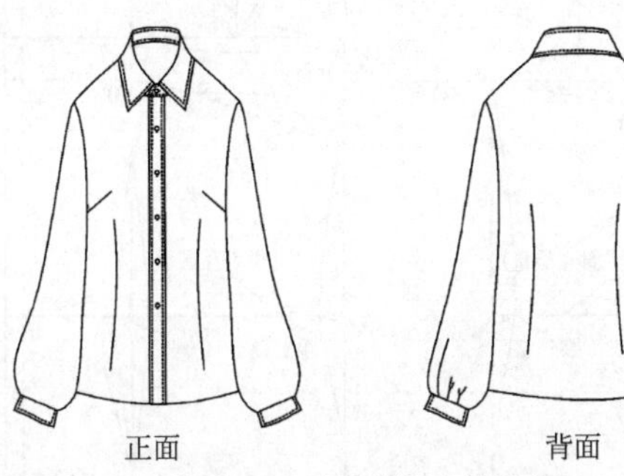

图 3-42　衬衫款式效果图

二、衬衫 CAD 制板步骤

1. 建立尺寸表

衬衫尺寸见表 3-3。

表 3-3　衬衫规格尺寸　　单位：cm

号型 部位	S	M(基础板)	L	XL	档差
	155/80A	160/84A	165/88A	170/92A	
衣长	54	56	58	60	2
肩宽	37.5	38.5	39.5	40.5	1
领围	35	36	37	38	1
胸围	88	92	96	100	4
腰围	72	76	80	84	4
摆围	90	94	98	102	4
袖长	54.5	56	57.5	59	1.5
袖肥	30.4	32	33.6	35.2	1.6
袖口	17	18	19	20	1

2. 衬衫结构图

衬衫结构如图 3-43～图 3-45 所示。

3. 调出附件

选择【设置】菜单→【附件调出】→【附件分组】→找到【女衬衫结构框架】→选择 要素调出方式 将女衬衫结构框架附件调出画女式衬衫，如图 3-46 所示。

4. 画后领弧线和后片肩缝线

选择【智能笔】工具画后领弧线，按住【Ctrl】键，鼠标左键在后领弧线单击出现控制点，然后调顺后领弧线。选择【智能笔】工具画好后片肩缝线，如图3-47所示。

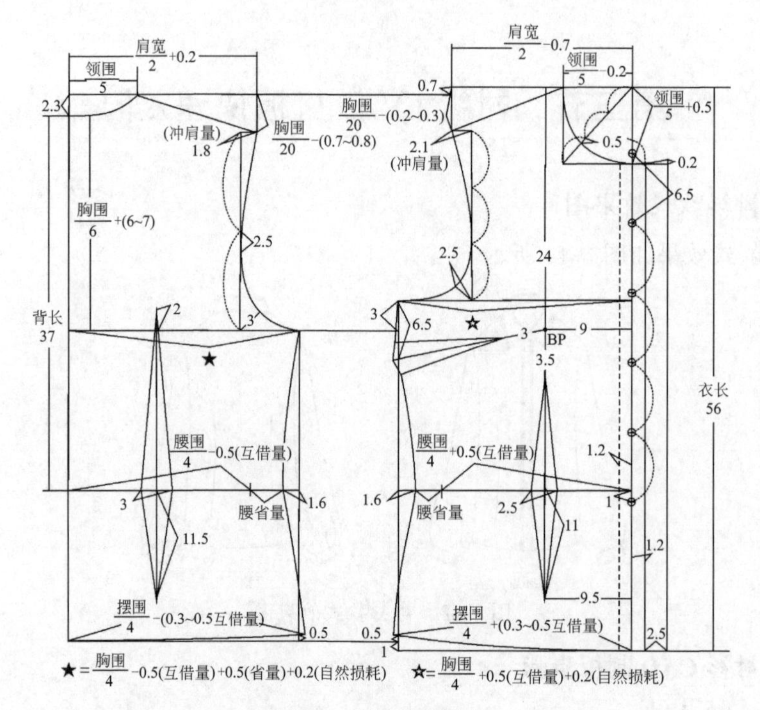

图 3-43 衬衫结构图 1

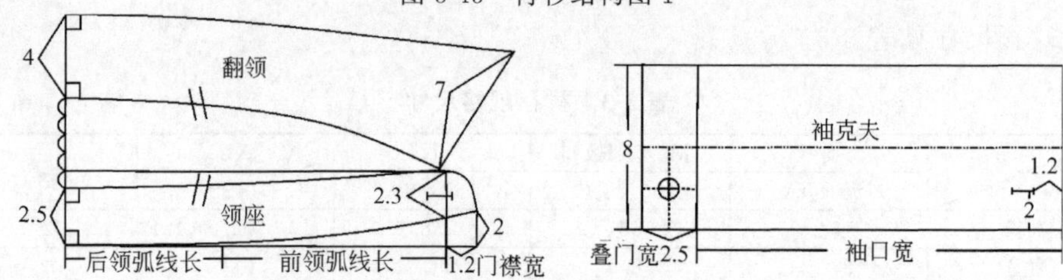

图 3-44 衬衫结构图 2

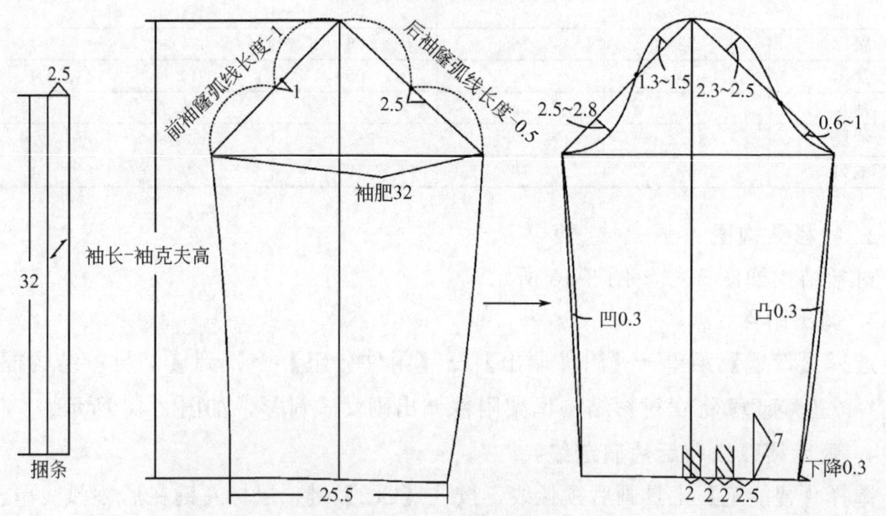

图 3-45 衬衫结构图 3

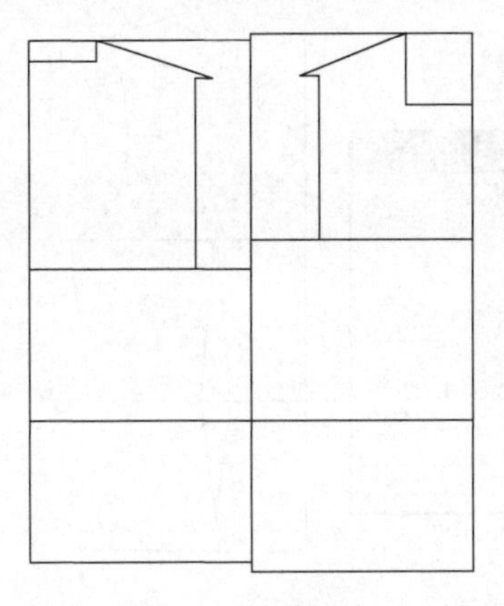

图 3-46　调出附件

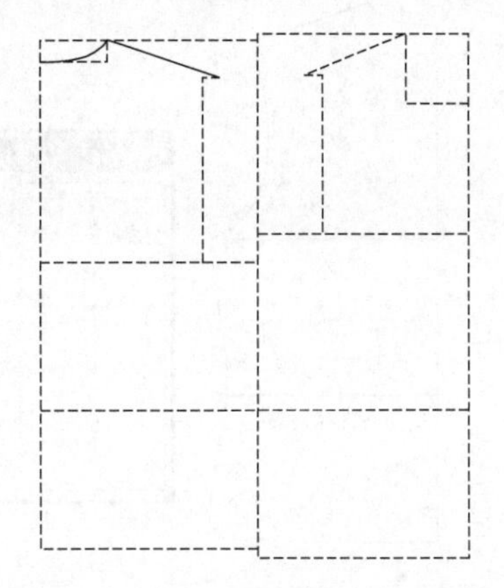

图 3-47　画后领弧线和后片肩缝线

5. 画后袖窿弧线

选择【智能笔】工具画后袖窿弧线，按住【Ctrl】键，鼠标左键在后袖窿弧线点击出现控制点，然后调顺后袖窿弧线，如图 3-48 所示。

6. 画侧缝线和下摆弧线

选择【智能笔】工具画好侧缝线和下摆弧线，按住【Ctrl】键，鼠标左键分别在侧缝线和下摆弧线点击出现控制点，然后分别调顺侧缝线和下摆弧线，如图 3-49 所示。

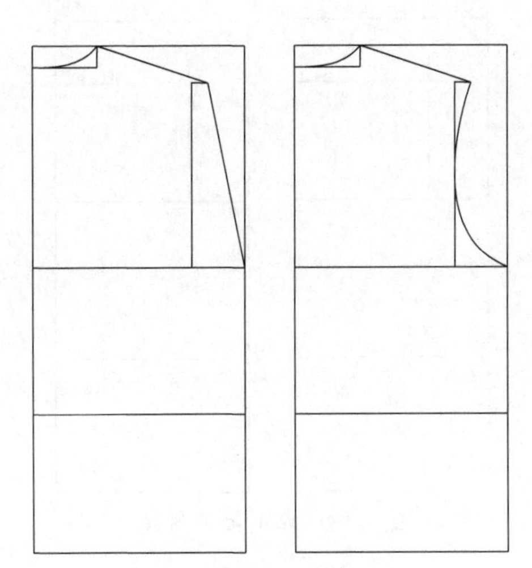

图 3-48　画后袖窿弧线

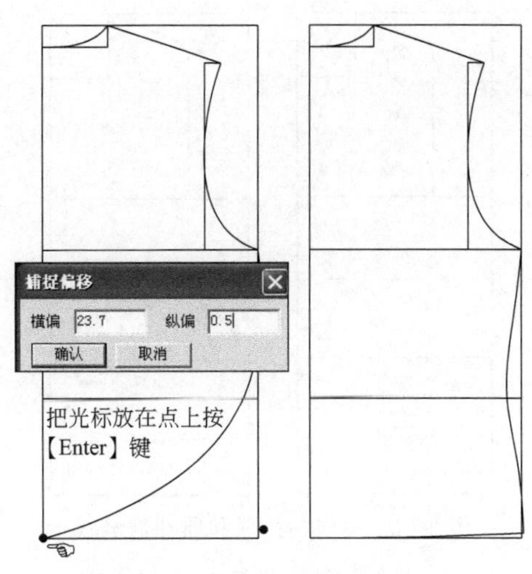

图 3-49　画侧缝线和下摆弧线

7. 画后片腰省

在输入框 智能模式F5 9 输入腰省中心至后中间距 9cm，选择【枣弧省】工具鼠标左键在腰围线距后 9cm 单击弹出【枣弧省】对话框，输入相应的数据按【确认】键即可画好后片腰省，如图 3-50 所示。

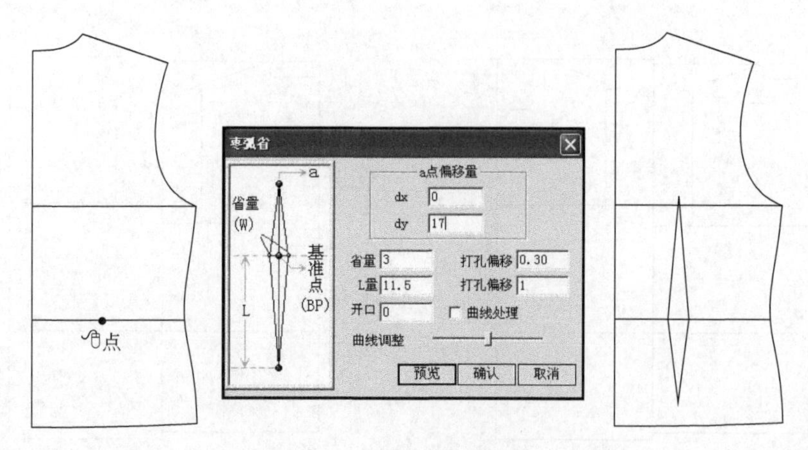

图 3-50　画后片腰省

8. 画前领弧线和前片肩缝线

选择【智能笔】工具画前领弧线，按住【Ctrl】键，鼠标左键在前领弧线点击出现控制点，然后调顺前领弧线。选择【智能笔】工具画好前片肩缝线，如图3-51所示。

9. 画前袖窿弧线

选择【智能笔】工具画前袖窿弧线，按住【Ctrl】键，鼠标左键在前袖窿弧线点击出现控制点，然后调顺前袖窿弧线，如图 3-52 所示。

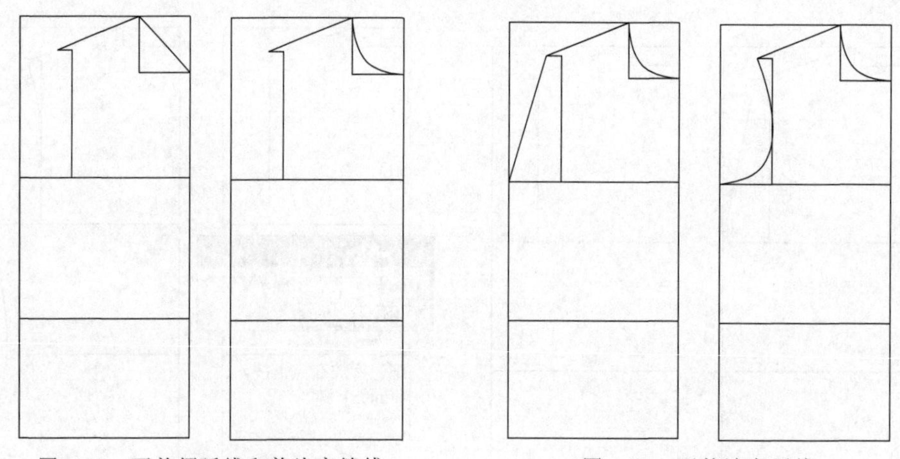

图 3-51　画前领弧线和前片肩缝线　　　　图 3-52　画前袖窿弧线

10. 画侧缝线和下摆弧线

选择【智能笔】工具画侧缝线和下摆弧线，按住【Ctrl】键，鼠标左键分别在侧缝线和下摆弧线点击出现控制点，然后分别调顺侧缝线和下摆弧线，如图 3-53 所示。

11. 画前片胸省

(1) 选择【智能笔】工具在上水平线前中端点按【Enter】键，弹出【捕捉偏

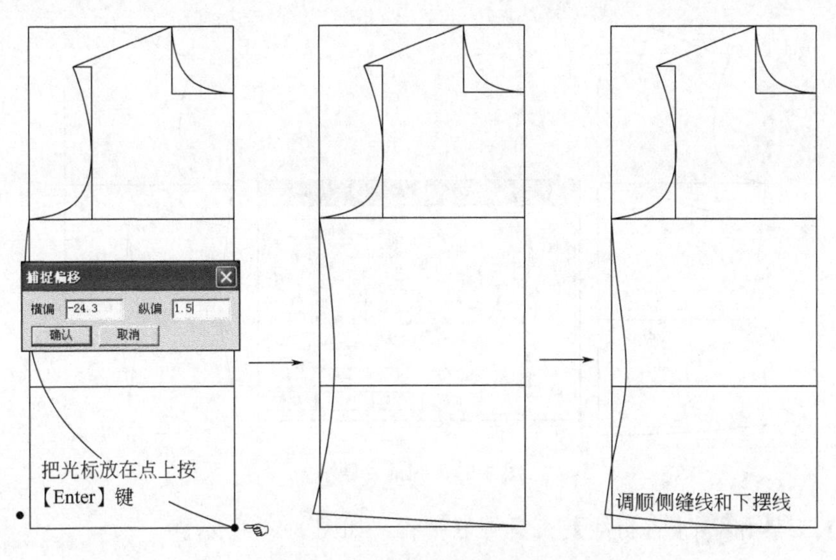

图 3-53　画侧缝线和下摆弧线

移】对话框输入横偏－9cm，纵偏－23.5cm。然后与侧缝线 6cm 相连画胸省线，如图 3-54 所示。

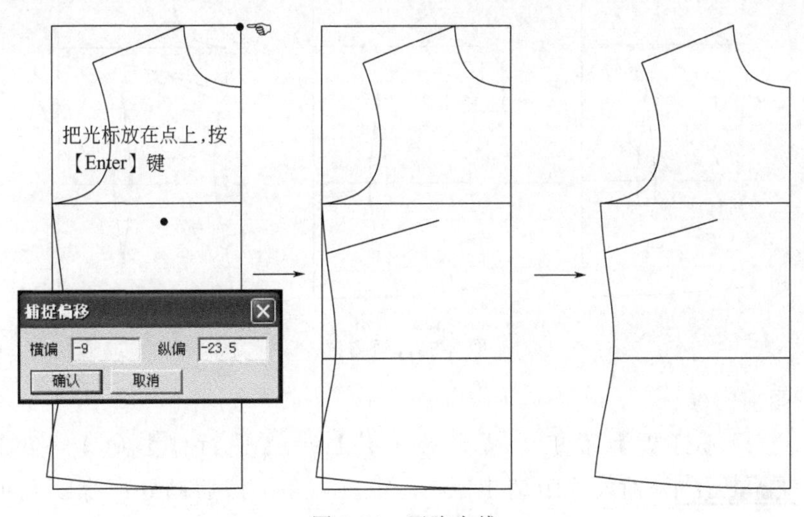

图 3-54　画胸省线

（2）在输入框 智能模式F5 9 输入腰省中心至前中间距 9cm，选择【枣弧省】工具鼠标左键在腰围线距后 9cm 单击弹出【枣弧省】对话框，输入相应的数据，按【确认】键即可画好前片腰省，如图 3-55 所示。

（3）选择【智能笔】工具框选胸省线，在输入框 调整量 -3 输入调整量 3cm，将胸省线缩短 3cm。

（4）在输入框 省长 11.38 省量 3 输入省长 11.38cm，省量 3cm，选择

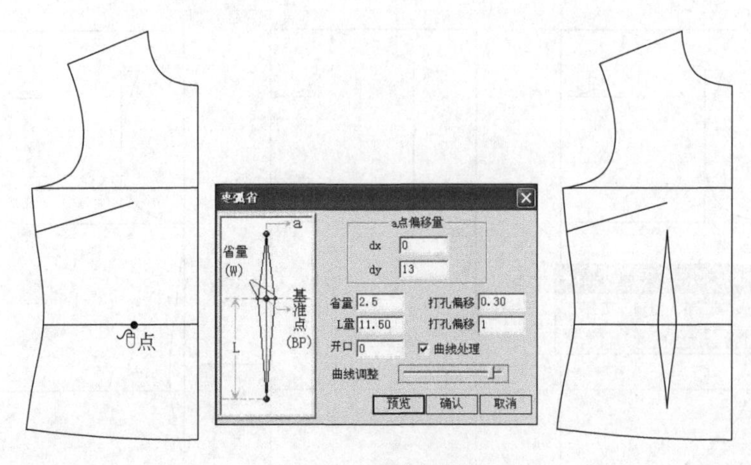

图 3-55 画前片腰省

【省道】工具和【省折线】工具画好胸省，如图 3-56 所示。

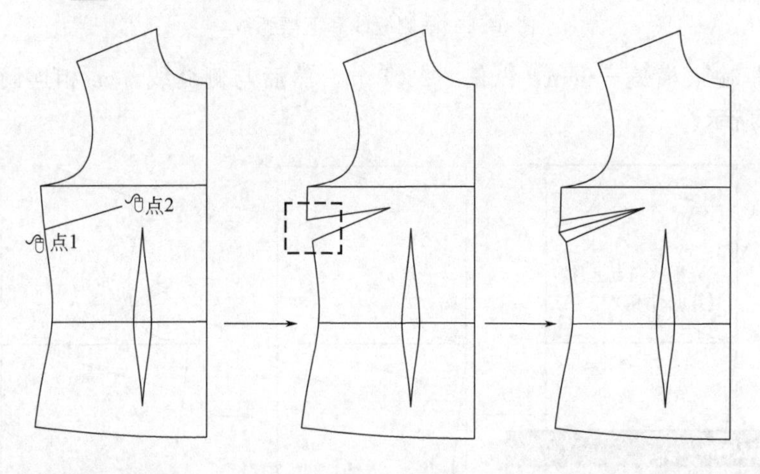

图 3-56 画胸省

12. 画前门襟

（1）选择【打板】菜单→【服装工艺】→【平行线】命令，在输入框 等距离 1.2 线数 1 处输入等距离 1.2cm，线数 1 条。然后画好门襟线和缉明线，如图 3-57 所示。

（2）选择【打板】菜单→【服装工艺】→【平行线】命令，在输入框 等距离 2.4 线数 1 处输入等距离 2.4cm，线数 1 条。然后用【对称修改】工具将前领弧线依门襟外边线对称复制，如图 3-58 所示。

13. 画袖子

（1）选择【一枚袖】工具，画好袖山弧线，如图 3-59 所示。

（2）选择【智能笔】工具画好袖子，如图 3-60 所示。

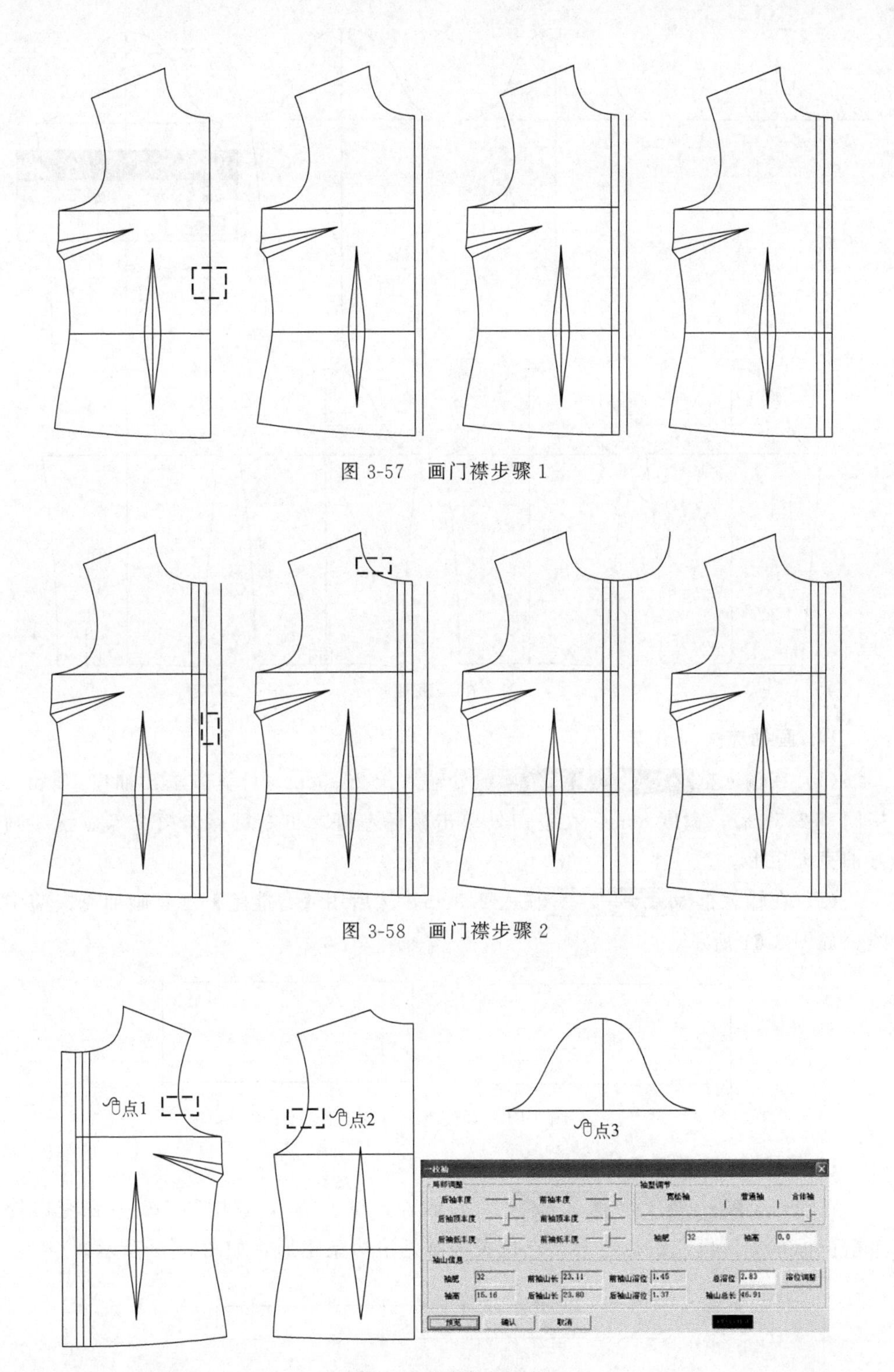

图 3-57 画门襟步骤 1

图 3-58 画门襟步骤 2

图 3-59 画袖山弧线

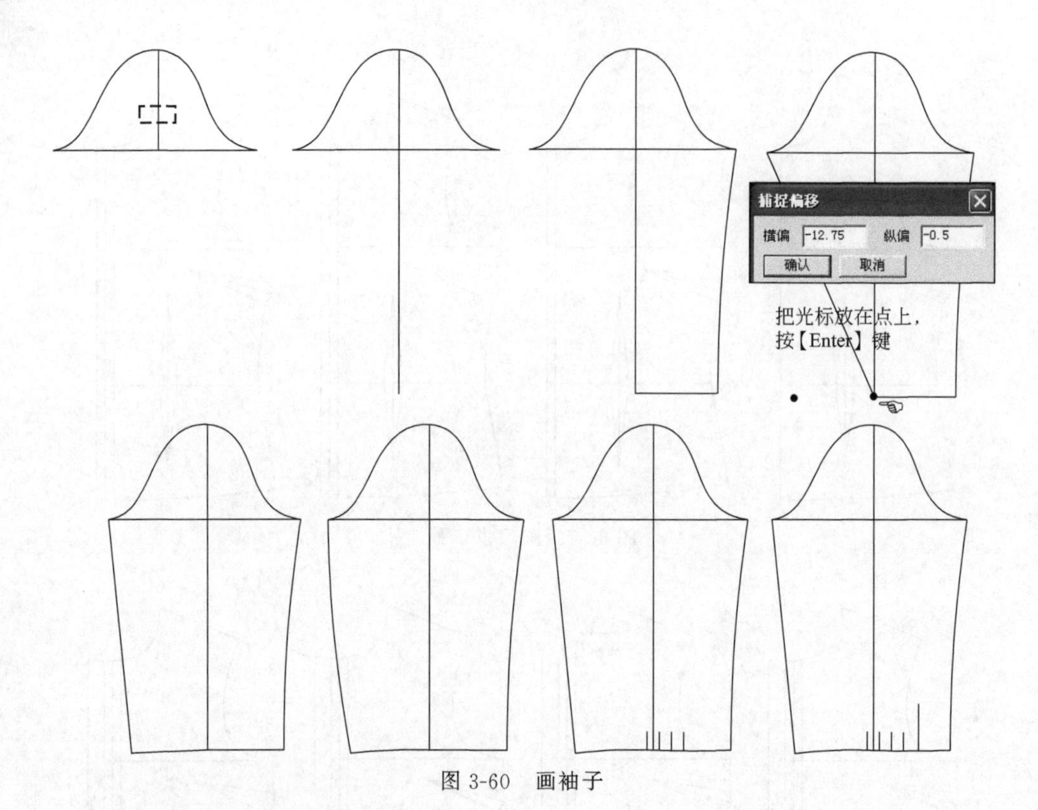

图 3-60　画袖子

14. 画袖克夫（介英）

（1）在输入框 长度 20.5 宽度 8 处输入长 20.5cm（计算方法：袖口 18cm＋搭门宽 2.5cm），宽度 8cm。在空白处单击鼠标左键，再左键点击第 2 点位置即画好袖克夫矩形。

（2）在输入框 智能模式F5 2.5 输入 2.5cm，然后用【智能笔】工具画袖克夫前中线，如图 3-61 所示。

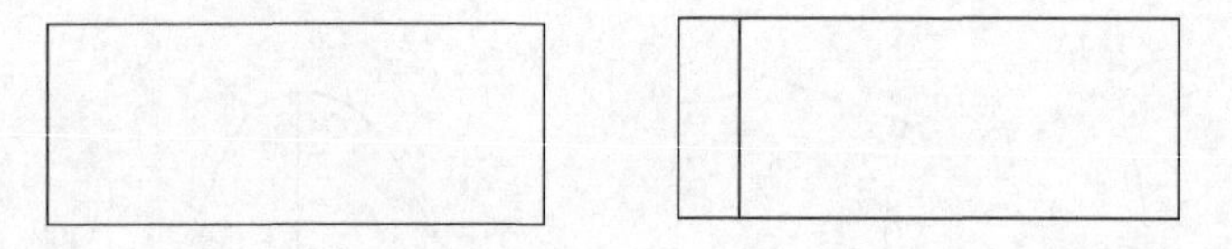

图 3-61　画袖克夫（介英）

15. 画滚边条（捆条）

在输入框 长度 35 宽度 2.5 处输入长度 35cm，宽度 2.5cm。在空白处单击鼠标左键，再左键点击第 2 点位置即画好滚边条矩形，如图 3-62 所示。

图 3-62　画滚边条（捆条）

16. 画领子

画领子步骤如图 3-63 所示。

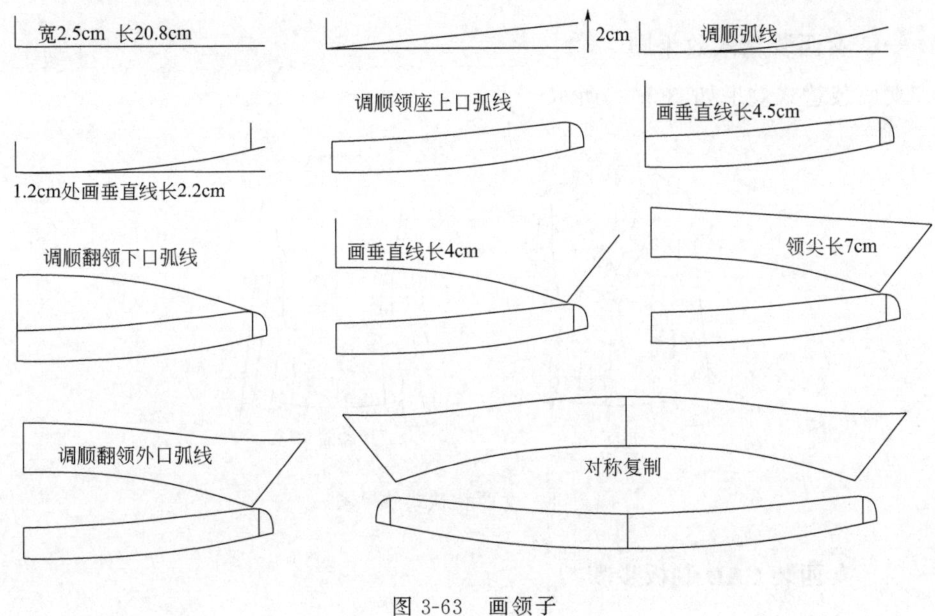

图 3-63　画领子

17. 衬衫裁片图

衬衫裁片如图 3-64 所示。

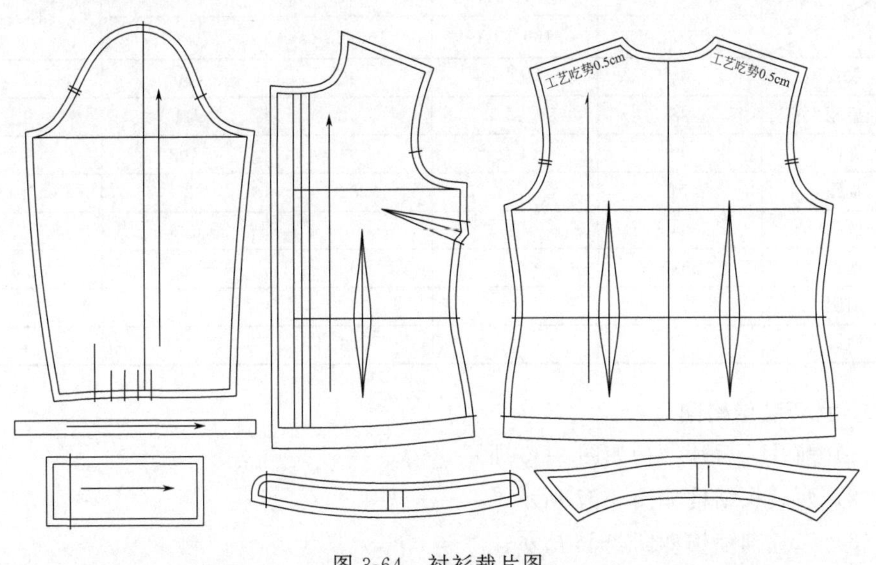

图 3-64　衬衫裁片图

第四节　女西装 CAD 打板快速入门

一、女西装款式效果图

女西装款式效果如图 3-65 所示。

正面

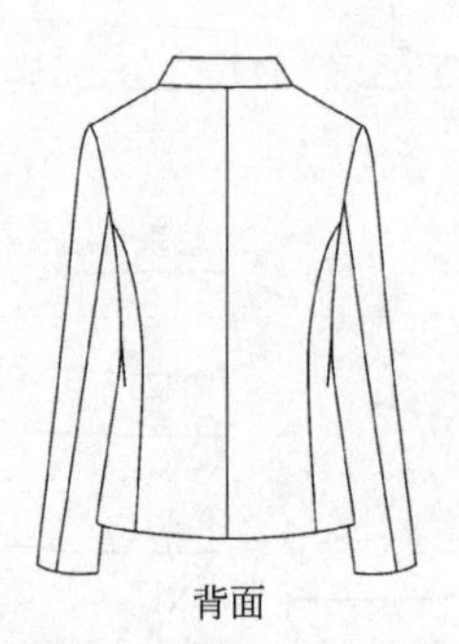
背面

图 3-65　女西装款式效果图

二、女西装 CAD 制板步骤

1. 建立尺寸表

女西装尺寸见表 3-4。

表 3-4　女西装规格尺寸　　单位：cm

部位＼号型	S	M(基础板)	L	XL	档差
	155/80A	160/84A	165/88A	170/92A	
衣长	64	66	68	70	2
肩宽	38	39	40	41	1
胸围	90	94	98	102	4
腰围	74	78	82	86	4
摆围	94	98	102	106	4
袖长	55.5	57	58.5	60	1.5
袖肥	31.4	33	34.6	36.2	1.6
袖口	24	25	26	27	1

2. 女西装结构图

（1）前片、后片结构如图 3-66 所示。

（2）西装领结构如图 3-67 所示。

（3）二片袖结构如图 3-68 所示。

（4）里布结构如图 3-69 所示。

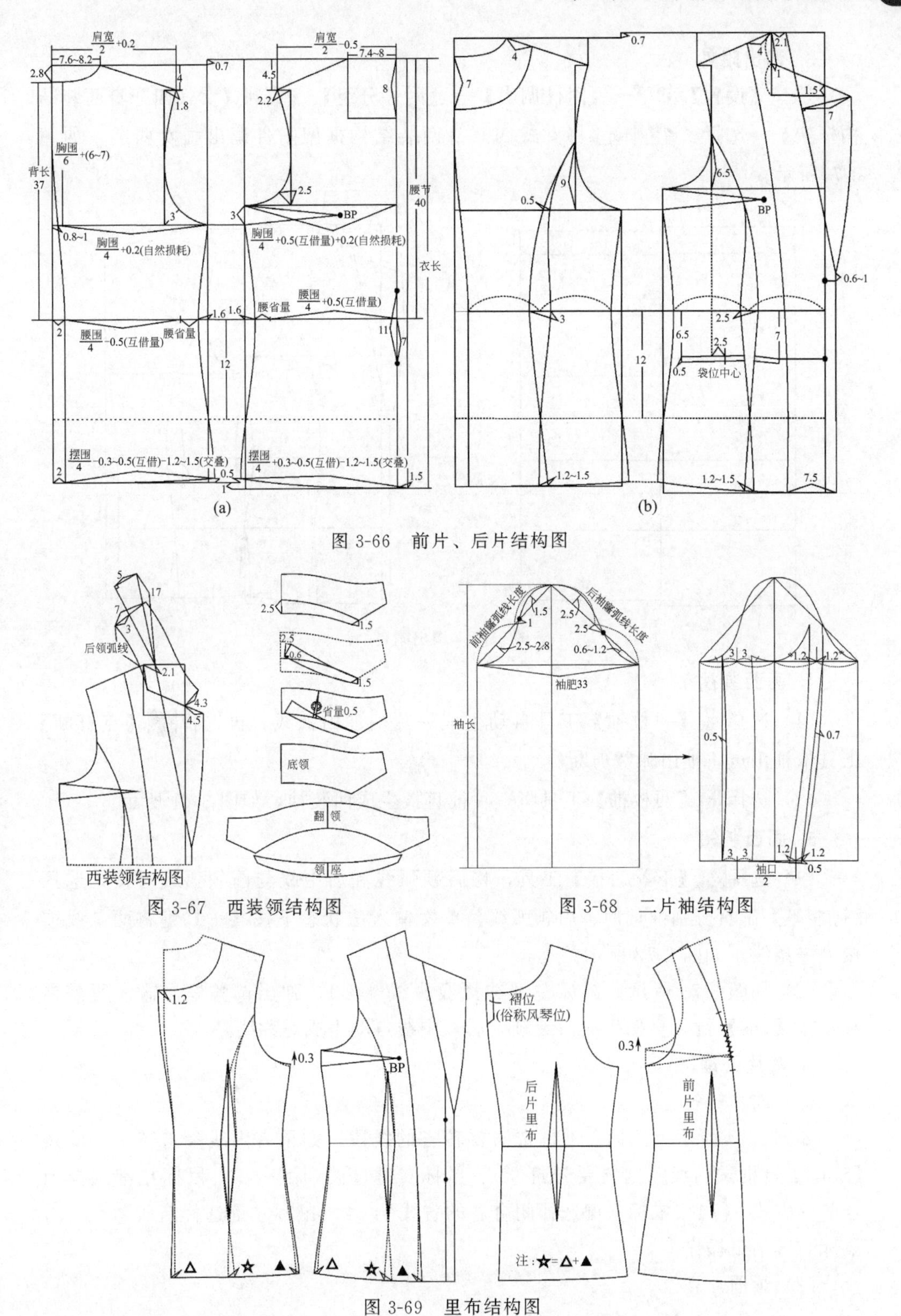

图 3-66 前片、后片结构图

图 3-67 西装领结构图

图 3-68 二片袖结构图

图 3-69 里布结构图

3. 调出附件

选择【设置】菜单→【附件调出】→【附件分组】→找到【女式四开身西装结构框架】→选择 要素调出方式 将女式四开身西装结构框架附件调出画女西装，如图3-70所示。

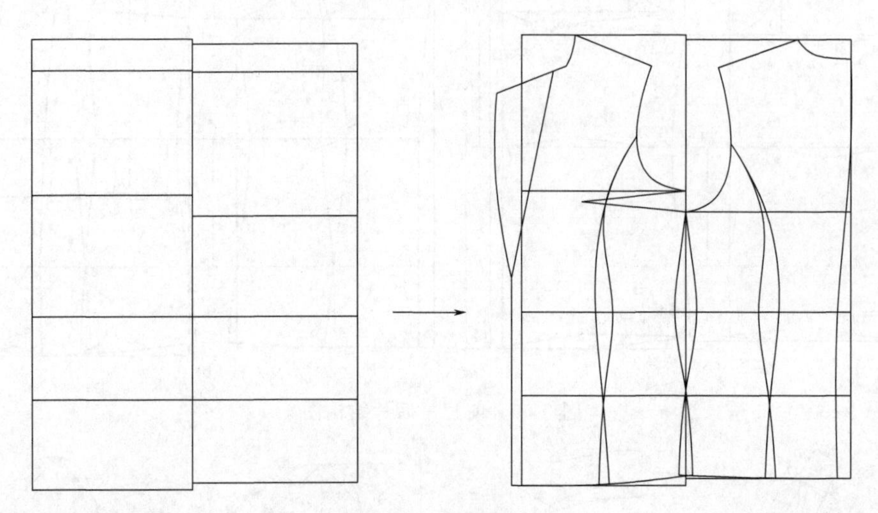

图 3-70　调出附件

4. 画西装袖

（1）选择【一枚袖】工具自动生成一片袖袖山弧线，再选择【点打断】工具依袖山点将袖山弧线剪断。

（2）选择【两枚袖】工具将一片袖直接生成西装袖，如图 3-71 所示。

5. 画西装领

（1）选择【形状对接】工具，将后领弧线和后中线与前领弧线对接，选择【智能笔】工具分别框选前、后领弧线，英文输入法状态下按【+】键将两条线连接为一条线，如图 3-72 所示。

（2）如图 3-73 所示，鼠标左键选择驳头线点 1，弹出调整框，输入所需参数。按【OK】键，直接生成西装领，后领中线自动生成对称线。

6. 裁片处理

（1）前片转省

如图 3-74 所示，鼠标左键框选需要转省的线段，如果有内线参与转省，要按【Shift】键框选内线（内线要先打断）。鼠标右键过渡到下一步。鼠标左键选择闭合前的省线点 1。鼠标左键选择闭合着的省线点 2。鼠标左键选择新省道点 3，鼠标右键结束操作。

（2）画前片袋位

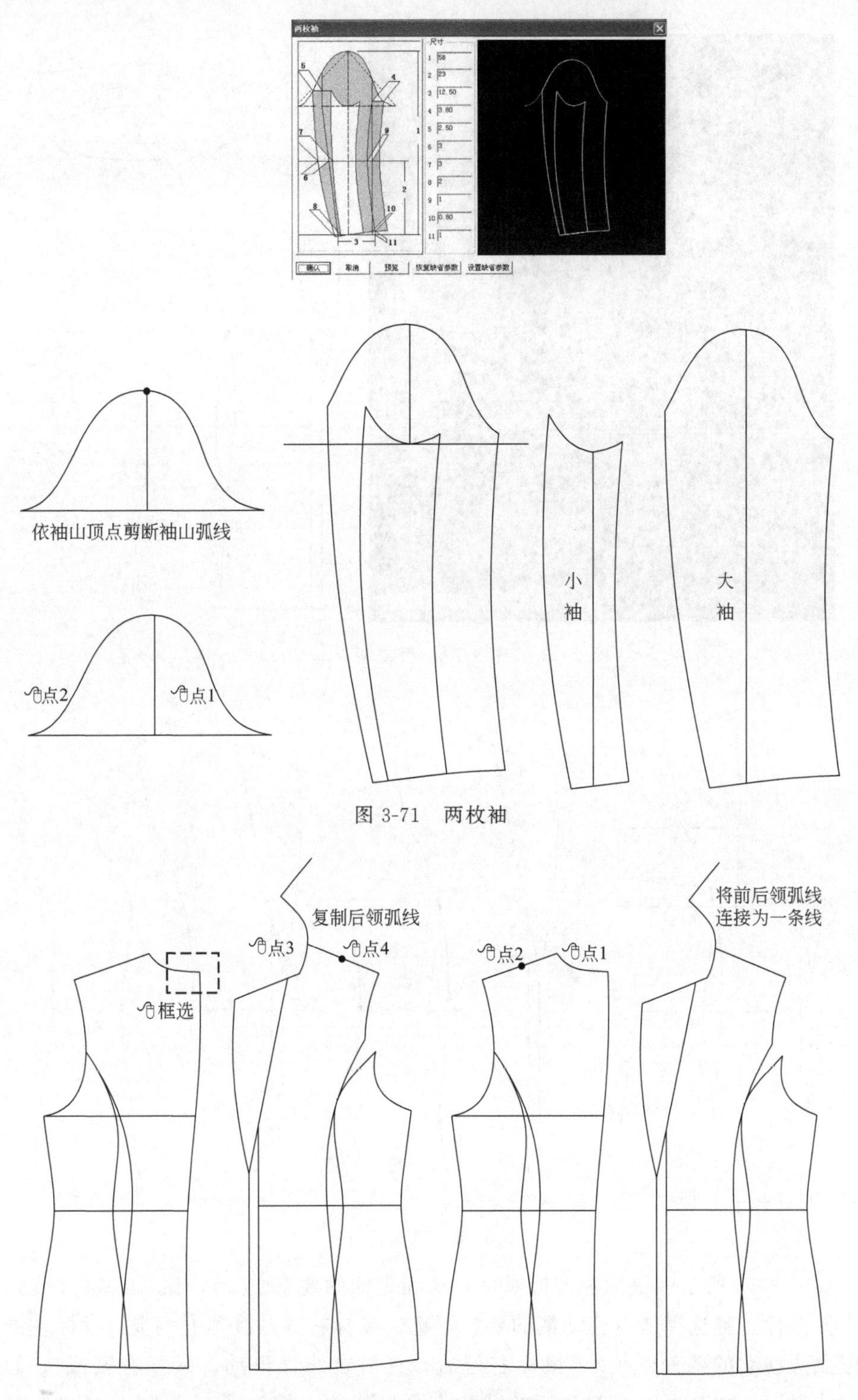

图 3-71　两枚袖

图 3-72　形状对接处理前后领弧线

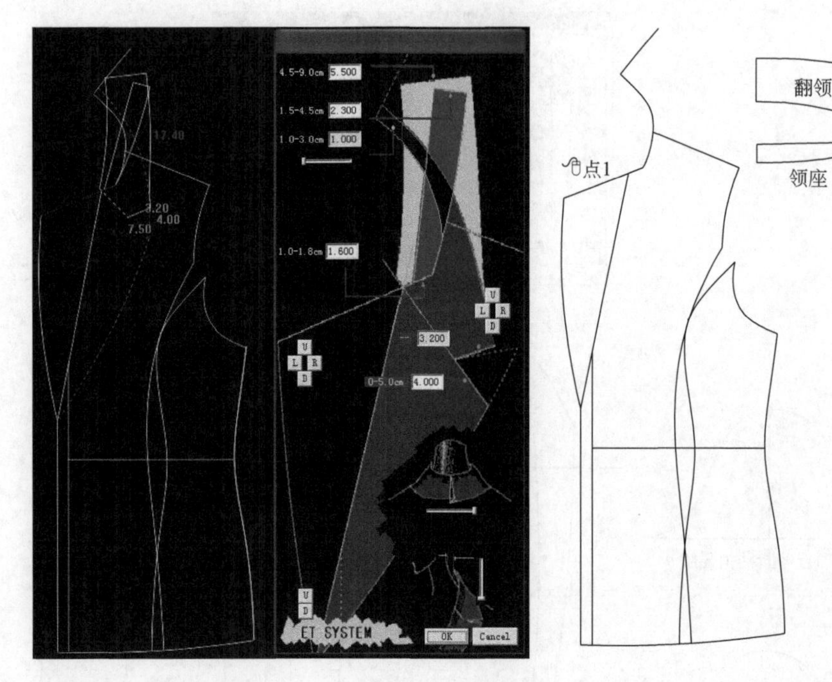

图 3-73　西装领

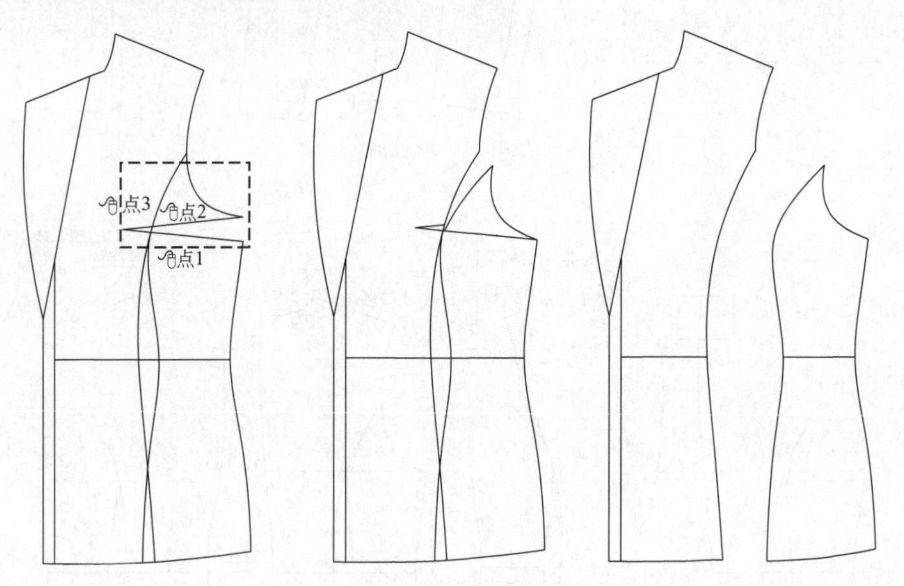

图 3-74　前片转省

如图 3-75 所示，鼠标左键按顺序点选固定侧的要素点 1，鼠标右键过渡到下一步。鼠标左键选择所有移动侧的要素框选，鼠标右键过渡到下一步。鼠标左键按顺序点选移动的要素点 2，鼠标右键后，在对合线处滑动。鼠标右键或按【Q】键定位退出。此时可以在对合好的裁片上画口袋位。按住【Alt】键＋【H】键将

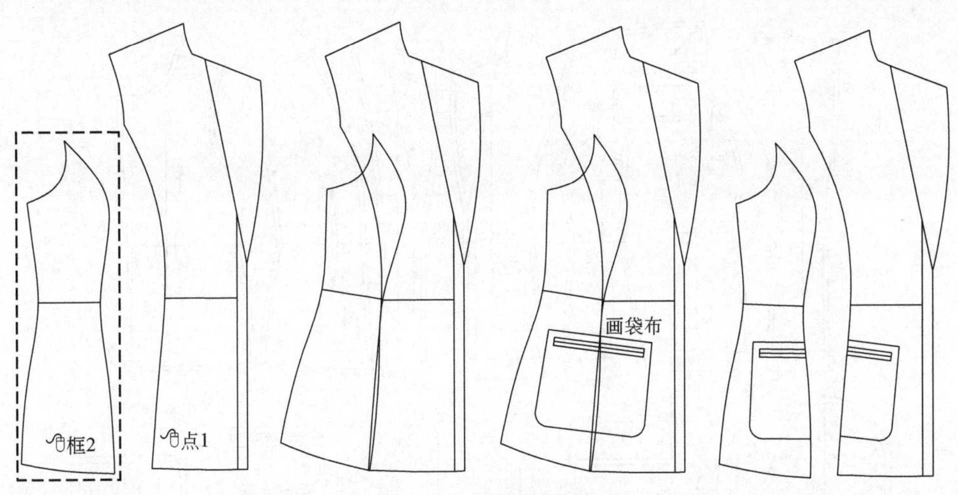

图 3-75 画前片袋位

对合裁片复位。

如确定后还需继续修改，则按下【Ctrl】键，框选其中一条要素后，鼠标右键结束操作。

【Alt】键＋【H】复位功能只能在裁片上使用，未加缝边的线条不能使用此快捷键。

（3）袋口嵌条、袋垫布、袋布、袋盖，如图 3-76 所示。

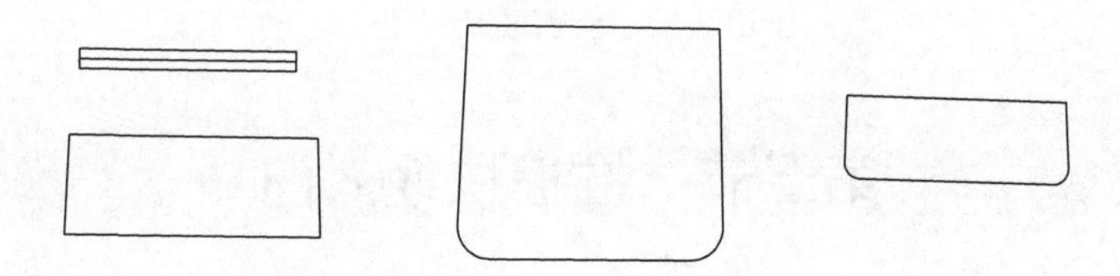

图 3-76 袋口嵌条、袋垫布、袋布、袋盖

（4）里布如图 3-77 所示。

图 3-77 里布

7. 女西装裁片图

女西装裁片如图 3-78 所示。

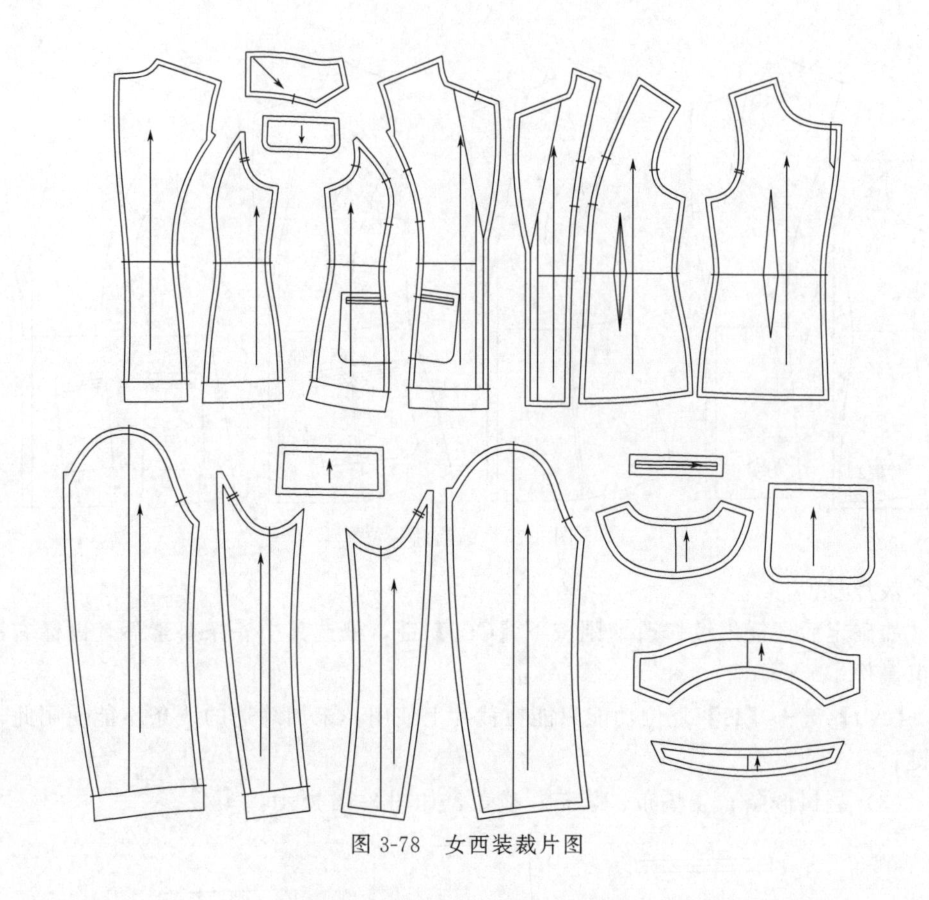

图 3-78 女西装裁片图

第五节 推板快速入门

ET 服装 CAD 软件有点放码、切线放码、超级自动放码三种功能。本节主要讲解点放码的实操步骤。首先点击电脑桌面右上方的图标即进入推板系统，为了便于读者看清放码步骤，我们采用净缝讲解；进入推板系统后，缝份自动隐藏。以下放码采用数值放码的，可以不用尺寸表进行放码。

（1）设置好短袖衬衫的尺寸表，如图 3-79 所示。

（2）如图 3-80 所示，鼠标左键框选前中片横开领端点，点击【移动点】工具弹出【放码规则】对话框，输入水平方向放缩 0.2。

（3）如图 3-81 所示，鼠标左键框选前中片直开领端点，点击【移动点】工具弹出【放码规则】对话框，输入竖直方向放缩 0.2。

（4）如图 3-82 所示，鼠标左键同时框选前中片、前侧片分割缝线和侧缝线，点击【移动点】工具弹出【放码规则】对话框，输入水平方向放缩 0.5。

（5）如图 3-83 所示，鼠标左键框选前中片肩端点，点击【移动点】工具弹出【放码规则】对话框，输入竖直方向放缩 0.1。

当前文件尺寸表

尺寸\号型	XS	S	M(标)	L	XL	纸样尺寸	成衣尺寸
衣长	-3.000	-1.500	0.000	1.500	3.000	0.000	0.000
肩宽	-2.000	-1.000	0.000	1.000	2.000	0.000	0.000
领围	-2.000	-1.000	0.000	1.000	2.000	0.000	0.000
胸围	-8.000	-4.000	0.000	4.000	8.000	0.000	0.000
腰围	-8.000	-4.000	0.000	4.000	8.000	0.000	0.000
摆围	-8.000	-4.000	0.000	4.000	8.000	0.000	0.000
袖长	-1.000	-0.500	0.000	0.500	1.000	0.000	0.000
袖肥	-3.200	-1.600	0.000	1.600	3.200	0.000	0.000
袖口	-2.000	-1.000	0.000	1.000	2.000	0.000	0.000

图 3-79　设置好短袖衬衫的尺寸表

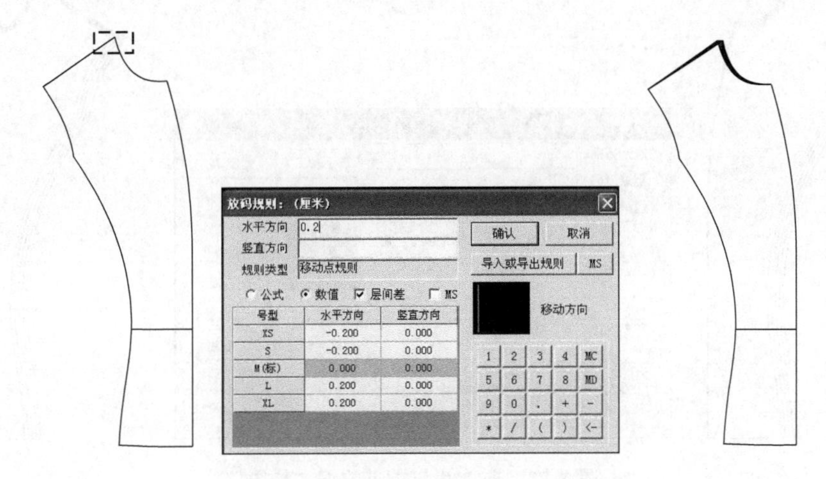

号型	水平方向	竖直方向
XS	-0.200	0.000
S	-0.200	0.000
M(标)	0.000	0.000
L	0.200	0.000
XL	0.200	0.000

图 3-80　前中片横开领端点放缩效果图

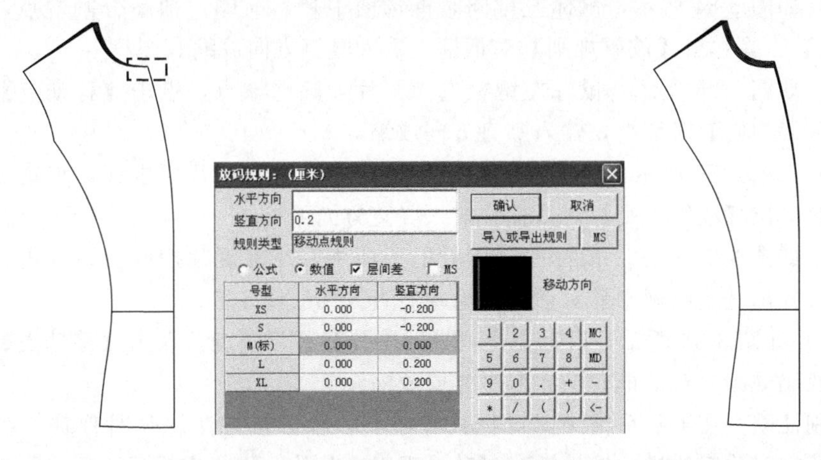

号型	水平方向	竖直方向
XS	0.000	-0.200
S	0.000	-0.200
M(标)	0.000	0.000
L	0.000	0.200
XL	0.000	0.200

图 3-81　前中片直开领端点放缩效果图

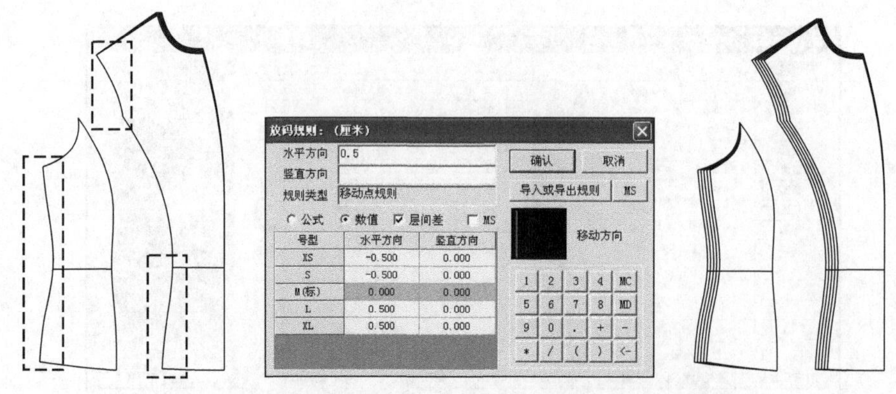

图 3-82　前中片、前侧片分割缝线和侧缝线放缩效果图

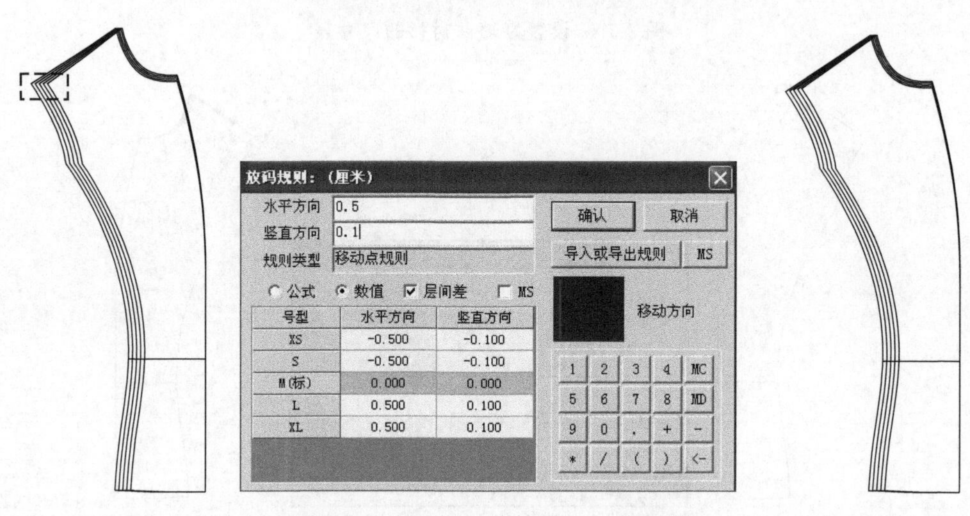

图 3-83　前中片肩端点放缩效果图

（6）如图 3-84 所示，鼠标左键同时框选前中片、前侧片袖窿分割端点，点击【移动点】工具弹出【放码规则】对话框，输入竖直方向放缩 0.3。

（7）如图 3-85 所示，鼠标左键框选前侧片袖窿深端点，点击【移动点】工具弹出【放码规则】对话框，输入竖直方向放缩 0.6。

（8）如图 3-86 所示，鼠标左键同时框选前中片、前侧片腰围线，点击【移动点】工具弹出【放码规则】对话框，输入竖直方向放缩 1。

（9）如图 3-87 所示，鼠标左键同时框选前中片、前侧片摆围线，点击【移动点】工具弹出【放码规则】对话框，输入竖直方向放缩 1.5。

（10）如图 3-88 所示，鼠标左键框选后中片横开领端点，点击【移动点】工具出现【放码规则】对话框，输入水平方向放缩 0.2。

特别注明：在 ET 系统中，对称裁片还有一种推板方法。凡对称裁片被定义后，系统在对称裁片进入推板后，自动呈现半边裁片，推板完成后，回到打板状态时，对称裁片会自动对折展开，连带全部号型裁片展开出来。

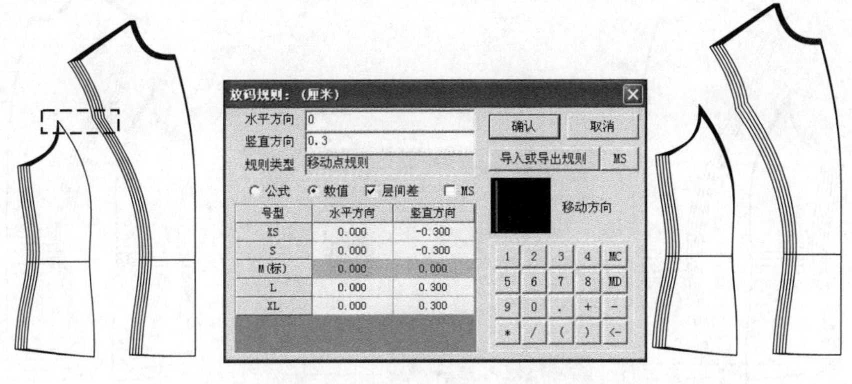

图 3-84　前中片、前侧片袖窿分割端点放缩效果图

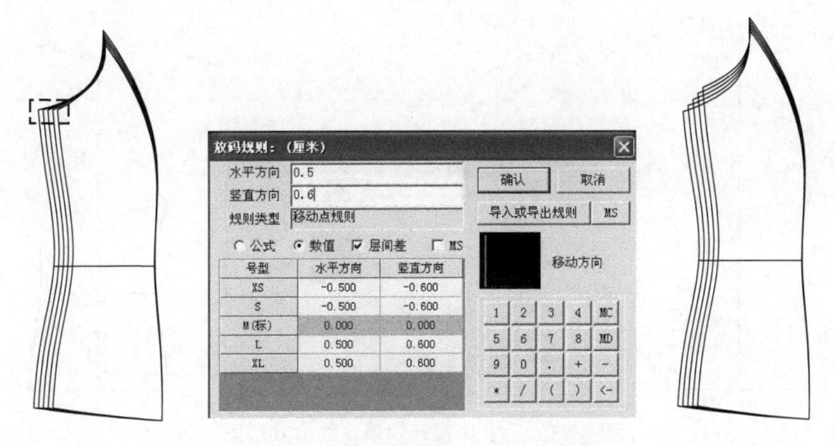

图 3-85　前侧片袖窿深端点放缩效果图

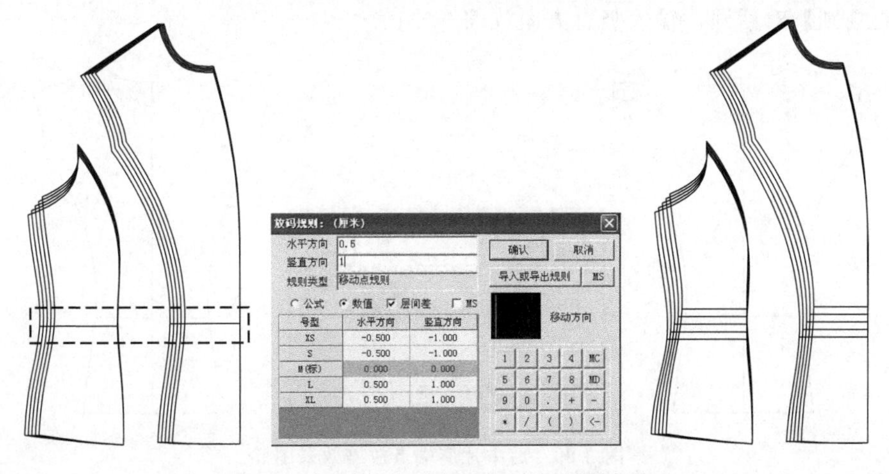

图 3-86　前中片、前侧片腰围线放缩效果图

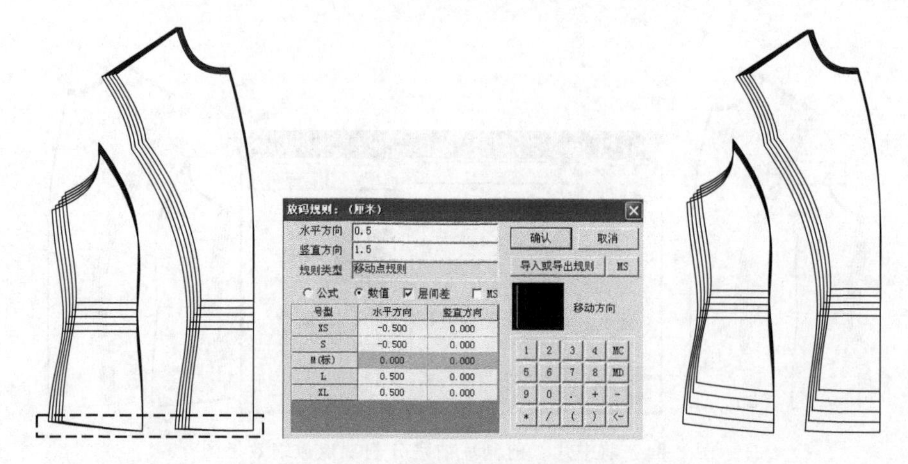

图 3-87　前中片、前侧片摆围线放缩效果图

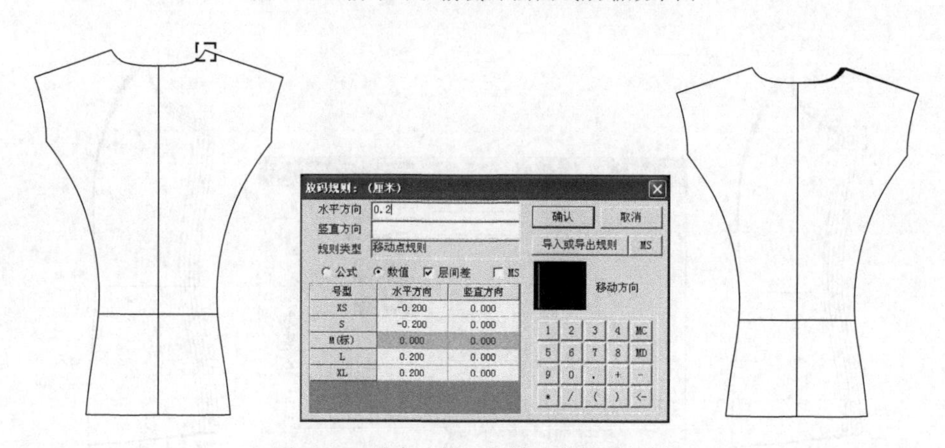

图 3-88　后中片横开领端点放缩效果图

（11）如图 3-89 所示，鼠标左键框选后中片肩端点，点击【移动点】工具弹出【放码规则】对话框，输入竖直方向放缩－0.1。

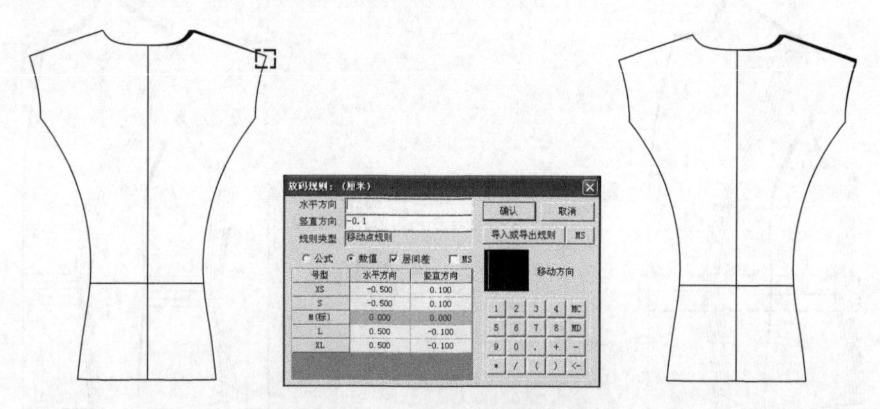

图 3-89　后中片肩端点放缩效果图

（12）如图 3-90 所示，鼠标左键同时框选后中片、后侧片分割缝线和侧缝线，点击【移动点】工具弹出【放码规则】对话框，输入水平方向放缩 0.5。

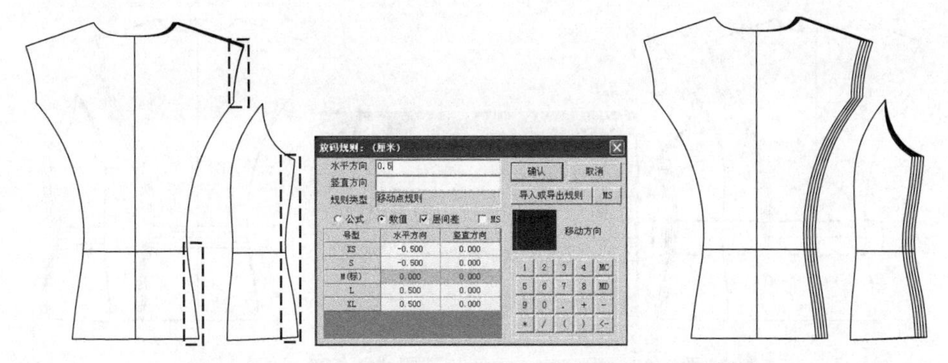

图 3-90 后中片、后侧片分割缝线和侧缝线放缩效果图

（13）如图 3-91 所示，鼠标左键同时框选后中片、后侧片袖窿分割缝端点，点击【移动点】工具弹出【放码规则】对话框，输入竖直方向放缩－0.3。

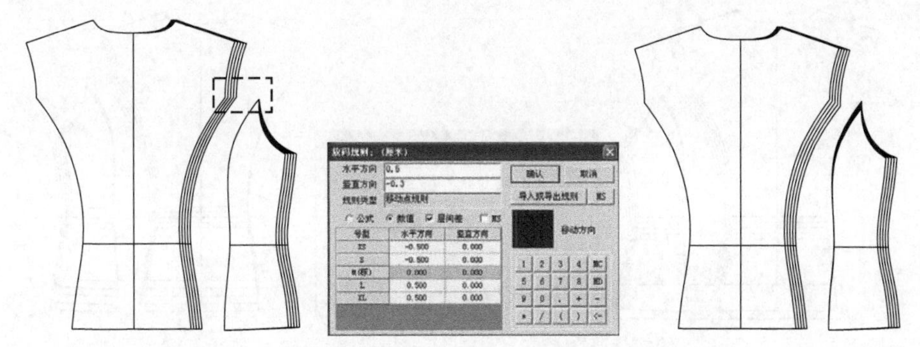

图 3-91 后中片、后侧片袖窿分割缝端点放缩效果图

（14）如图 3-92 所示，鼠标左键框选后侧片袖窿深端点，点击【移动点】工具弹出【放码规则】对话框，输入竖直方向放缩－0.6。

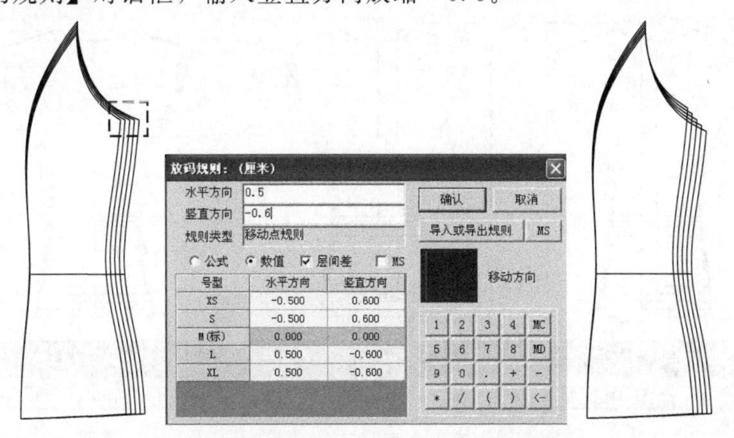

图 3-92 后侧片袖窿深端点放缩效果图

（15）如图 3-93 所示，鼠标左键同时框选后中片、后侧片腰围线，点击【移动点】工具弹出【放码规则】对话框，输入垂直方向放缩－1。

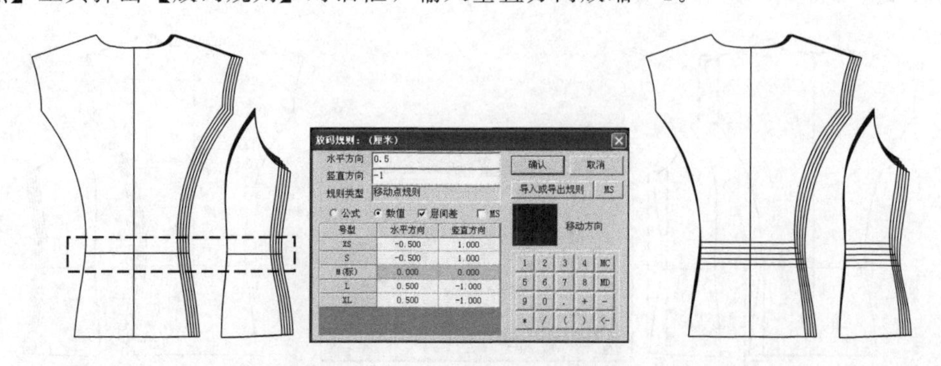

图 3-93　后中片、后侧片腰围线放缩效果图

（16）如图 3-94 所示，鼠标左键同时框选后中片、后侧片摆围线，点击【移动点】工具弹出【放码规则】对话框，输入竖直方向放缩－1.5。

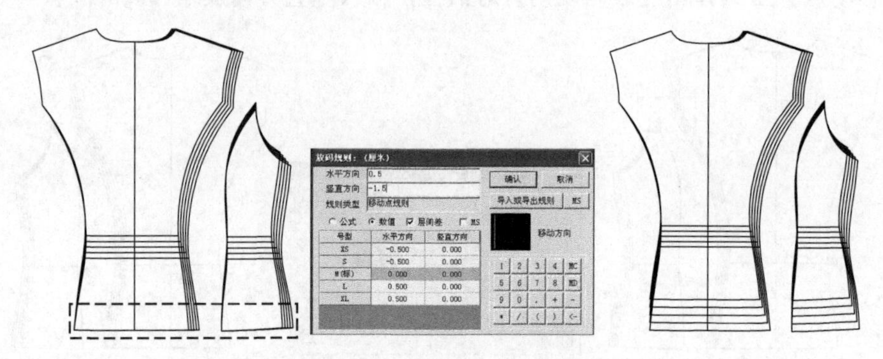

图 3-94　后中片、后侧片摆围线放缩效果图

（17）如图 3-95 所示，选择【点规则拷贝】工具后，鼠标左键框选后中片右边的所有参照放码点，左键框选拷贝放码的放码点按鼠标右键结束即可。

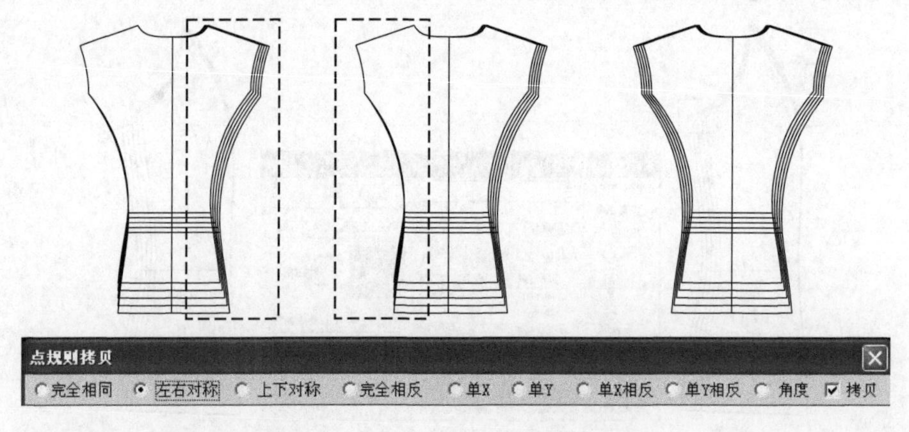

图 3-95　后中片左右对称放缩效果图

（18）如图 3-96 所示，鼠标左键框选袖子袖山顶点，点击【移动点】工具弹出【放码规则】对话框，输入竖直方向放缩 0.5。

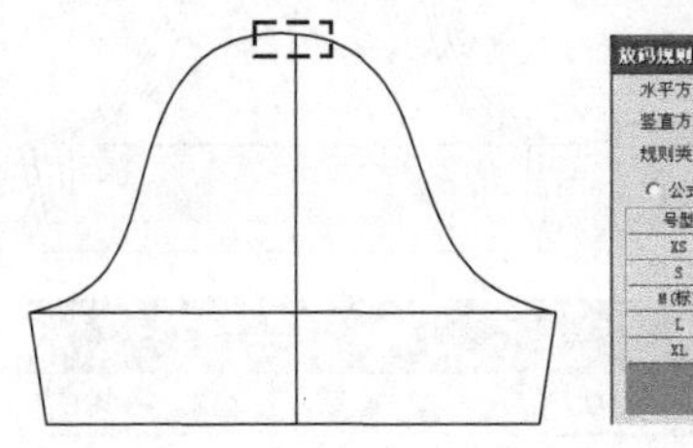
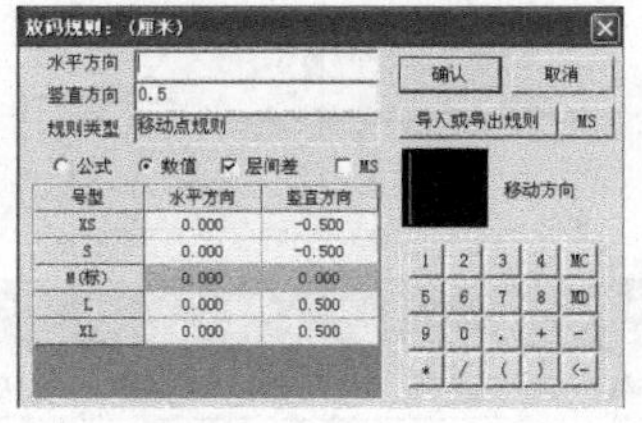

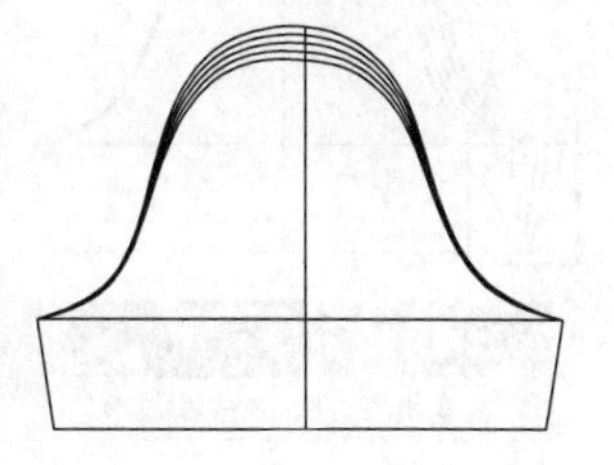

图 3-96　袖子袖山顶点放缩效果图

（19）如图 3-97 所示，鼠标左键框选袖子袖肥端点，点击【移动点】工具弹出【放码规则】对话框，输入水平方向放缩－0.8。

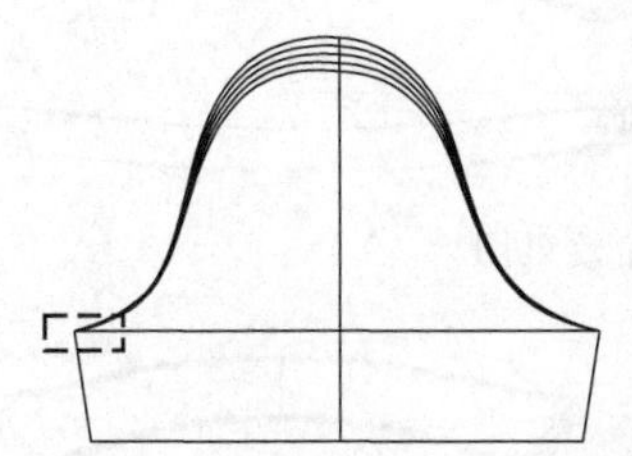
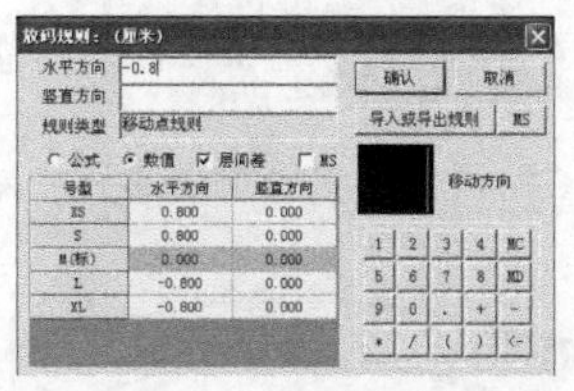

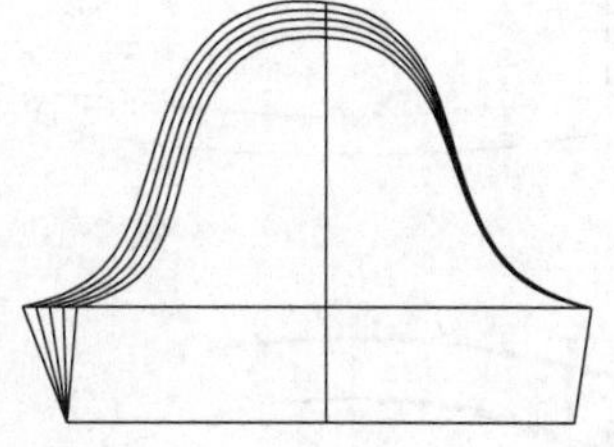

图 3-97　袖子袖肥端点放缩效果图

（20）如图 3-98 所示，鼠标左键框选袖子袖口端点，点击【移动点】工具弹出【放码规则】对话框，输入水平方向放缩－0.5。

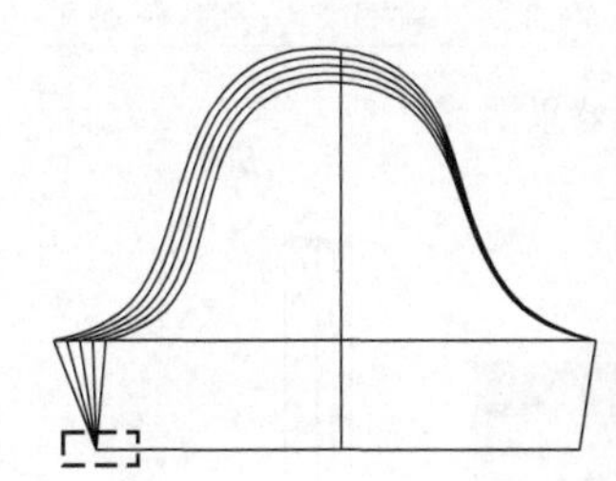
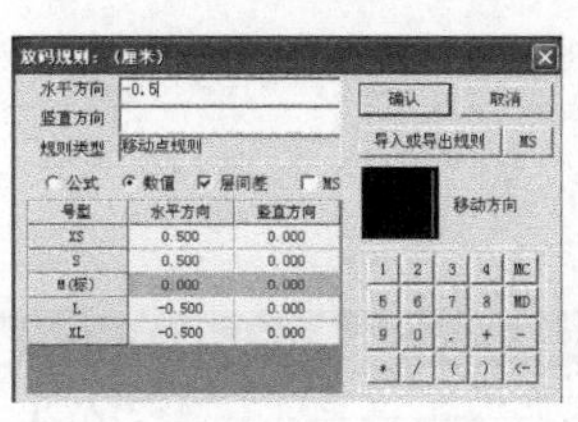

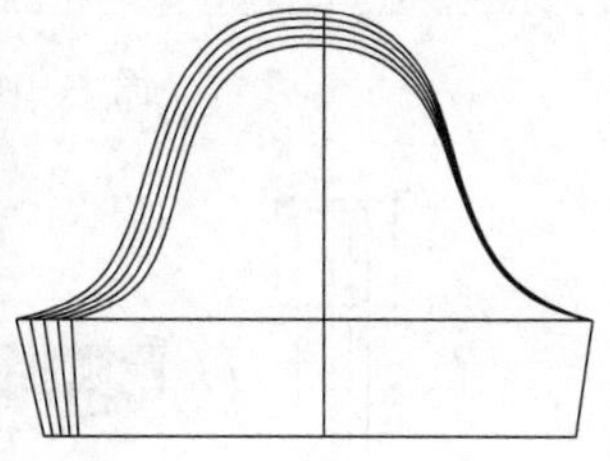

图 3-98　袖子袖口端点放缩效果图

（21）如图 3-99 所示，选择【点规则拷贝】工具后，鼠标左键框选袖子左边的所有参照放码点，左键框选拷贝放码的放码点按鼠标右键结束即可。

（22）如图 3-100 所示，鼠标左键同时框选翻领和领座的左端部分，点击【移动点】工具弹出【放码规则】对话框，输入水平方向放缩－0.5。

（23）如图 3-101 所示，选择【点规则拷贝】工具后，鼠标左键框选翻领和领座的左端部分的所有参照放码点，左键框选拷贝放码的放码点按鼠标右键结束即可。

（24）如图 3-102 所示，鼠标左键同时框选门襟的领口线和第一粒扣，点击【移动点】工具弹出【放码规则】对话框，输入竖直方向放缩－0.2。

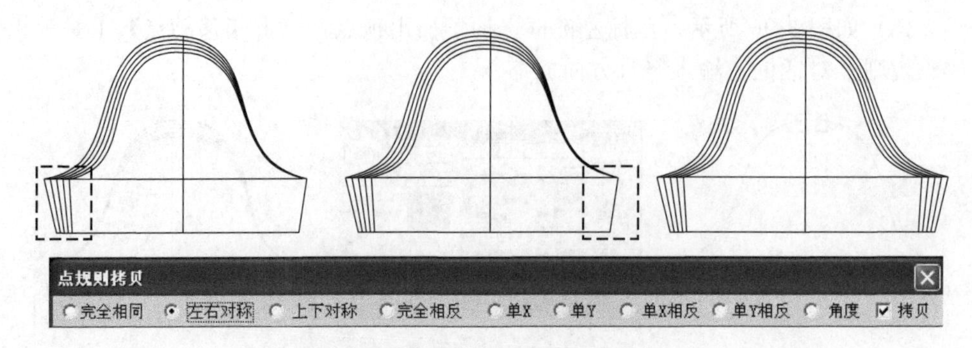

图 3-99　袖子左右对称放缩效果图

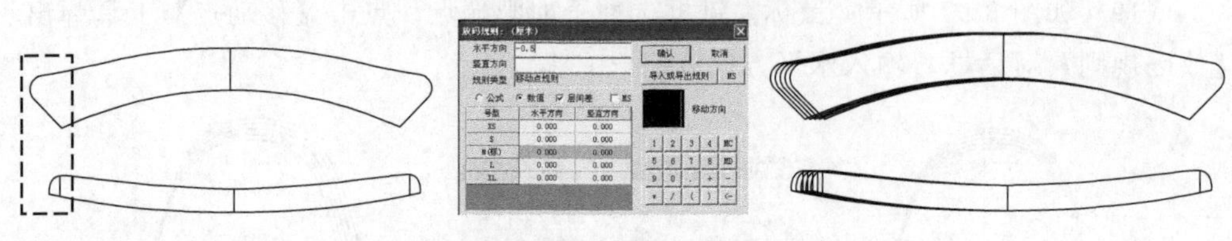

图 3-100　翻领和领座的左端部分放缩效果图

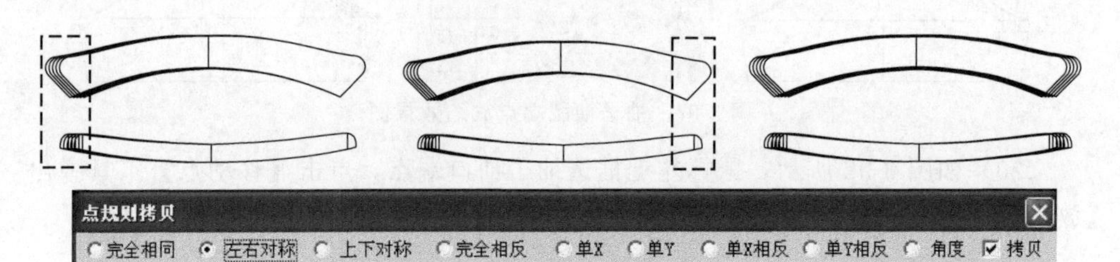

图 3-101　翻领和领座左右对称放缩效果图

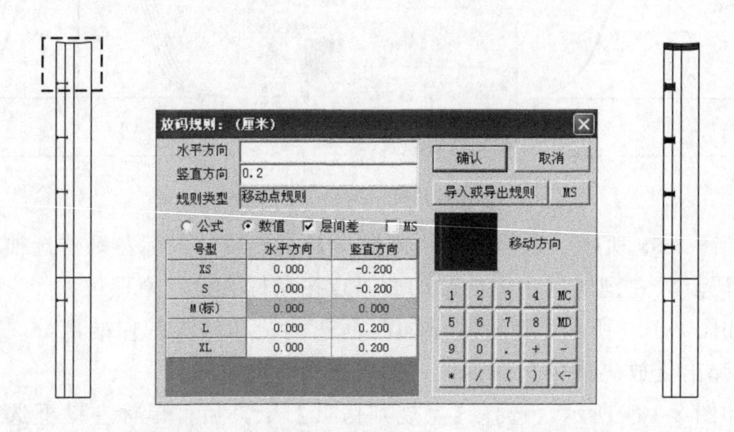

图 3-102　门襟的领口线和第一粒扣放缩效果图

（25）如图 3-103 所示，鼠标左键同时框选门襟的腰围线和最后一粒扣，点击【移动点】工具弹出【放码规则】对话框，输入竖直方向放缩-1（注：扣位放码只需放第一粒扣和最后一粒扣。中间的扣距是系统按比例分配自动放缩）。

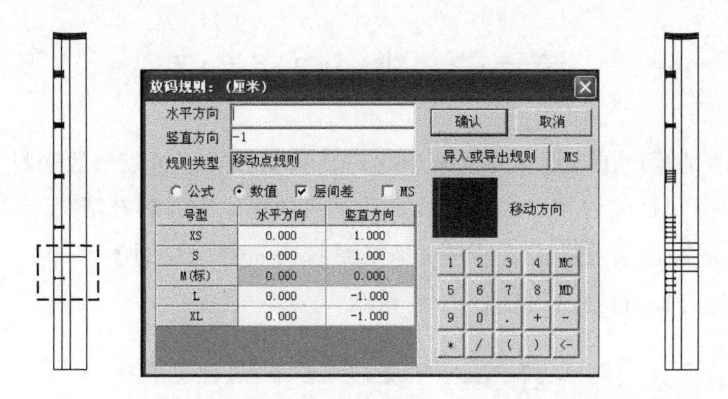

图 3-103　门襟的腰围线和最后一粒扣放缩效果图

（26）如图 3-104 所示，鼠标左键框选门襟的摆围线，点击【移动点】工具弹出【放码规则】对话框，输入竖直方向放缩－1.5。

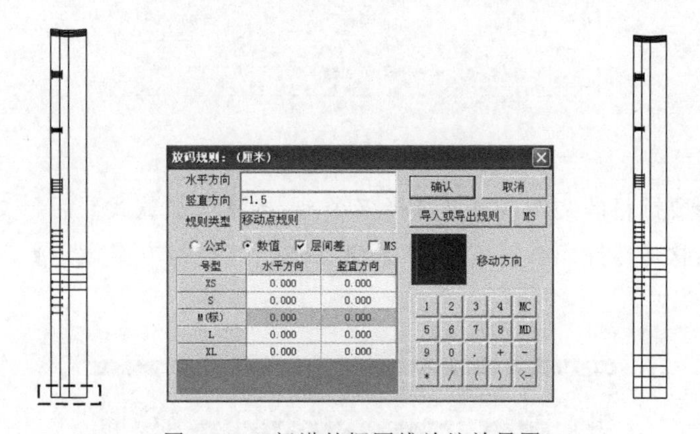

图 3-104　门襟的摆围线放缩效果图

（27）短袖衬衫放码完整图如图 3-105 所示。

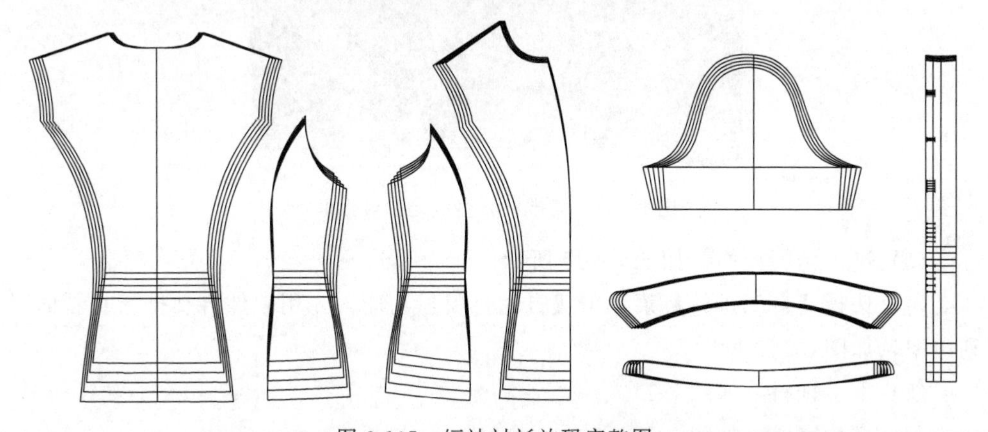

图 3-105　短袖衬衫放码完整图

第六节　排料快速入门

排料是服装生产工序中重要的环节之一，排料做得好可以节约面料。本节主要讲解 ET 服装 CAD 软件排料实操步骤，让读者快速掌握排料技巧。

（1）双击桌面上的图标→进入排料系统→选择【文件】菜单→【新建】功能→弹出【打开】对话框，如图 3-106 所示。

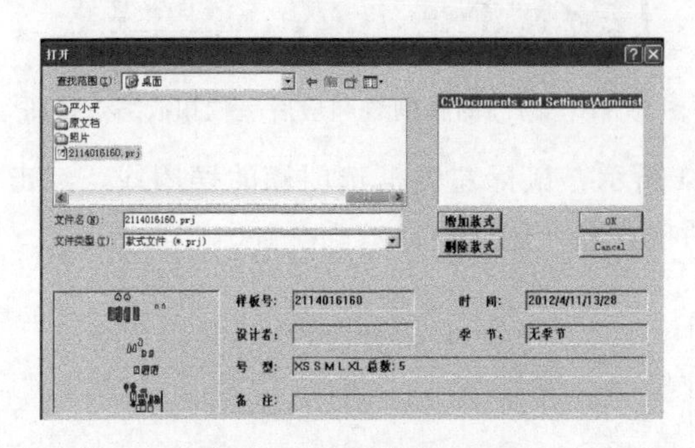

图 3-106　【打开】对话框

（2）选择要排料的文件（可以选择多个），按【增加款式】后，文件增加到右边的白框内。款式选择完毕，按【OK】键，弹出【排料方案设定】对话框，如图 3-107 所示。

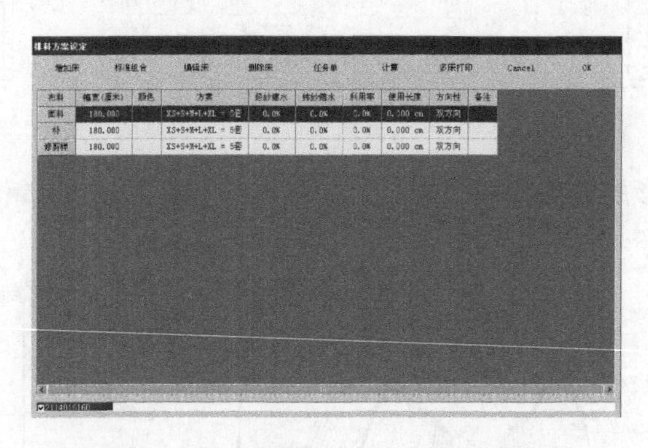

图 3-107　【排料方案设定】对话框

（3）进入排料界面，如图 3-108 所示。

（4）选择【自动排料】菜单中【自动排料】功能，先用软件自动排料查看面料利用率，如图 3-109 所示。

（5）手工排料，如图 3-110 所示。

（6）排料完成，如图 3-111 所示。

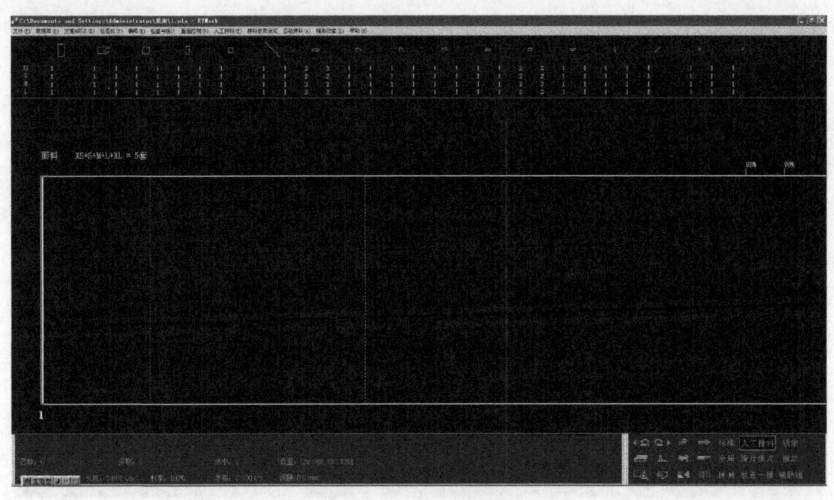

图 3-108 排料界面

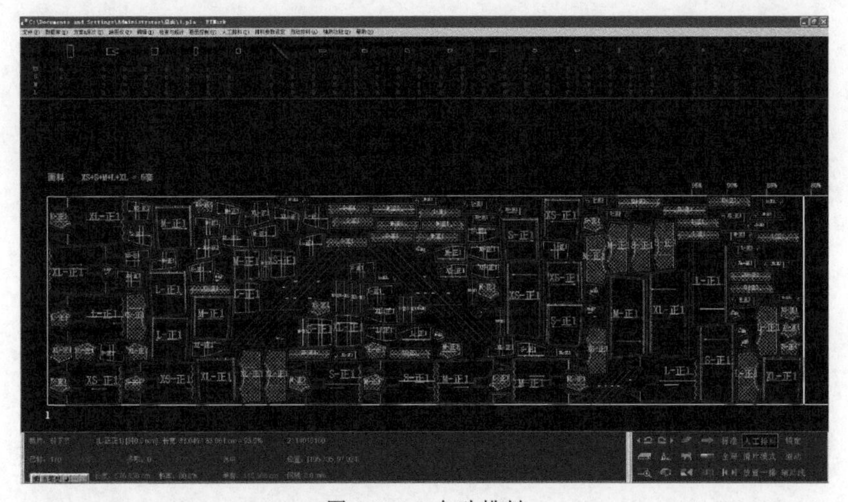

图 3-109 自动排料

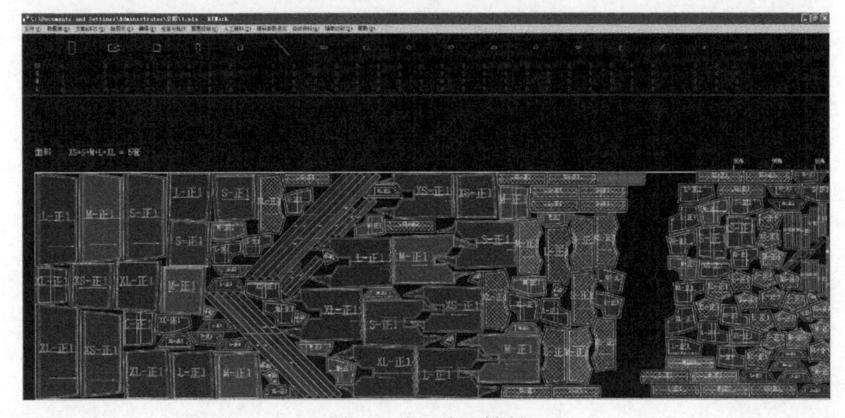

图 3-110 手工排料

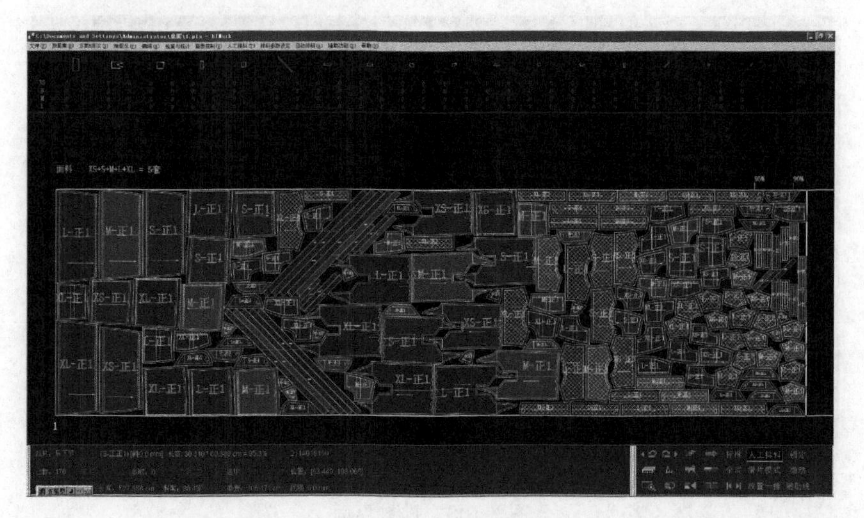

图 3-111　排料完成

实操篇

第四章　女装 CAD 工业制板

本章通过八款流行女装，帮助读者掌握女装 CAD 打板操作技能，具体包括款式效果图、尺寸表、结构图、裁片处理图、裁片图。

第一节　休闲女裤

一、休闲女裤款式效果图

休闲女裤款式效果如图 4-1 所示。

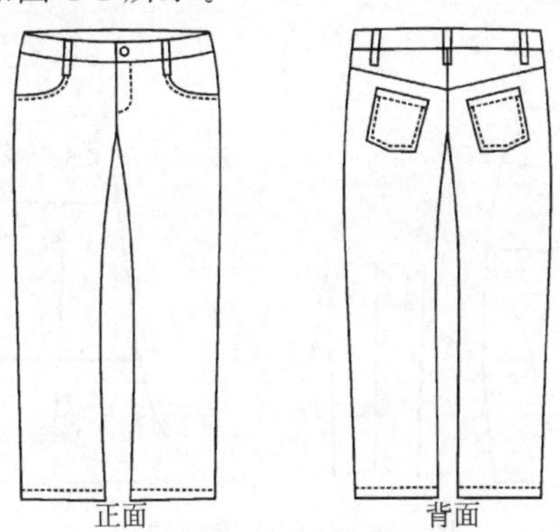

图 4-1　休闲女裤款式效果图

二、休闲女裤规格尺寸表

休闲女裤规格尺寸见表 4-1。

表 4-1　休闲女裤规格尺寸　　单位：cm

部位＼号型	S	M(基础板)	L	XL	档差
	155/64A	160/68A	165/72A	170/76A	
裤长	97	100	103	106	3
腰围	66	70	74	78	4
臀围	88	92	96	100	4
膝围	44	46	48	50	2
裤口	42	44	46	48	2

三、休闲裤CAD制板步骤

1. 休闲女裤结构

休闲女裤结构如图4-2所示。

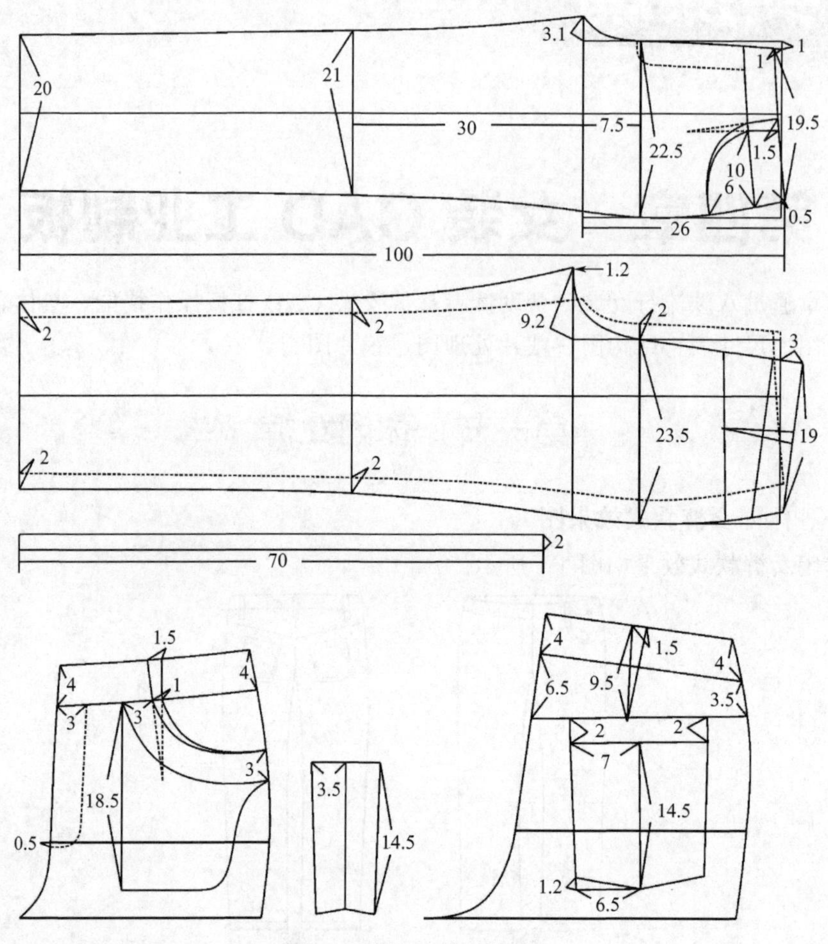

图4-2 休闲女裤结构图

2. 调出附件并画好休闲裤结构图

选择【设置】菜单→【附件调出】→【附件分组】→找到【休闲女裤结构图】→选择◉要素调出方式，如图4-3所示将休闲裤结构图附件调出即可。

3. 前左腰头处理

如图4-4所示，选择【平移】功能按住【Ctrl】键，将前片腰头部位平移复制到空白处。然后将腰省闭合。

4. 前右腰头处理

如图4-5所示，选择【平移】功能按住【Ctrl】键，将前左腰头平移复制到空白处。选择【智能笔】工具画好里襟交叠量。

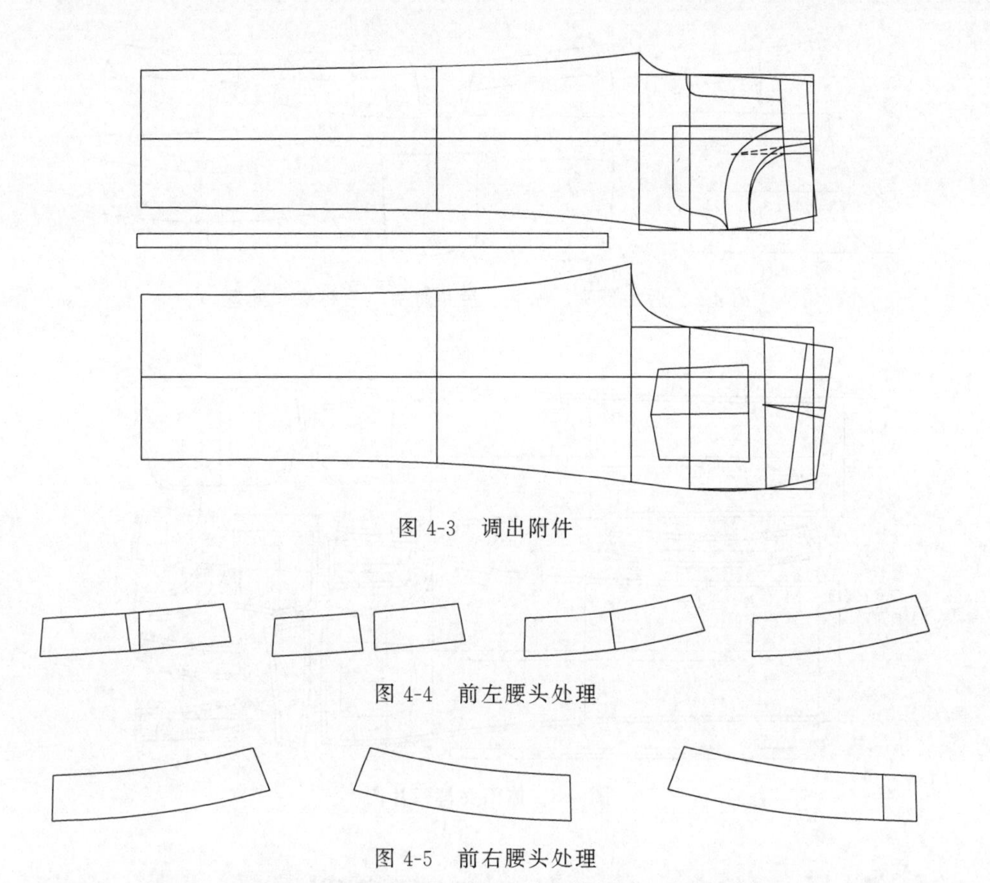

图 4-3　调出附件

图 4-4　前左腰头处理

图 4-5　前右腰头处理

5. 前片袋布、袋口贴、袋贴处理

如图 4-6 所示，选择【平移】功能按住【Ctrl】键，将前片袋布部位平移复制到空白处。分别处理好前片袋布、袋口贴、袋贴。

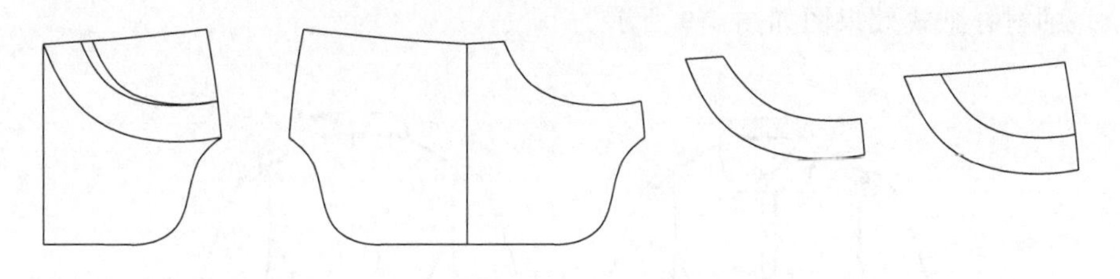

图 4-6　前片袋布、袋口贴、袋贴处理

6. 后片腰头、贴袋、后片育克（后机头）处理

如图 4-7 所示，选择【平移】功能按住【Ctrl】键，将后片横裆以上部位平移复制到空白处。分别处理好后片腰头、贴袋、后片育克（后机头）。

7. 休闲女裤裁片图

休闲女裤裁片如图 4-8 所示。

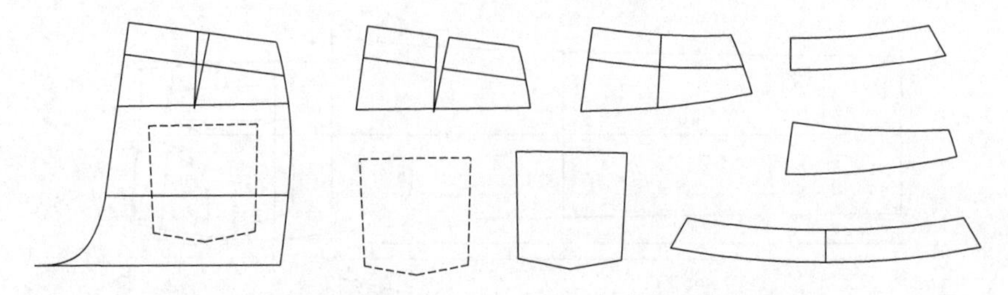

图 4-7 后片腰头、贴袋、后片育克（后机头）处理

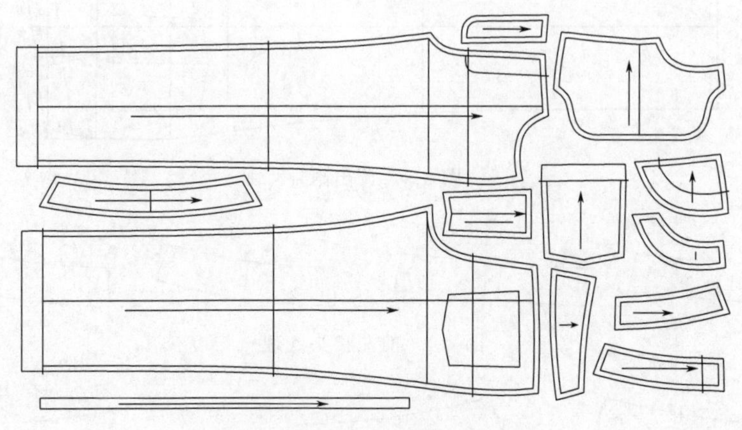

图 4-8 休闲女裤裁片图

第二节 短袖衬衫

一、短袖衬衫款式效果图

短袖衬衫款式效果图如图 4-9 所示。

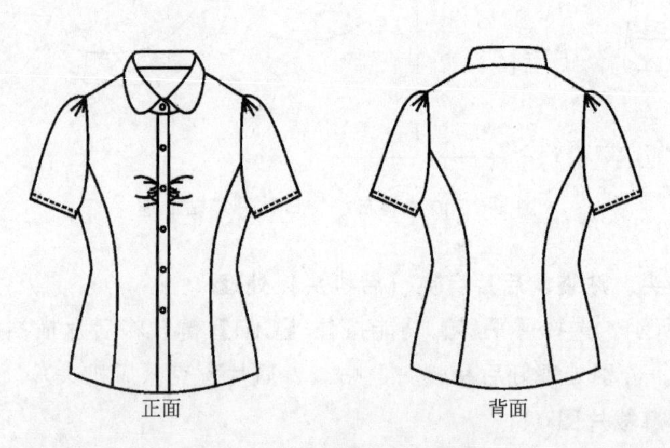

图 4-9 短袖衬衫款式效果图

二、短袖衬衫规格尺寸表

短袖衬衫规格尺寸见表 4-2。

表 4-2　短袖衬衫规格尺寸　　单位：cm

部位 \ 号型	S	M(基础板)	L	XL	档差
	155/80A	160/84A	165/88A	170/92A	
衣长	54.5	56	57.5	59	1.5
肩宽	37	38	39	40	1
领围	35	36	37	38	1
胸围	88	92	96	100	4
腰围	72	76	80	84	4
摆围	89	93	97	101	4
袖长	20.5	21	21.5	22	0.5
袖肥	30.4	32	33.6	35.2	1.6
袖口	29	30	31	32	1

三、短袖衬衫 CAD 制板步骤

1. 短袖衬衫结构图

短袖衬衫结构如图 4-10 所示。

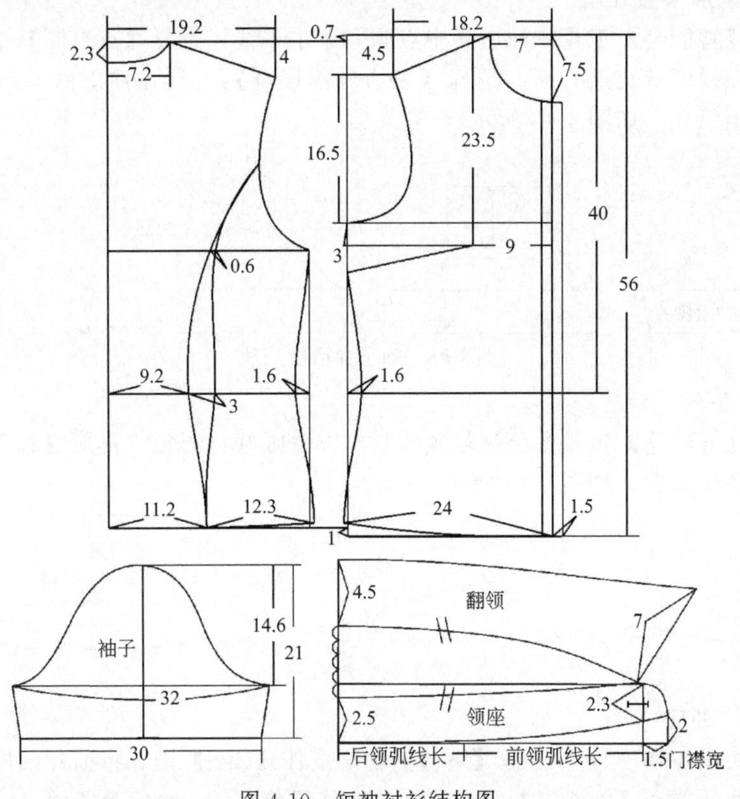

图 4-10　短袖衬衫结构图

2. 调出附件

选择【设置】菜单→【附件调出】→【附件分组】→找到【短袖类衬衫结构图】→选择 ⊙ 要素调出方式，如图 4-11 所示将短袖类衬衫结构图附件调出即可。

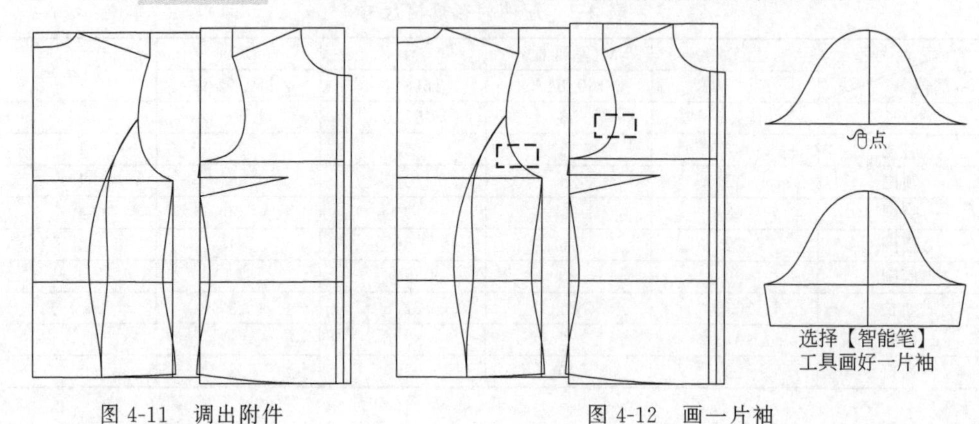

图 4-11　调出附件　　　图 4-12　画一片袖

3. 画一片袖

选择【一枚袖】工具画好袖山弧线和袖肥线，再用【智能笔】工具画好一片袖，如图 4-12 所示。

4. 袖子加褶量处理

选择【智能笔】工具在袖山高中点画一条水平线，选择【点打断】工具从水平线与袖山弧线两端交点打断。选择【多边分割展开】工具在袖山做 6cm 褶量，然后调顺袖山弧线，如图 4-13 所示。

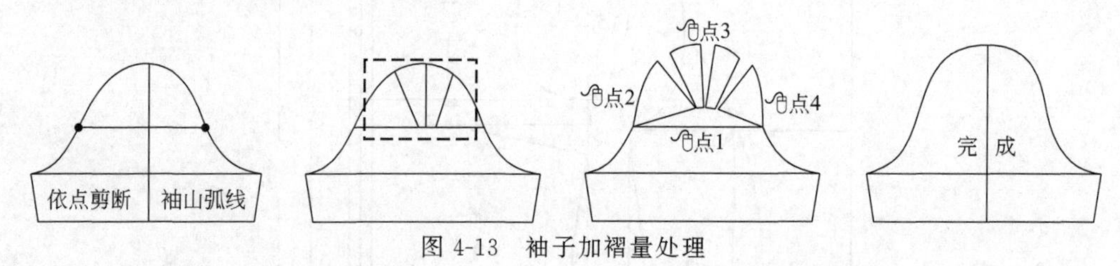

图 4-13　袖子加褶量处理

5. 画领子

选择【智能笔】工具参照衬衫领的制作方法画好衬衫领，再用【圆角处理】工具处理好翻领领尖，如图 4-14 所示。

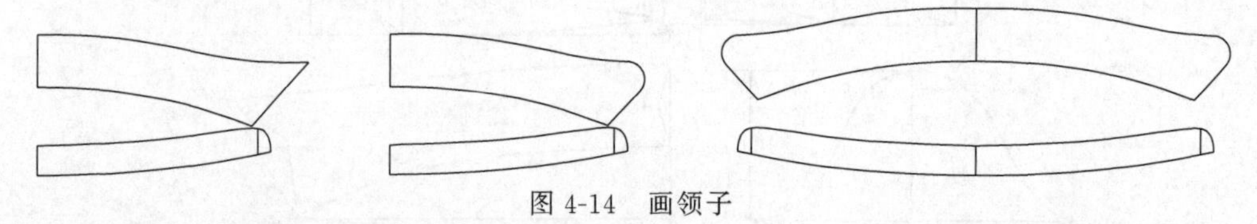

图 4-14　画领子

6. 前片处理

(1) 如图 4-15 所示，选择【平移】功能按住【Ctrl】键，将前片结构图平移复制到空白处。选择【智能笔】工具将胸省转移至前中后，画好分割缝。

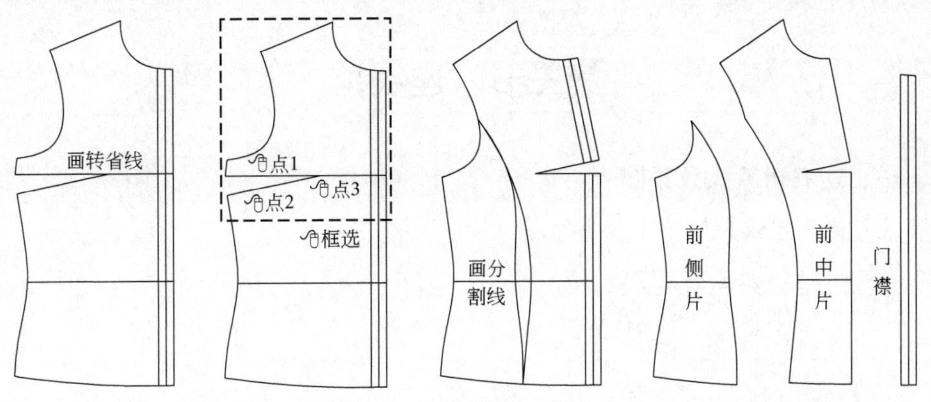

图 4-15　前片处理步骤 1

（2）如图 4-16 所示，根据胸部塑型的需要，前中人为增加 1cm 省量。选择【扣眼】工具确定好扣位。

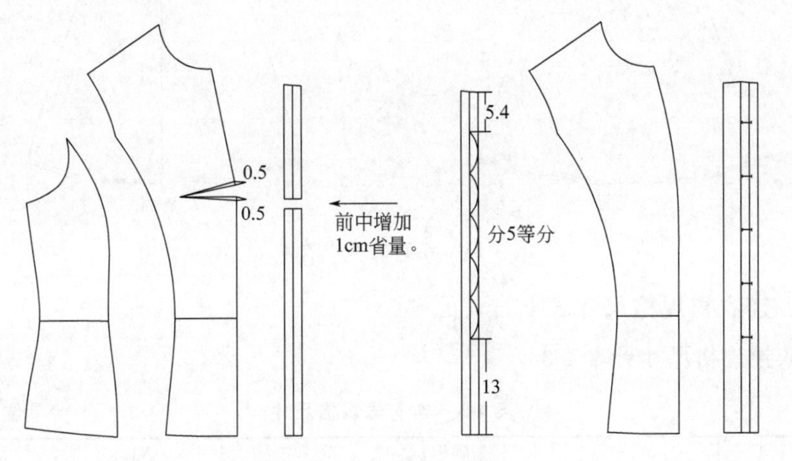

图 4-16　前片处理步骤 2

7. 短袖衬衫裁片图

短袖衬衫裁片图如图 4-17 所示。

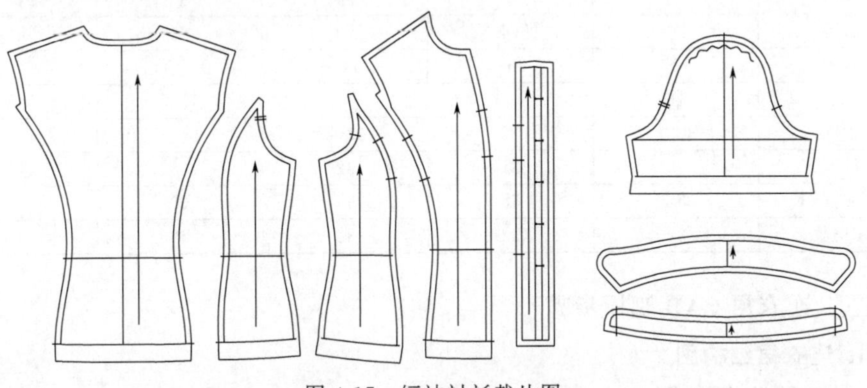

图 4-17　短袖衬衫裁片图

第三节　连衣裙

一、连衣裙款式效果图

连衣裙款式效果如图 4-18 所示。

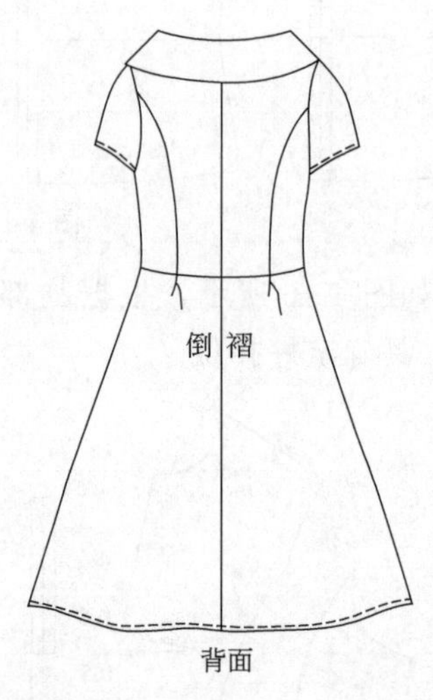

图 4-18　连衣裙款式效果图

二、连衣裙规格尺寸表

连衣裙规格尺寸见表 4-3。

表 4-3　连衣裙规格尺寸　　单位：cm

部位＼号型	S	M(基础板)	L	XL	档差
	155/80A	160/84A	165/88A	170/92A	
衣长	89	91	93	95	2
肩宽	36.5	37.5	38.5	39.5	1
胸围	86	90	94	98	4
腰围	70	74	78	82	4
摆围	137	141	145	149	4
袖长	16	16.5	17	17.5	0.5
袖肥	30.8	32	33.2	34.4	1.2
袖口	30	31	32	33	1
领围	57	58	59	60	1
拉链长	32	32	32	32	0

三、连衣裙 CAD 制板步骤

1. 连衣裙结构图

连衣裙结构图如图 4-19 所示。

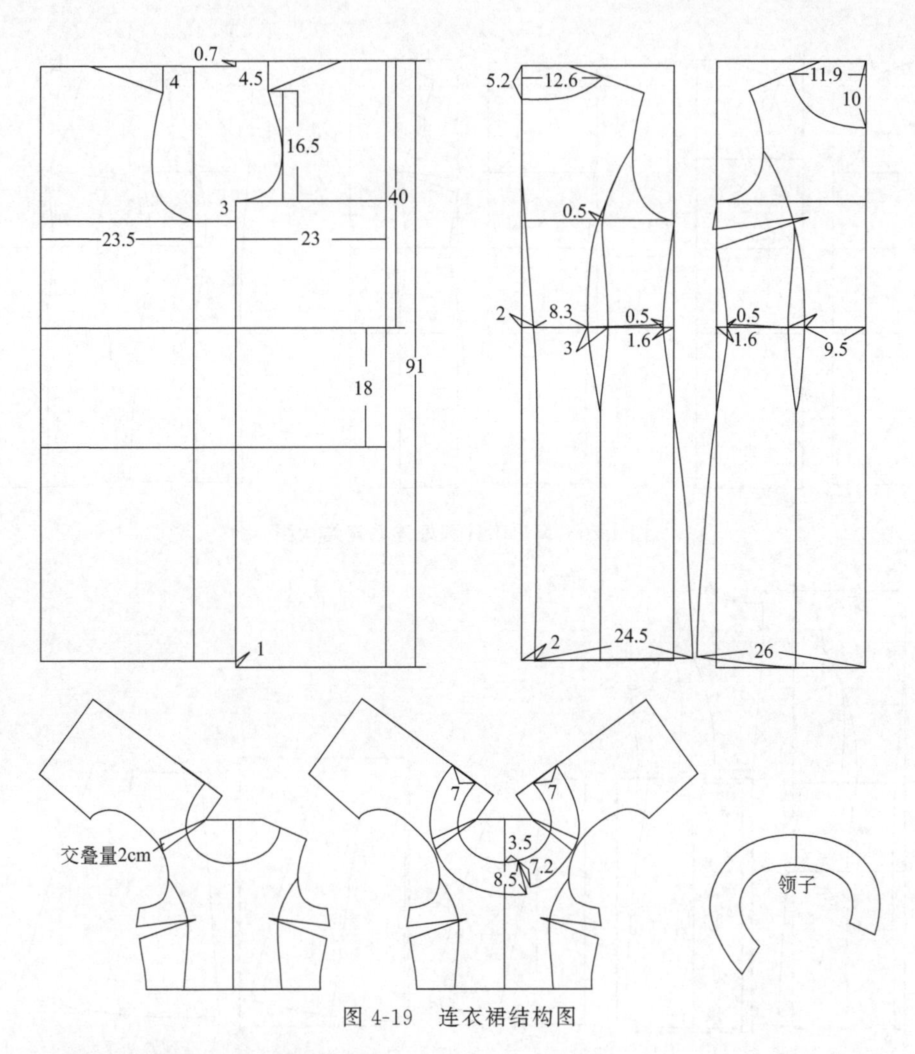

图 4-19　连衣裙结构图

2. 调出附件画好连衣裙结构图

选择【设置】菜单→【附件调出】→【附件分组】→找到【连衣裙结构框架】→选择 要素调出方式 将连衣裙结构框架附件调出画好连衣裙结构图，如图 4-20 所示。

3. 后中上拼块、后侧上拼块、后下拼块裁片处理

如图 4-21 所示，选择【平移】功能按住【Ctrl】键，将后片结构图平移复制到空白处。选择【智能笔】工具将后下拼块的腰省转移至下摆后，再调顺后下拼块的腰围弧线和下摆弧线，然后选择【衣褶】工具做好倒褶。

4. 前中上拼块、前侧上拼块、前下摆裁片处理

如图 4-22 所示，选择【平移】功能按住【Ctrl】键，将前片结构图平移复制到空白处。选择【智能笔】工具将前侧上拼块胸省转移闭合。同时用【智能笔】工具将前下拼块的腰省转移至下摆后，再调顺后下拼块的腰围弧线和下摆弧线，然后选择【衣褶】工具做好倒褶。

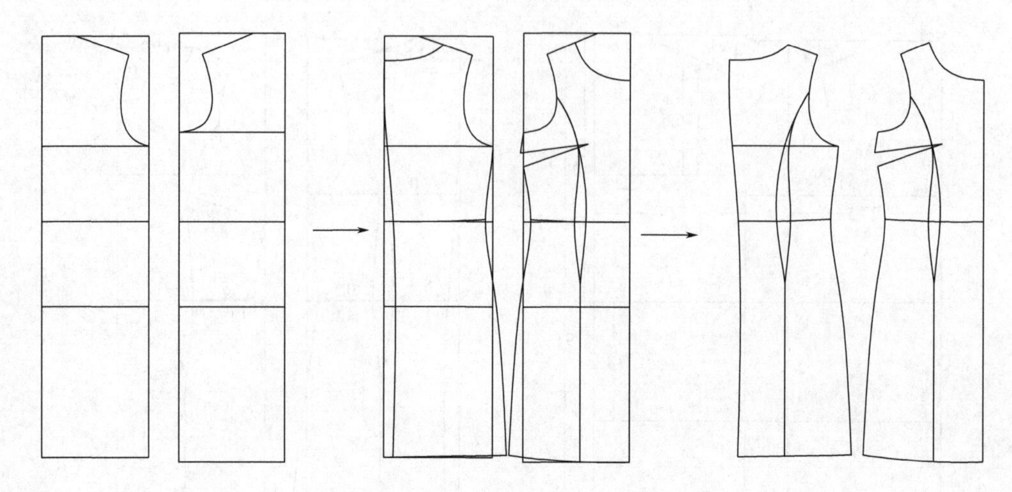

图 4-20　调出附件画好连衣裙结构图

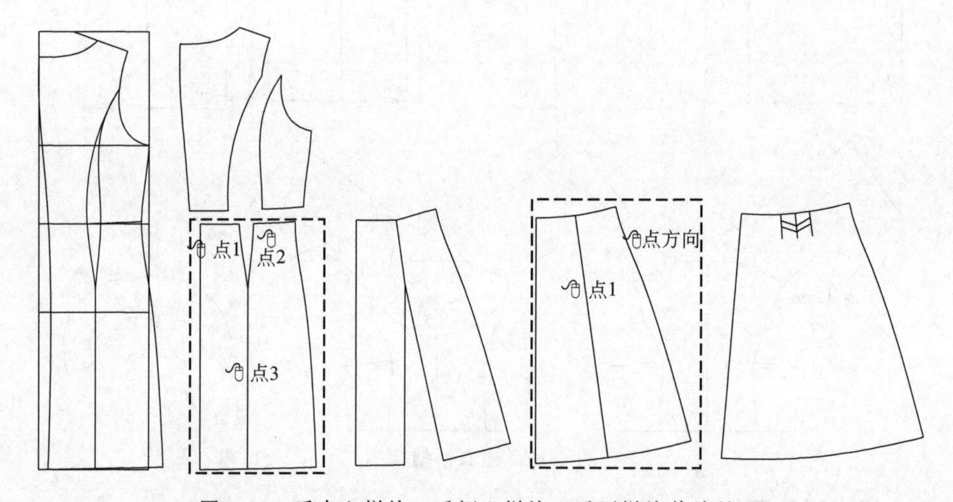

图 4-21　后中上拼块、后侧上拼块、后下拼块裁片处理

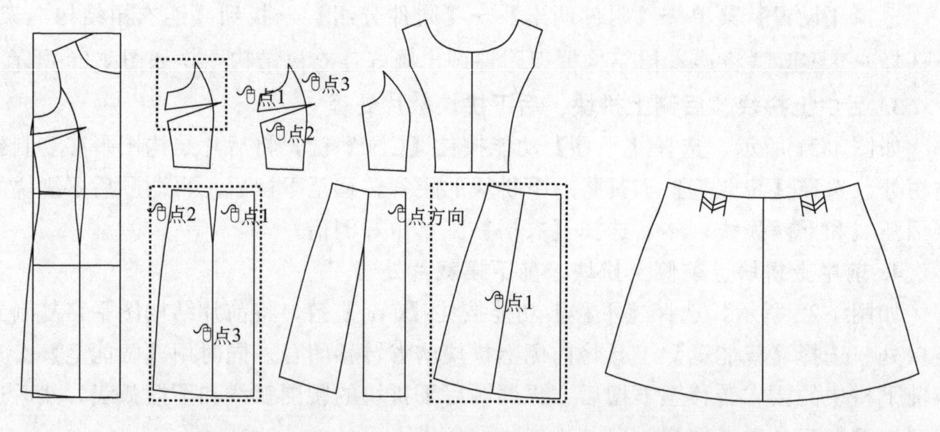

图 4-22　前中上拼块、前侧上拼块、前下摆裁片处理

5. 画袖子

选择【一枚袖】工具画好袖山弧线和袖肥线，再用【智能笔】工具画好一片袖，如图 4-23 所示。

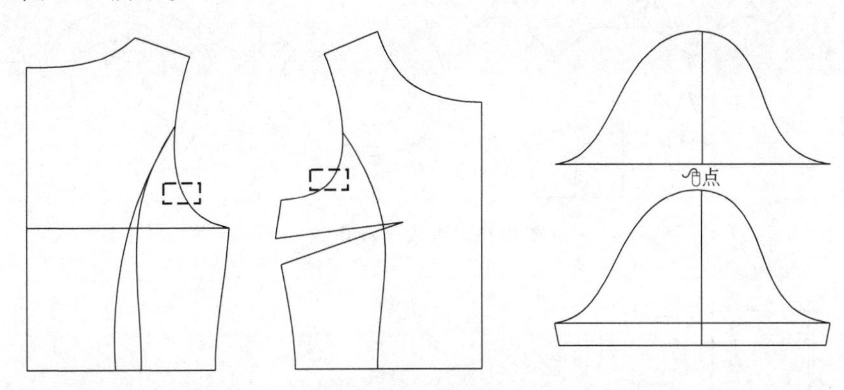

图 4-23　画袖子

6. 画领子

（1）如图 4-24 所示，选择【平移】功能按住【Ctrl】键，将前片和后片腰节以上部分结构图平移复制到空白处。选择【形状对接】工具按住【Ctrl】键，将后片肩缝线与前片肩缝线复制对接，然后用【旋转】功能将后片肩缝与前片肩缝重叠 2cm。

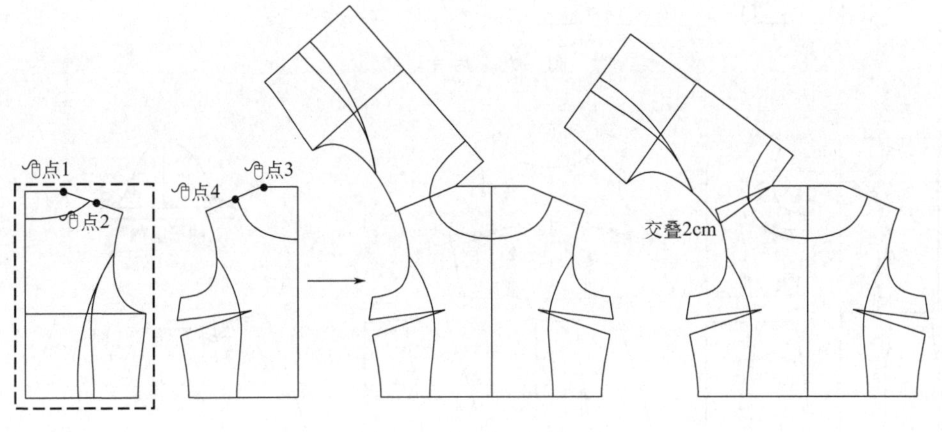

图 4-24　画领子步骤 1

（2）如图 4-25 所示，选择【对称修改】工具对称复制前片和后片以上部分结构图。根据领子造型需要，选择【智能笔】工具画好领子。

7. 后片里布

后片里布如图 4-26 所示。

8. 前片和袖子里布

前片和袖子里布如图 4-27 所示。

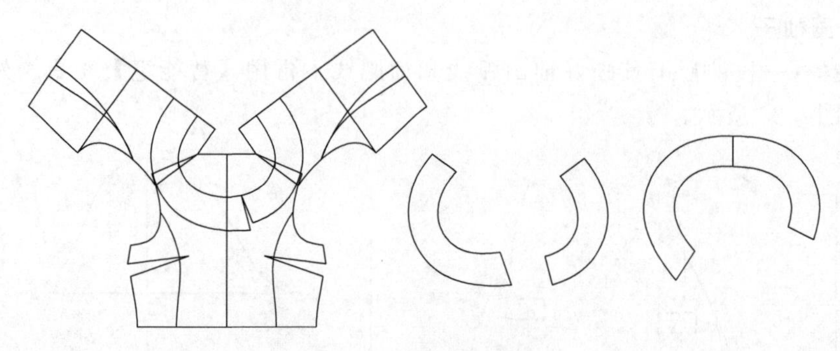

图 4-25　画领子步骤 2

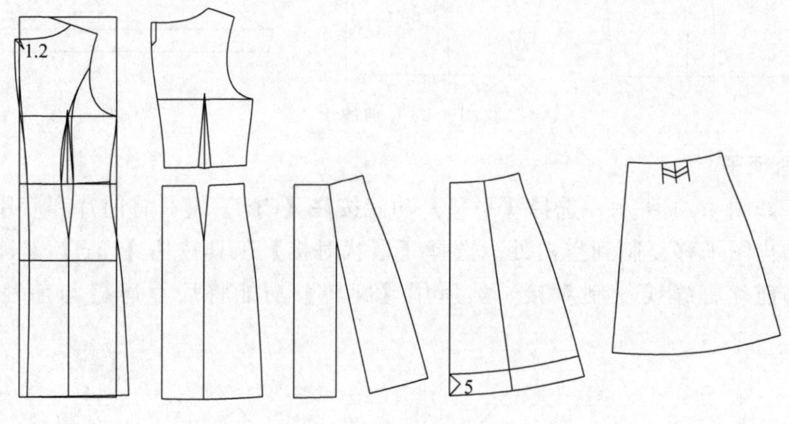

图 4-26　后片里布

图 4-27　前片和袖子里布

9. 连衣裙裁片图

连衣裙裁片图如图 4-28 所示。

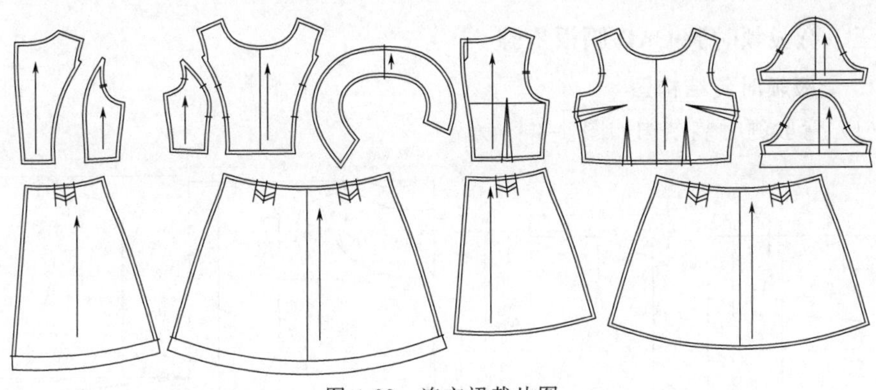

图 4-28　连衣裙裁片图

第四节　弯驳领时装

一、弯驳领时装款式效果图

弯驳领时装款式效果如图 4-29 所示。

图 4-29　弯驳领时装款式效果图

二、弯驳领时装规格尺寸表

弯驳领时装规格尺寸见表 4-4。

表 4-4　弯驳领时装规格尺寸　　单位：cm

号型 部位	S	M(基础板)	L	XL	档差
	155/80A	160/84A	165/88A	170/92A	
衣长	56.5	58	59.5	61	1.5
肩宽	37.5	38.5	39.5	40.5	1
胸围	90	94	98	102	4
腰围	72	76	80	84	4
摆围	95	99	103	107	4
袖长	56.5	58	59.5	61	1.5
袖肥	31.4	33	34.6	36.2	1.6
袖口	24	25	26	27	1

三、弯驳领时装 CAD 制板步骤

1. 弯驳领时装结构图

（1）弯驳领时装结构如图 4-30 所示。

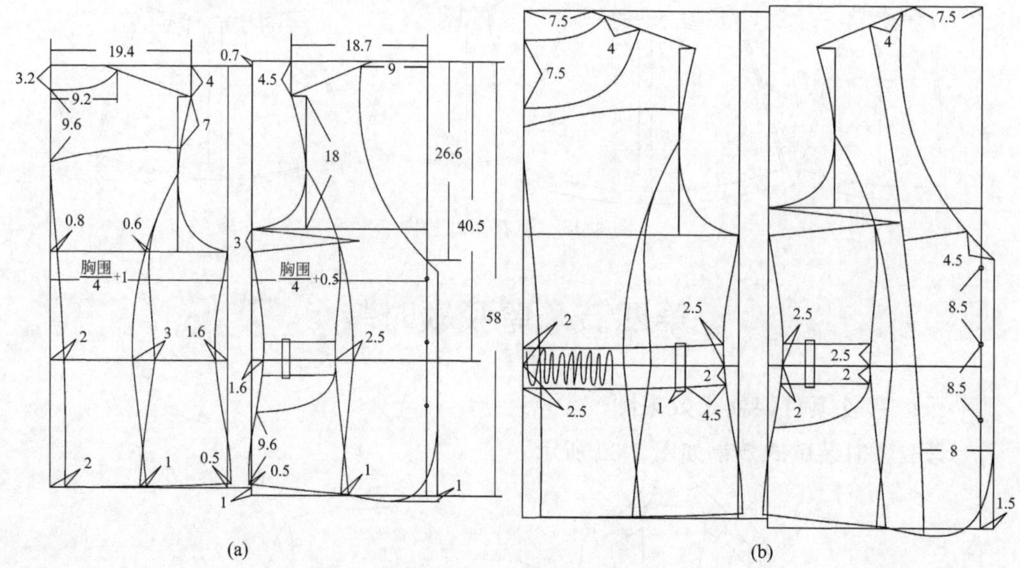

图 4-30　弯驳领时装结构图

（2）二片袖结构如图 4-31 所示。

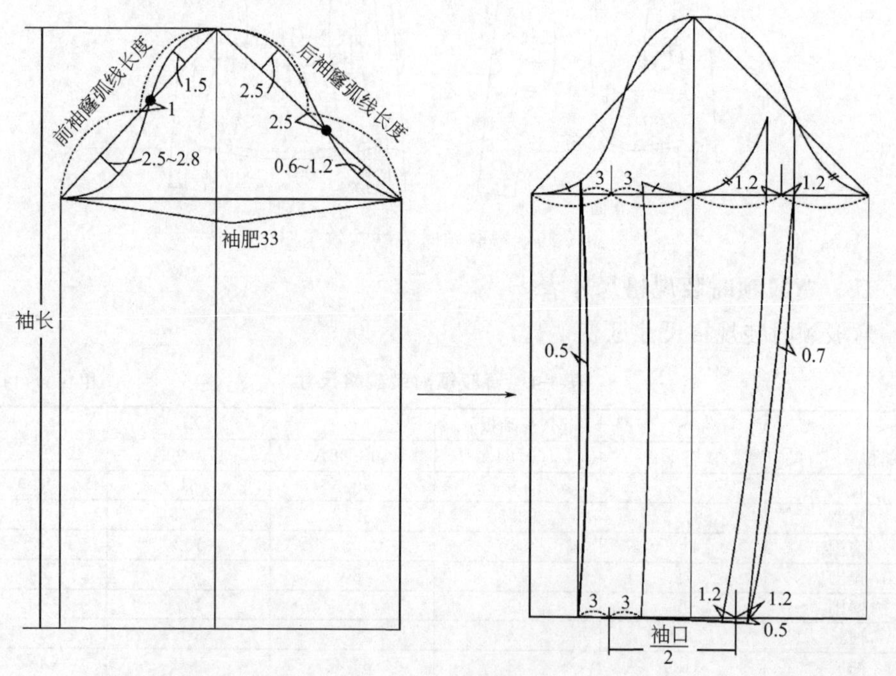

图 4-31　二片袖结构图

（3）弯驳领结构如图 4-32 所示。

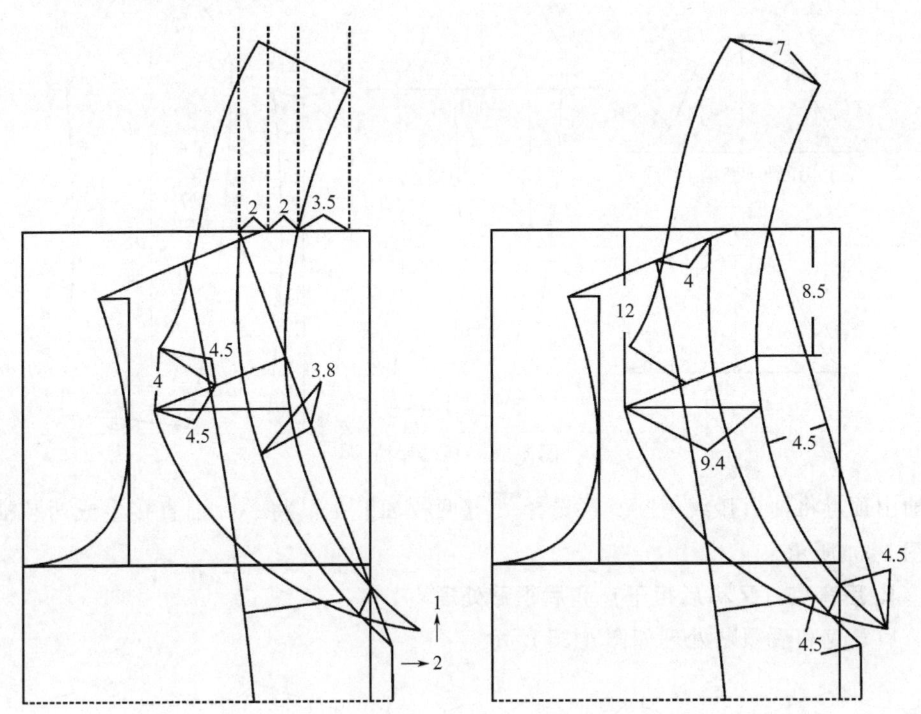

图 4-32　弯驳领结构图

2. 调出附件画好弯驳领时装结构图

选择【设置】菜单→【附件调出】→【附件分组】→找到【西装类结构框架】→选择 要素调出方式，将西装类结构框架附件调出画好弯驳领时装结构图，如图 4-33 所示。

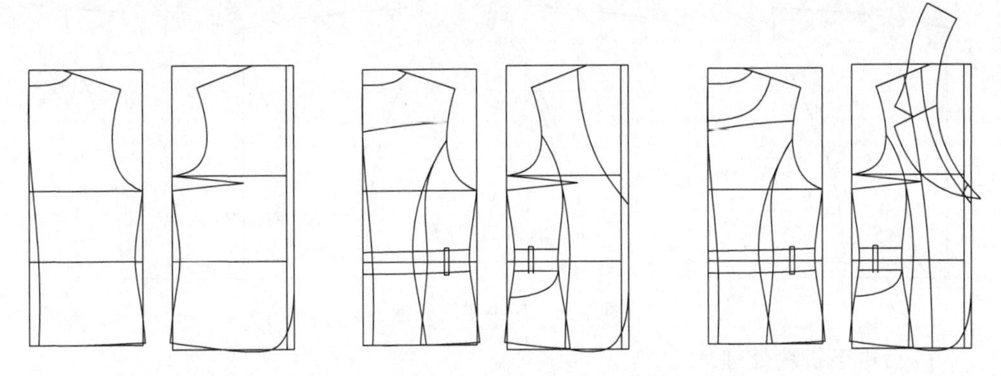

图 4-33　调出附件画好弯驳领时装结构图

3. 画二片袖

选择 【一枚袖】工具自动生成一片袖袖山弧线后，选择 【点打断】工具

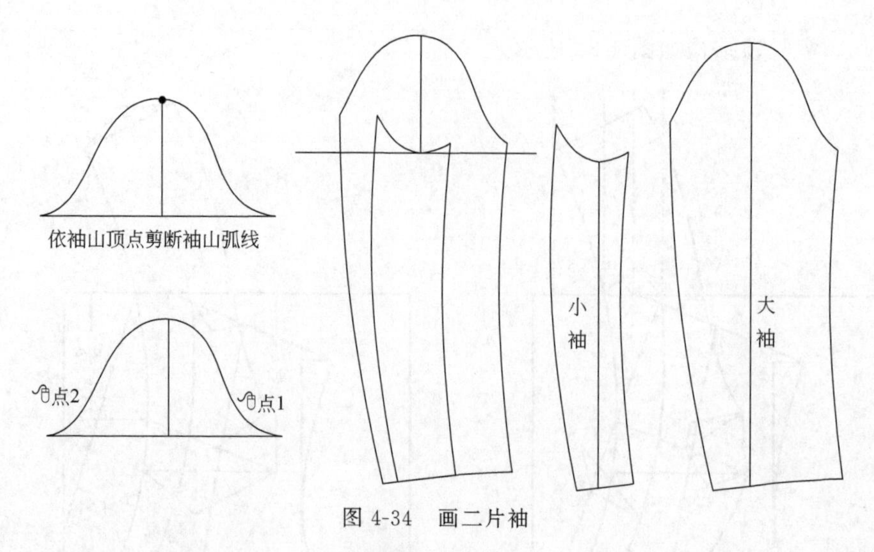

图 4-34　画二片袖

依袖山顶点将袖山弧线剪断。再选择【两枚袖】工具将一片袖直接生成西装袖，如图 4-34 所示。

4. 后育克（又称后担干）和后领贴处理

后育克和后领贴处理如图 4-35 所示。

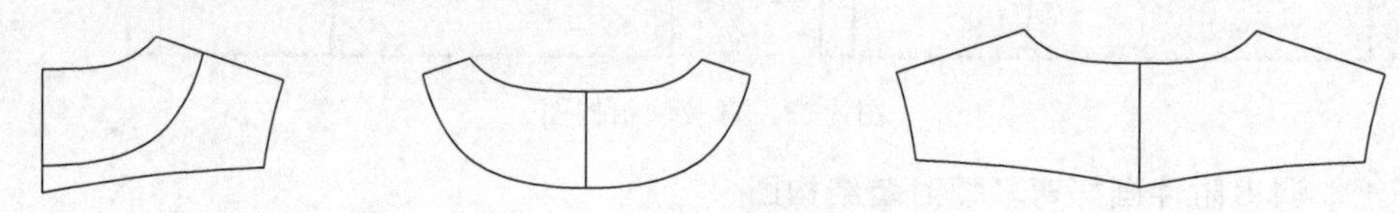

图 4-35　后育克和后领贴处理

5. 后中拼块处理

后中拼块处理如图 4-36 所示。

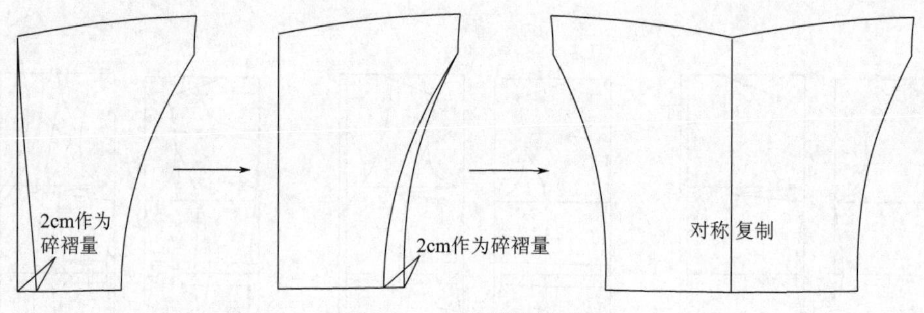

图 4-36　后中拼块处理

6. 后中下拼块处理

后中下拼块处理如图 4-37 所示。

7. 前片处理

前片处理如图 4-38 所示。

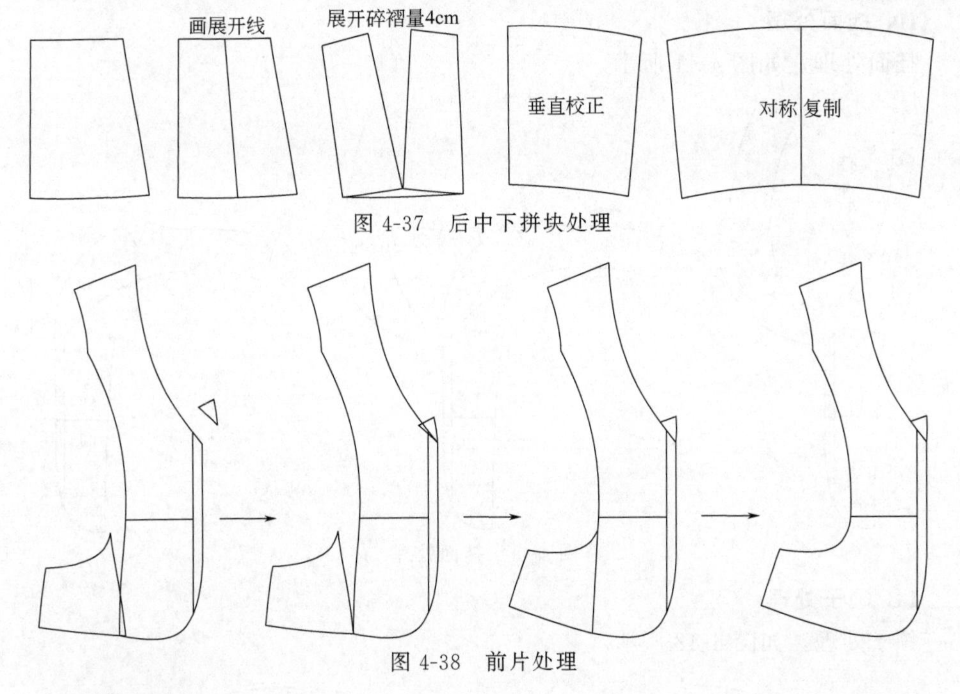

图 4-37　后中下拼块处理

图 4-38　前片处理

8. 腰带处理

腰带处理如图 4-39 所示。

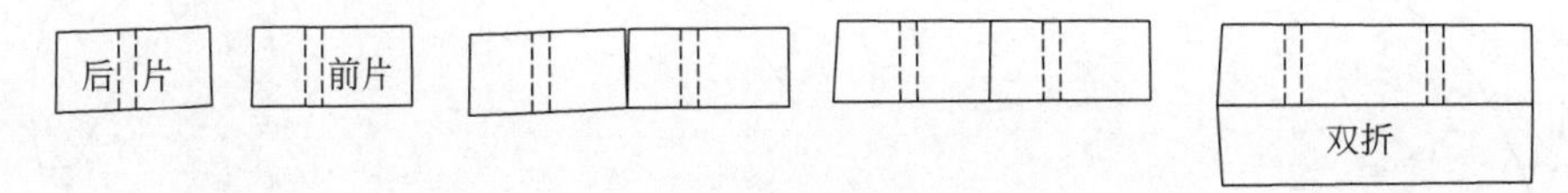

图 4-39　腰带处理

9. 前侧片和前袋布处理

前侧片和前袋布处理如图 4-40 所示。

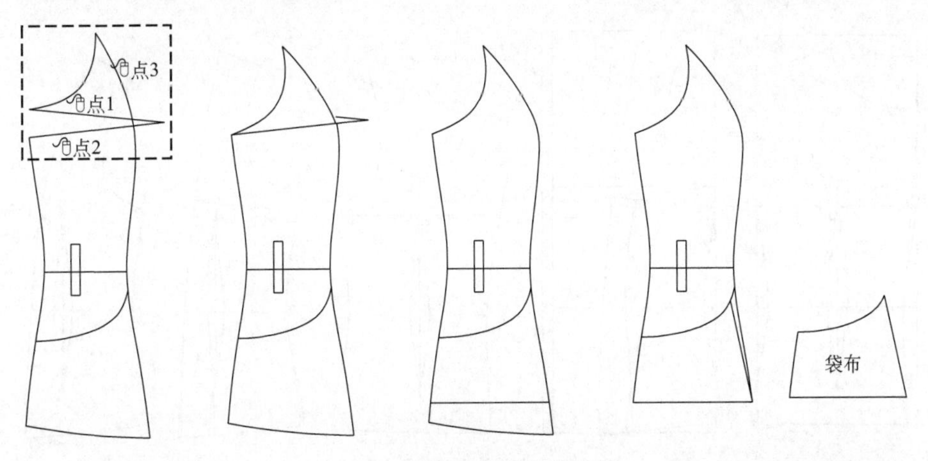

图 4-40　前侧片和前袋布处理

10. 挂面处理

挂面处理，如图 4-41 所示。

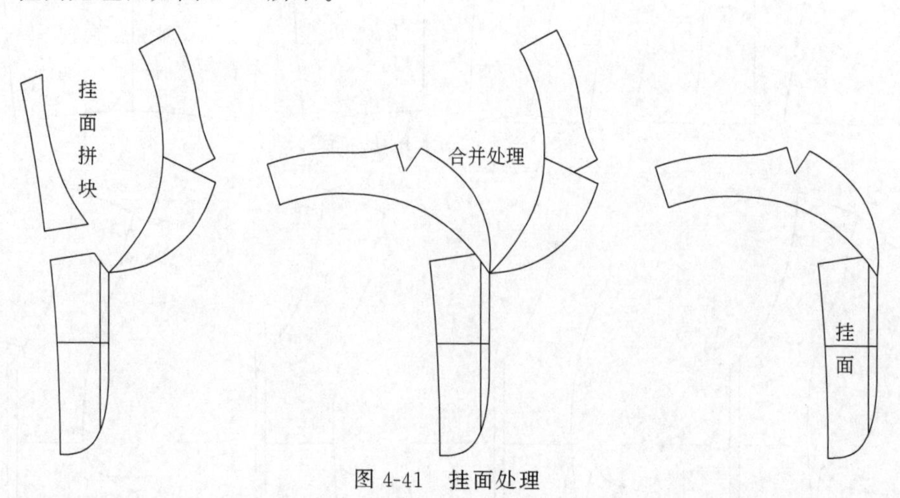

图 4-41　挂面处理

11. 领子处理

领子处理，如图 4-42 所示。

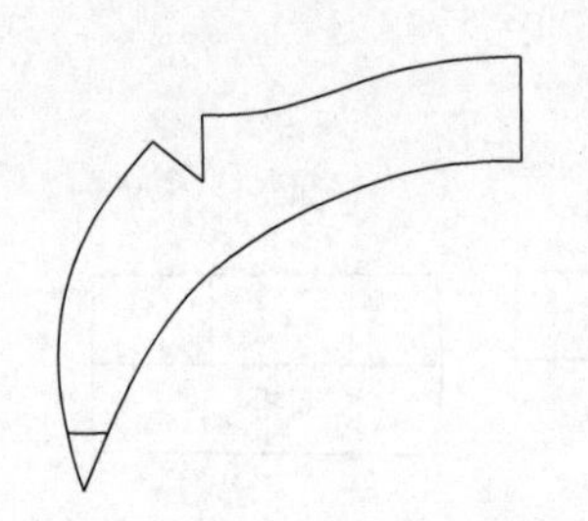

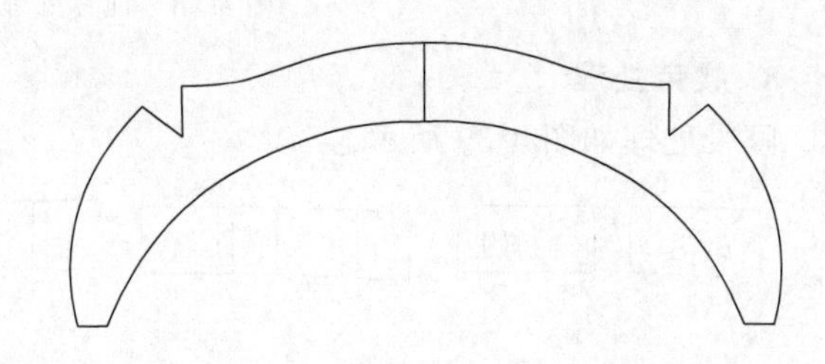

图 4-42　领子处理

12. 里布处理

里布处理，如图 4-43 所示。

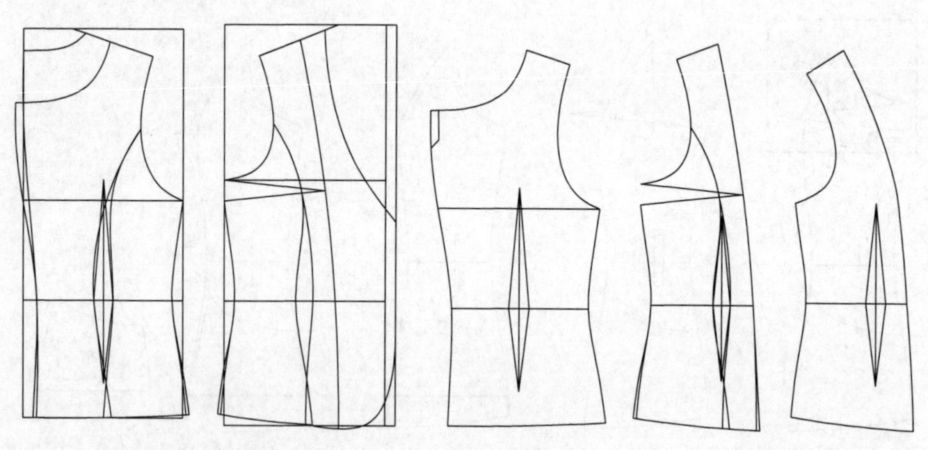

图 4-43　里布处理

13. 弯驳领时装裁片图

弯驳领时装裁片图如图 4-44 所示。

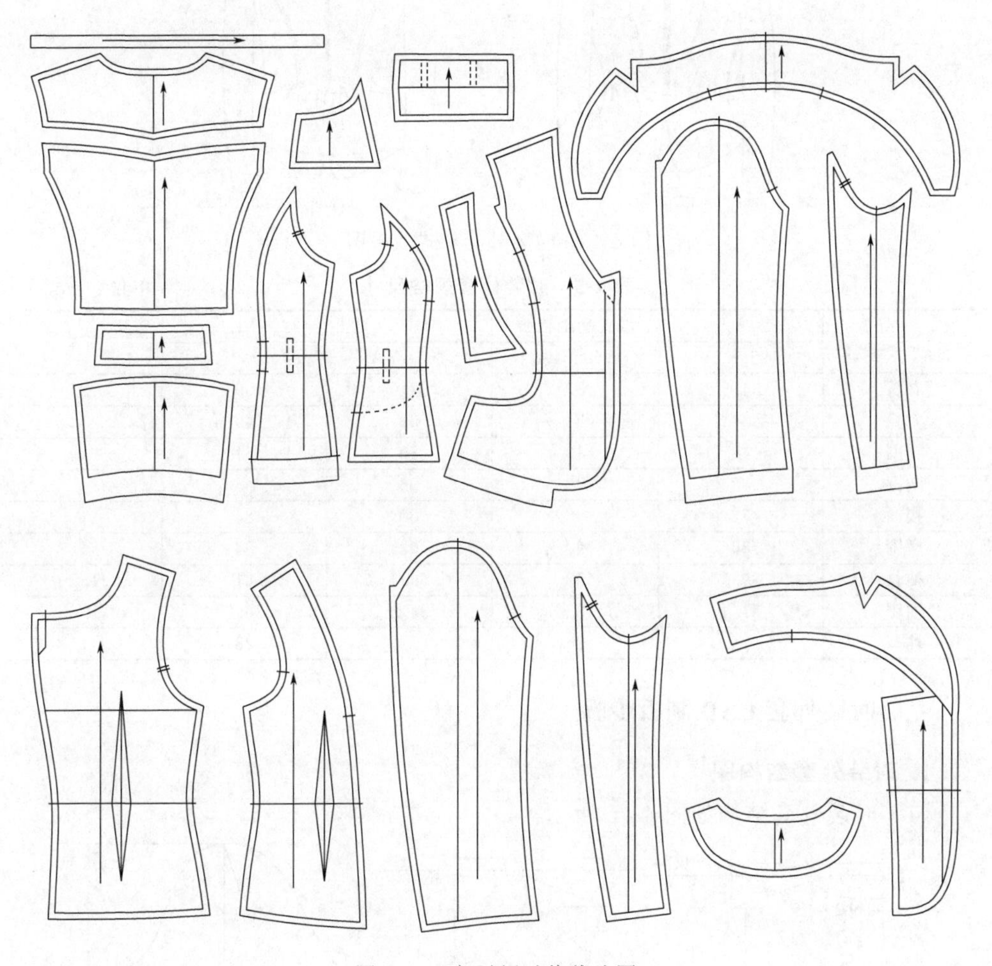

图 4-44　弯驳领时装裁片图

第五节　时装外套

一、时装外套款式效果图

时装外套款式效果如图 4-45 所示。

二、时装外套规格尺寸表

时装外套规格尺寸见表 4-5。

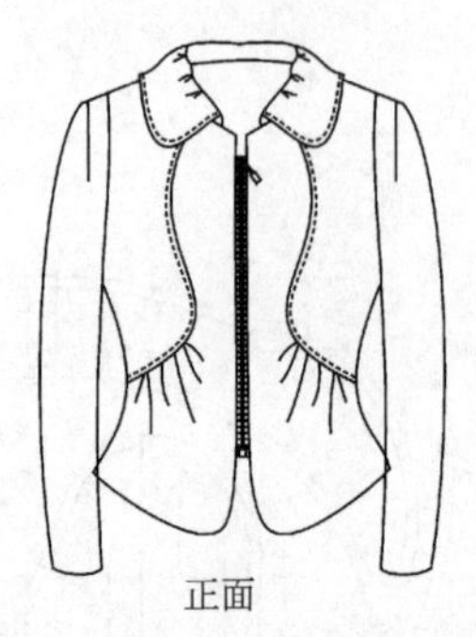

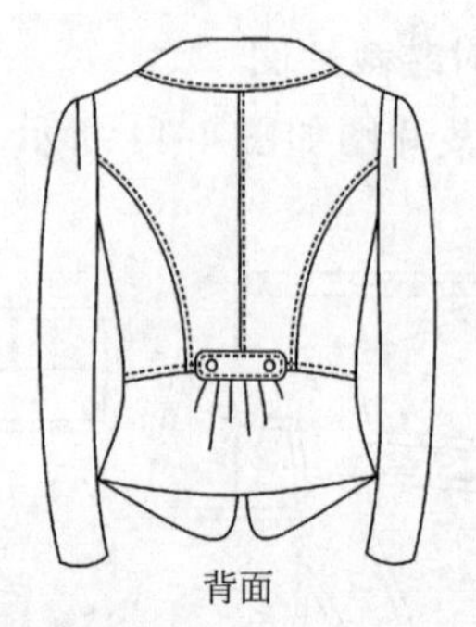

图 4-45　时装外套款式效果图

表 4-5　时装外套规格尺寸　　单位：cm

部位＼号型	S 155/80A	M(基础板) 160/84A	L 165/88A	XL 170/92A	档差
衣长	54.5	56	57.5	59	1.5
肩宽	37	38	39	40	1
领围	48	49	50	51	1
胸围	88	92	96	100	4
腰围	72	76	80	84	4
摆围	86	90	94	98	4
袖长	56.5	58	59.5	61	1.5
袖肥	31.4	33	34.6	36.2	1.6
袖口	25	26	27	28	1

三、时装外套 CAD 制板步骤

1. 时装外套结构图

(1) 时装外套结构如图 4-46 所示。

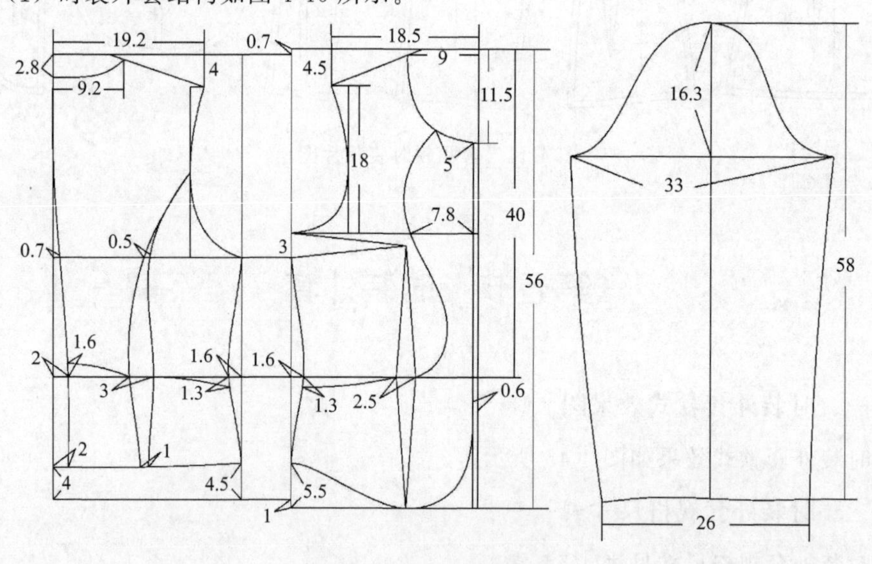

图 4-46　时装外套结构图

（2）时装外套领子结构如图 4-47 所示。

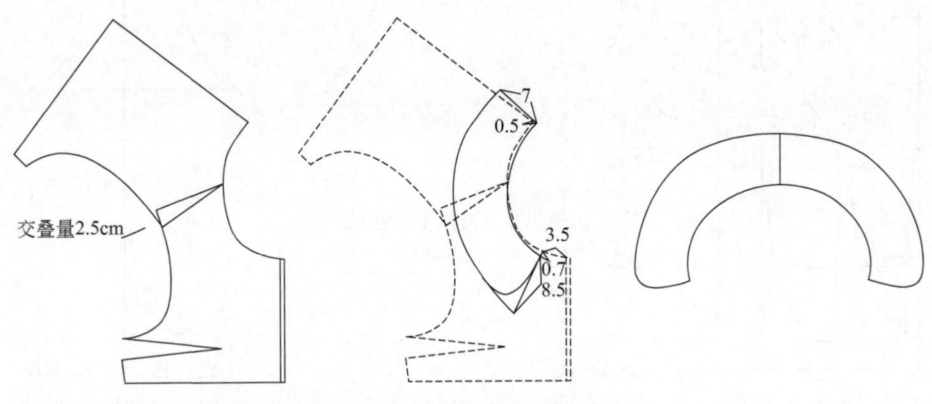

图 4-47 时装外套领子结构图

2. 调出附件画好弯驳领时装结构图

选择【设置】菜单→【附件调出】→【附件分组】→找到【西装类结构框架】→选择 要素调出方式，将西装类结构框架附件调出并画好时装外套结构图，如图 4-48 所示。

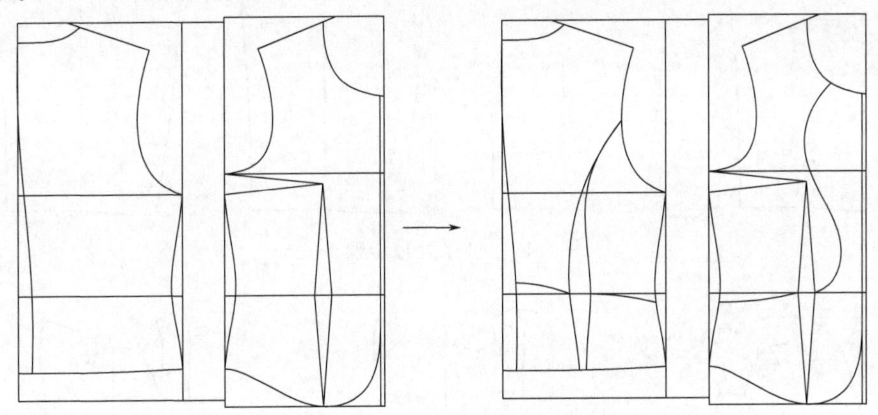

图 4-48 调出附件画好弯驳领时装结构图

3. 画一片袖

选择【一枚袖】工具画好袖山弧线和袖肥线，再用【智能笔】工具画好一片袖，如图 4-49 所示。

4. 袖子处理

（1）选择【平移】功能按住【Ctrl】键，将袖子结构图平移复制到空白处。

（2）如图 4-50 所示，选择【点打断】工具将线依加点处剪断后，选择【多边分割展开】工具展开 6cm。然后调顺袖山弧线，并画好袖子分割线。

（3）如图 4-51 所示，选择【点打断】工具将线依加点处剪断后，选择【固定等分割】工具按住【Ctrl】键，省量输入负数即可（注：前、后袖要分开做）。

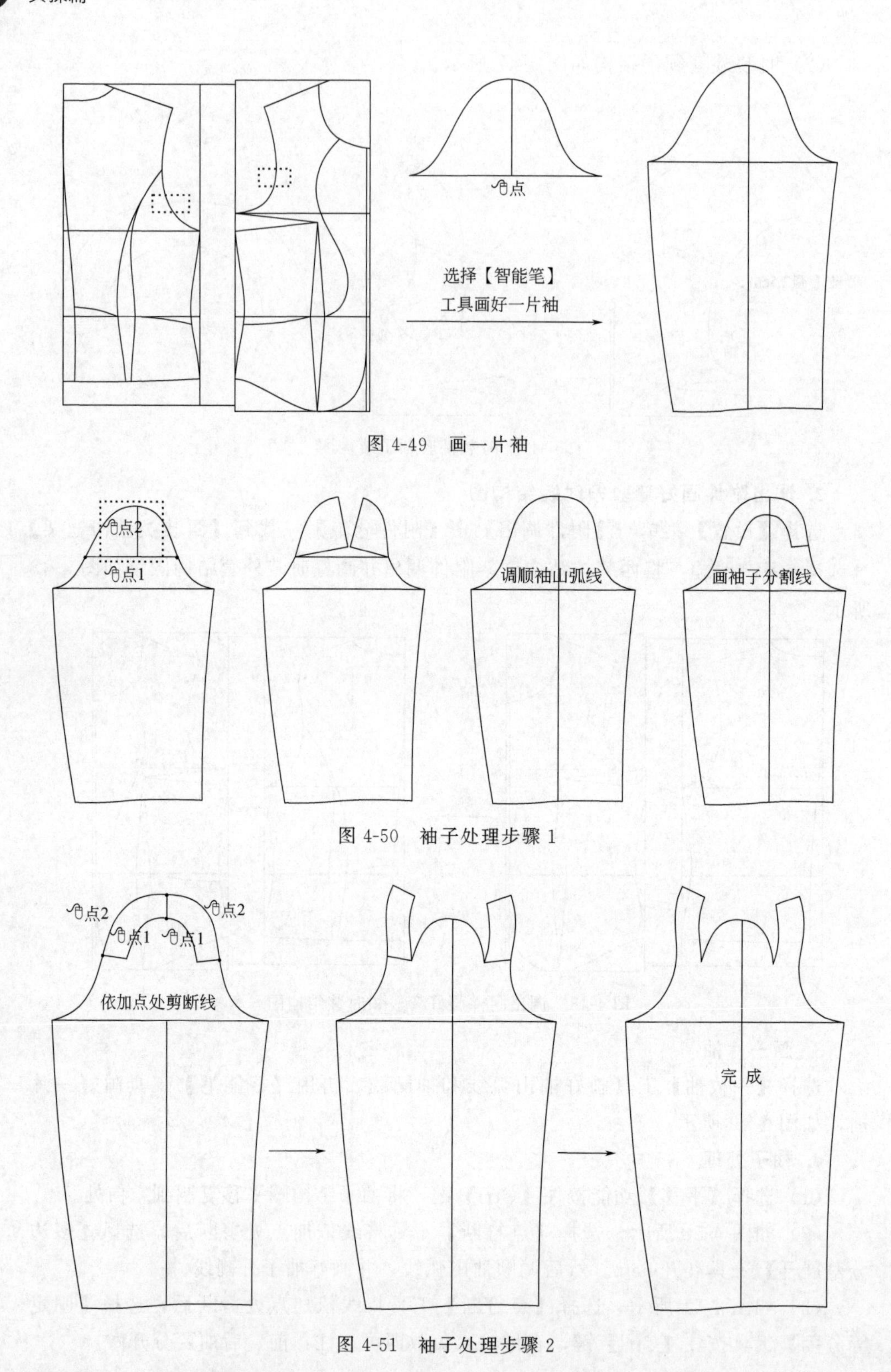

图 4-49 画一片袖

图 4-50 袖子处理步骤 1

图 4-51 袖子处理步骤 2

5. 前中片处理

如图 4-52 所示，选择【平移】功能按住【Ctrl】键，将前中片部位平移复制到空白处。选择【固定等分割】工具将前中片展开 6cm，然后调顺分割线。

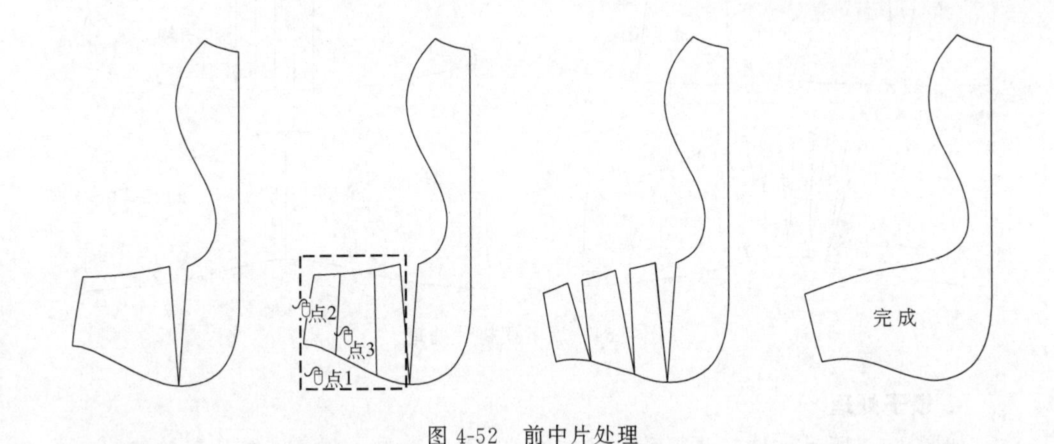

图 4-52　前中片处理

6. 前侧片处理

如图 4-53 所示，选择【平移】功能按住【Ctrl】键，将前侧片部位平移复制到空白处。选择【转省】工具将胸省和腰省分别转移至分割缝作为工艺吃势量，然后调顺分割缝。

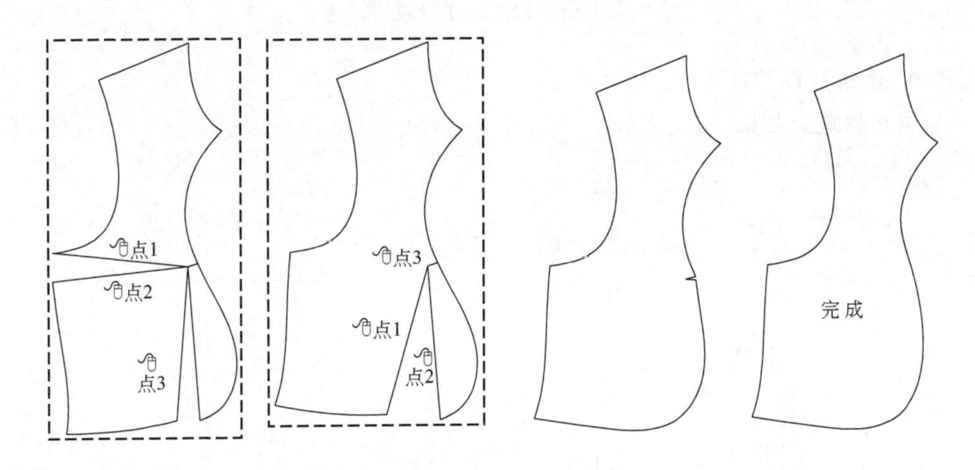

图 4-53　前侧片处理

7. 后下摆拼片处理

如图 4-54 所示，选择【平移】功能按住【Ctrl】键，将后下摆拼块部位平移复制到空白处。将腰省闭合后画好展开线，选择【固定等分割】工具将后下摆拼块上口弧线展开 6cm，然后调顺后下摆拼块上口弧线。

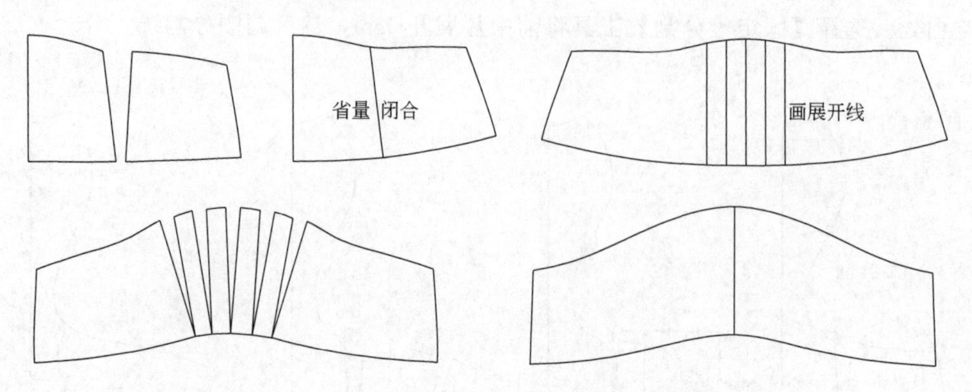

图 4-54 后下摆拼片处理

8. 领子处理

如图 4-55 所示，选择【平移】功能按住【Ctrl】键，将领子部位平移复制到空白处。选择【指定分割】工具将领子碎褶量处理好。

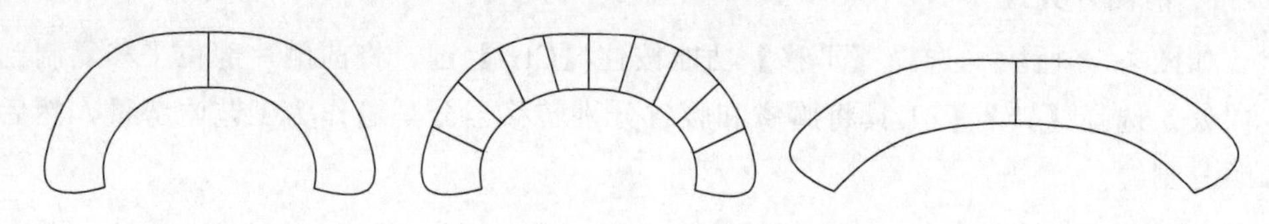

图 4-55 领子处理

9. 里布处理

里布处理，如图 4-56 所示。

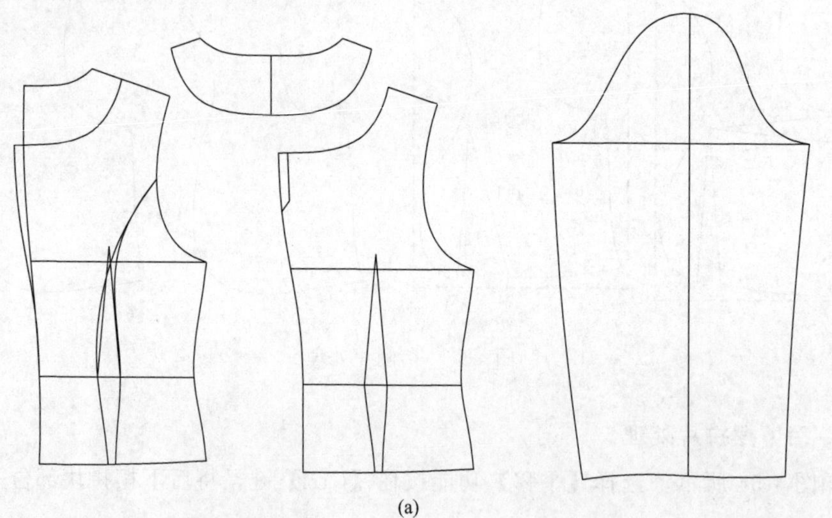

(a)

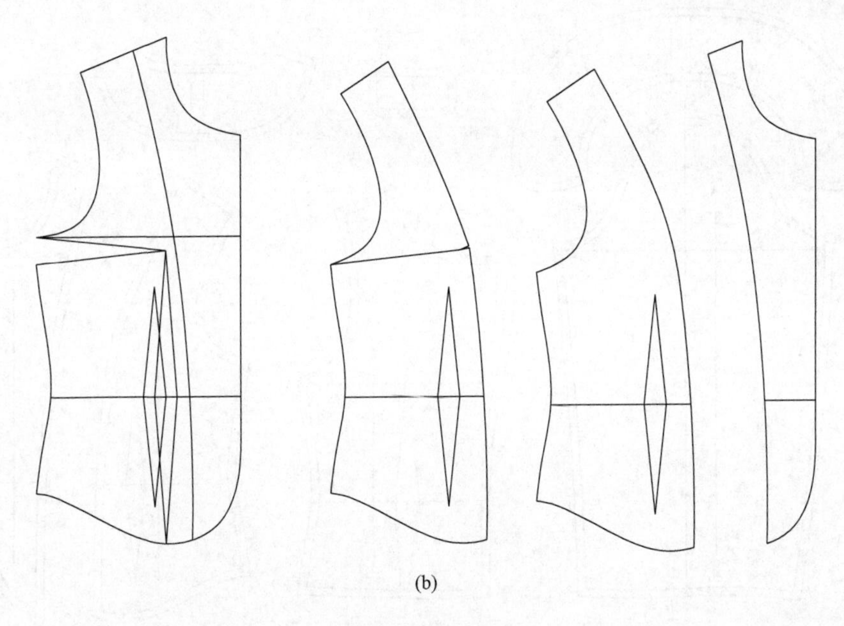

(b)

图 4-56 里布处理

10. 时装外套裁片图

时装外套裁片图如图 4-57 所示。

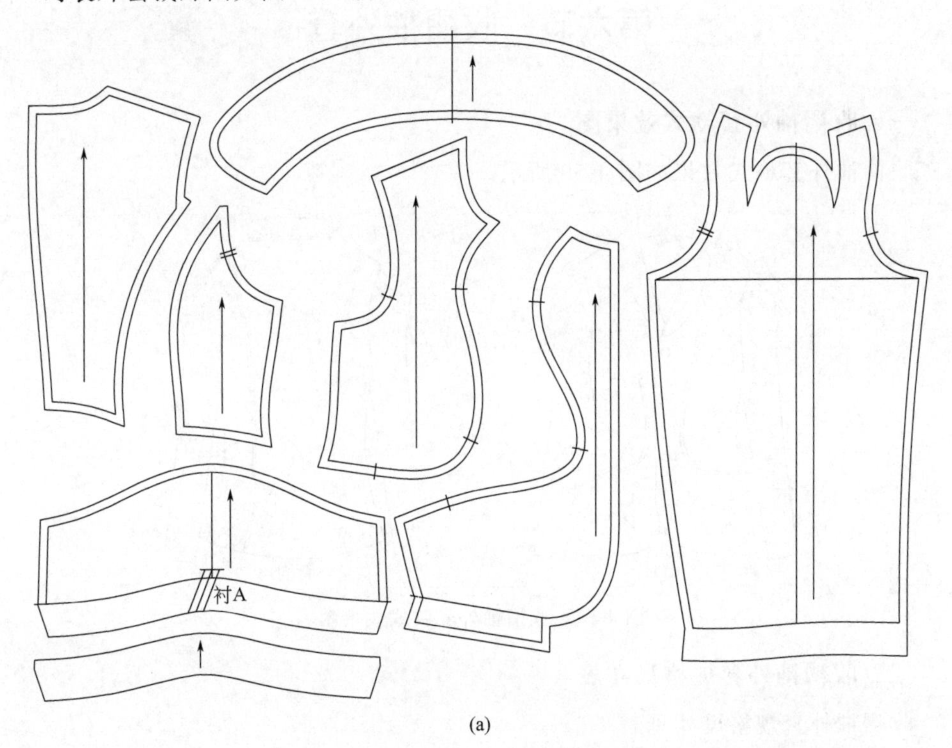

(a)

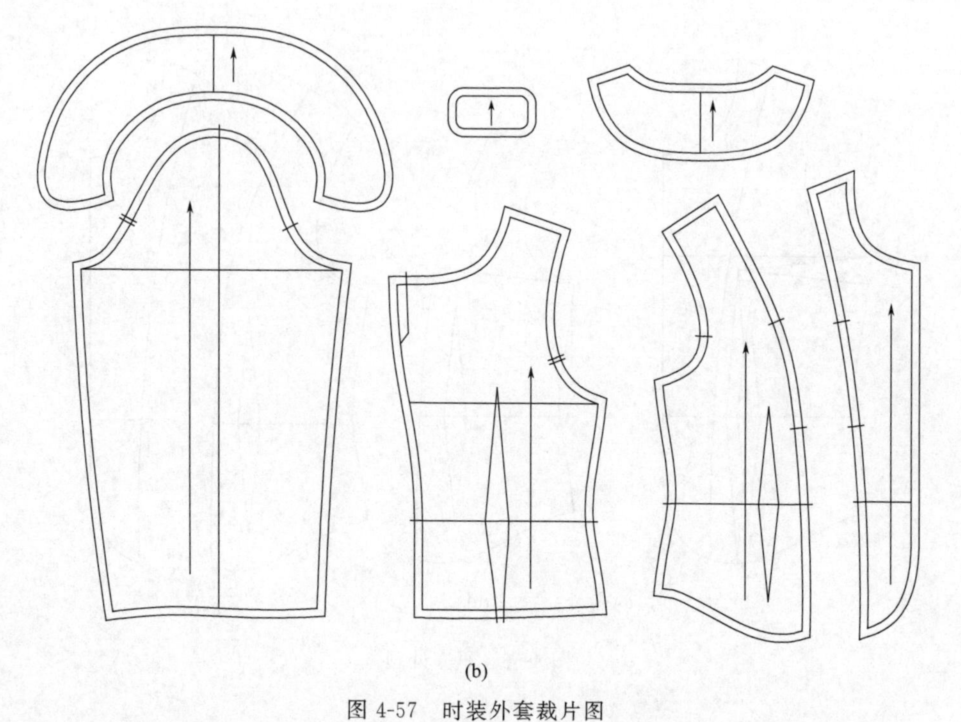
(b)

图 4-57　时装外套裁片图

第六节　收褶袖外套

一、收褶袖外套款式效果图

收褶袖外套款式效果如图 4-58 所示。

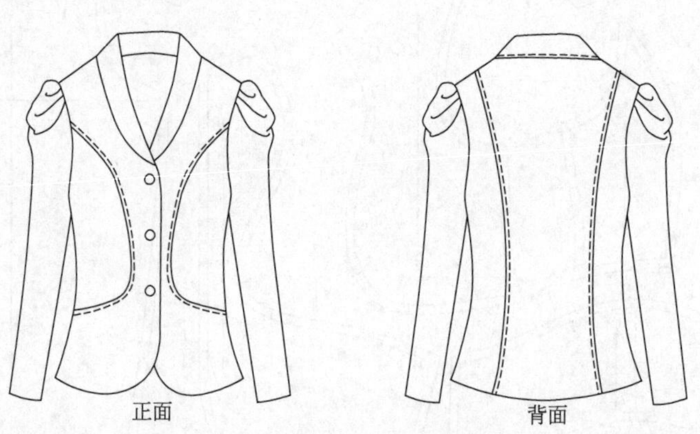

图 4-58　收褶袖外套款式效果图

二、收褶袖外套规格尺寸表

收褶袖外套规格尺寸见表 4-6。

表 4-6　收褶袖外套规格尺寸　　　　单位：cm

部位 \ 号型	S	M(基础板)	L	XL	档差
	155/80A	160/84A	165/88A	170/92A	
衣长	56	58	60	62	2
肩宽	38	39	40	41	1
胸围	90	94	98	102	4
腰围	74	78	82	86	4
摆围	94	98	102	106	4
袖长	56.5	58	59.5	61	1.5
袖肥	31.4	33	34.6	36.2	1.6
袖口	24	25	26	27	1

三、收褶袖外套 CAD 制板步骤

1. 收褶袖外套结构图

收褶袖外套结构如图 4-59 所示。

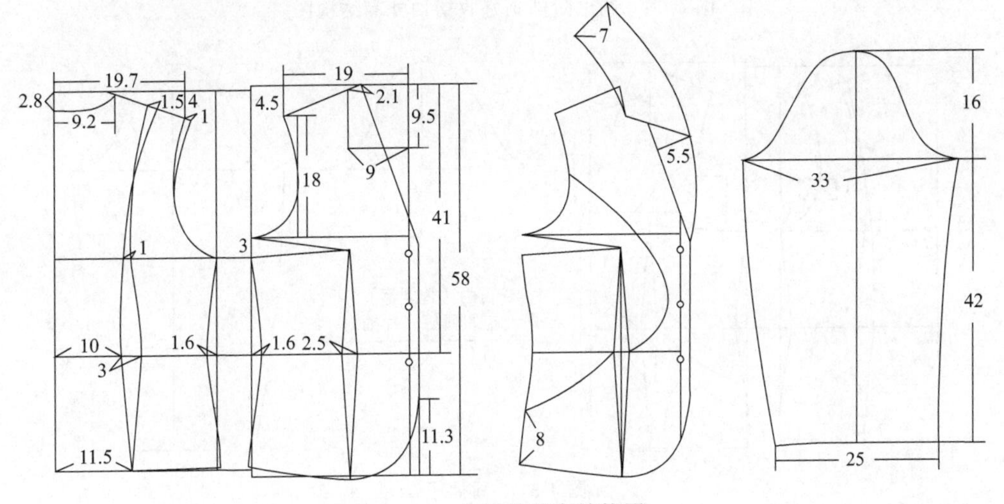

图 4-59　收褶袖外套结构图

2. 调出附件画好收褶袖外套结构图

选择【设置】菜单→【附件调出】→【附件分组】→找到【西装类结构框架】→选择 要素调出方式，将西装类结构框架附件调出并画好收褶袖外套结构图，如图 4-60 所示。

3. 画袖子

选择【一枚袖】工具画好袖山弧线和袖肥线，再用【智能笔】工具画好一片袖，如图 4-61 所示。

4. 袖子处理

如图 4-62 所示，选择【平移】功能按住【Ctrl】键，将袖子结构图平移复制到空白处。选择【智能笔】工具画好倒褶展开线后用【衣褶】工具做好倒褶。（注：前、后袖分开做。）然后用【平移】和【旋转】功能做好袖子处理。

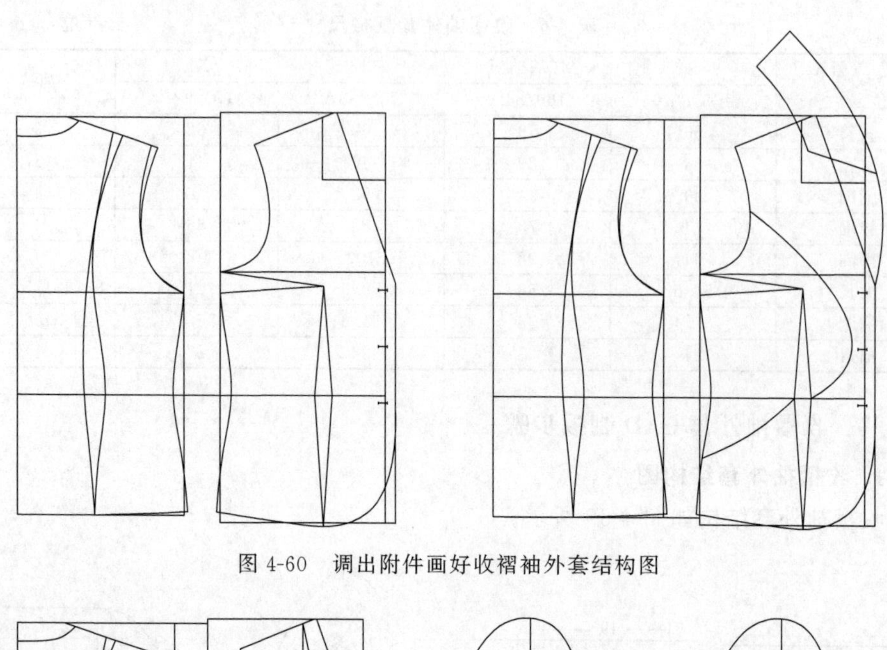

图 4-60　调出附件画好收褶袖外套结构图

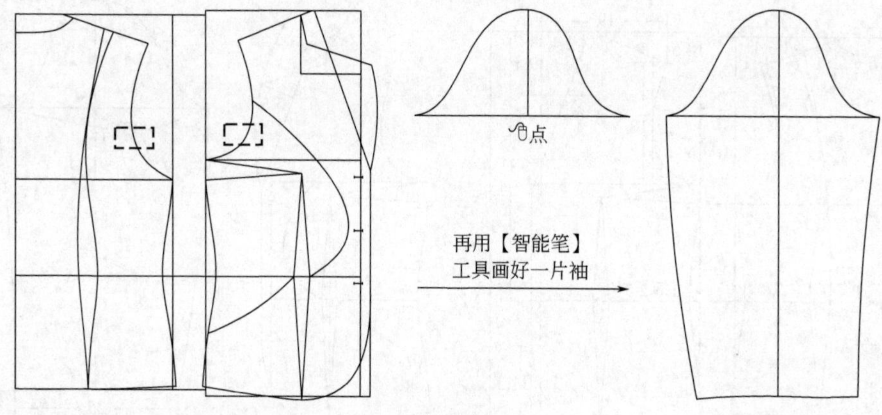

图 4-61　画袖子

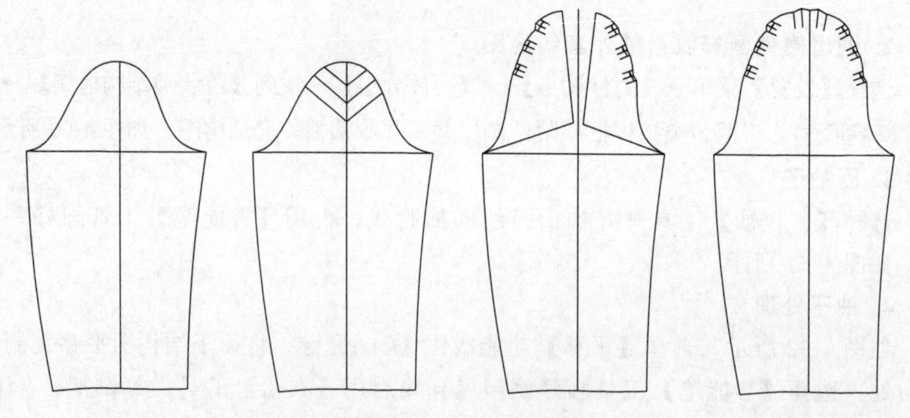

图 4-62　袖子处理

5. 前中片、前侧片、领子处理

前中片、前侧片、领子处理，如图 4-63 所示。

图 4-63 前中片、前侧片、领子处理

6. 后中片、后侧片处理

后中片、后侧片处理，如图 4-64 所示。

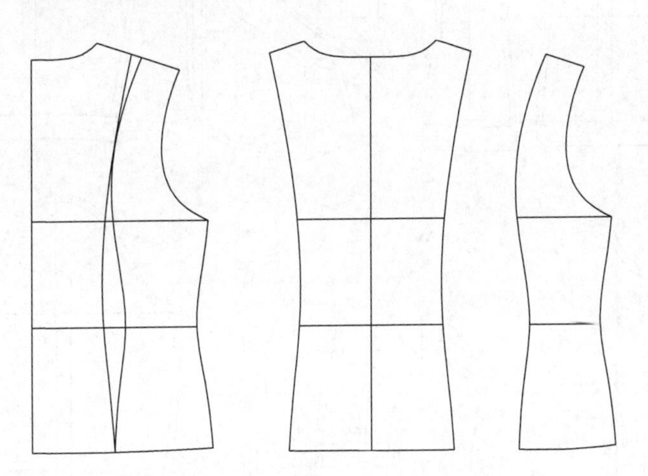

图 4-64 后中片、后侧片处理

7. 里布处理

里布处理，如图 4-65 所示。

8. 收褶袖外套裁片图

收褶袖外套裁片，如图 4-66 所示。

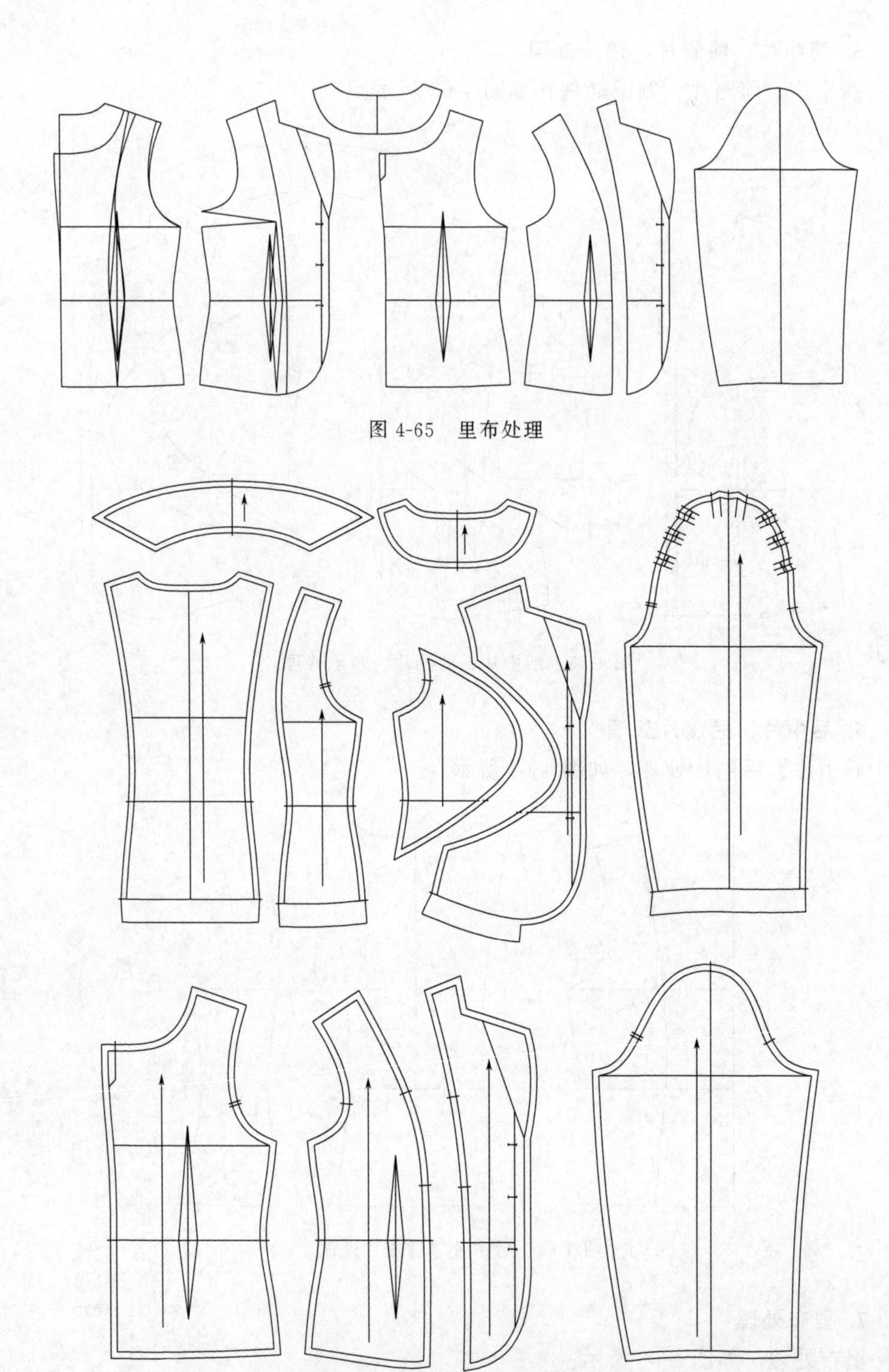

图 4-65 里布处理

图 4-66 收褶袖外套裁片图

第七节　插肩袖上衣

一、插肩袖上衣款式效果图

插肩袖上衣款式效果如图 4-67 所示。

图 4-67　插肩袖上衣款式效果图

二、插肩袖上衣规格尺寸表

插肩袖上衣规格尺寸见表 4-7。

表 4-7　插肩袖上衣规格尺寸　　单位：cm

部位＼号型	S	M(基础板)	L	XL	档差
	155/80A	160/84A	165/88A	170/92A	
衣长	58	60	62	64	2
肩宽	38	39	40	41	1
领围	39	40	41	42	1
胸围	90	94	98	102	4
腰围	74	78	82	86	4
摆围	96	100	104	108	4
袖长	56.5	58	59.5	61	1.5
袖肥	36.4	38	39.6	41.2	1.6
袖口	25	26	27	28	1

三、插肩袖上衣 CAD 制板步骤

1. 插肩袖上衣结构图

插肩袖上衣结构如图 4-68 所示。

2. 调出附件画好插肩袖上衣结构图

选择【设置】菜单→【附件调出】→【附件分组】→找到【西装类结构框架】→选择 要素调出方式，将西装类结构框架附件调出并画好插肩袖上衣结构图，如图4-69所示。

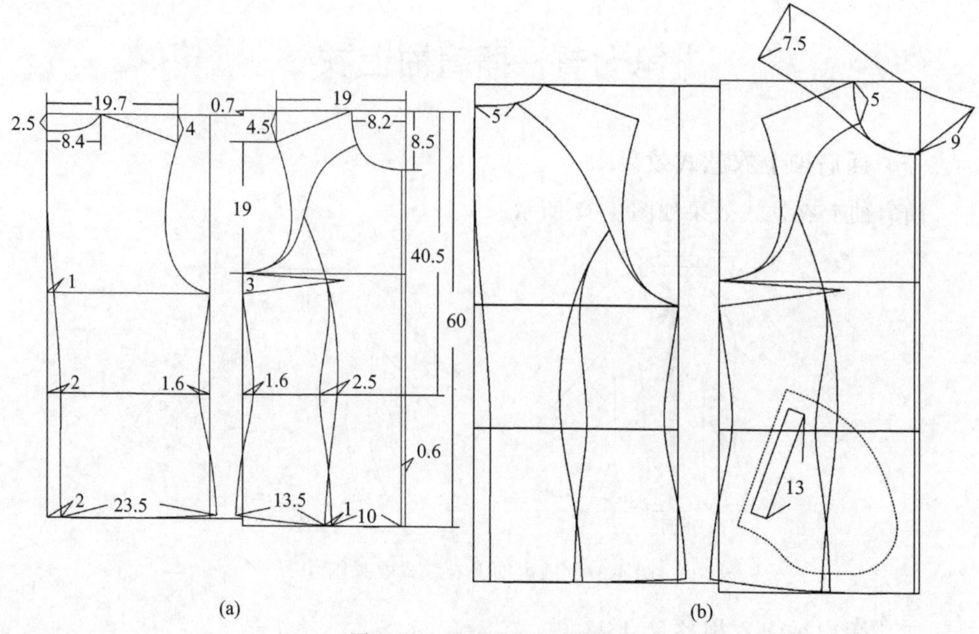

图 4-68 插肩袖上衣结构图

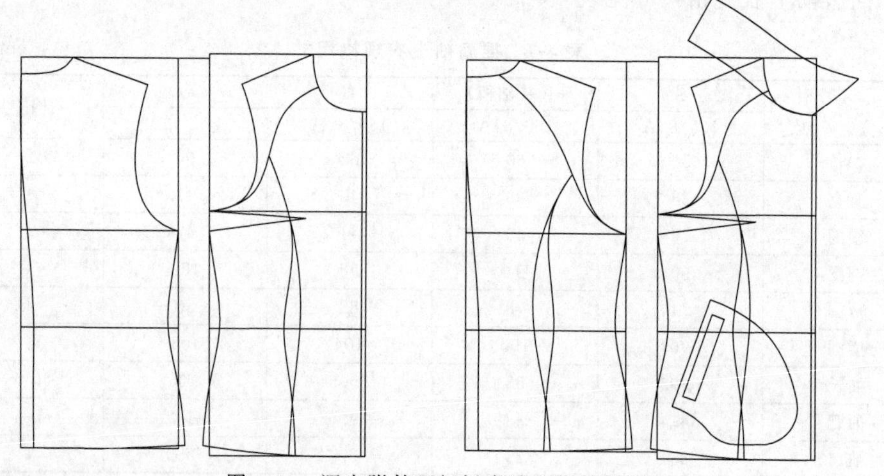

图 4-69 调出附件画好插肩袖上衣结构图

3. 画插肩袖

如图 4-70 所示，选择【插肩袖】工具画出插肩袖袖肥以上部分，再用【智能笔】工具画好插肩袖。

4. 领子处理

领子处理如图 4-71 所示。

5. 面布纸样处理

面布纸样处理如图 4-72 所示。

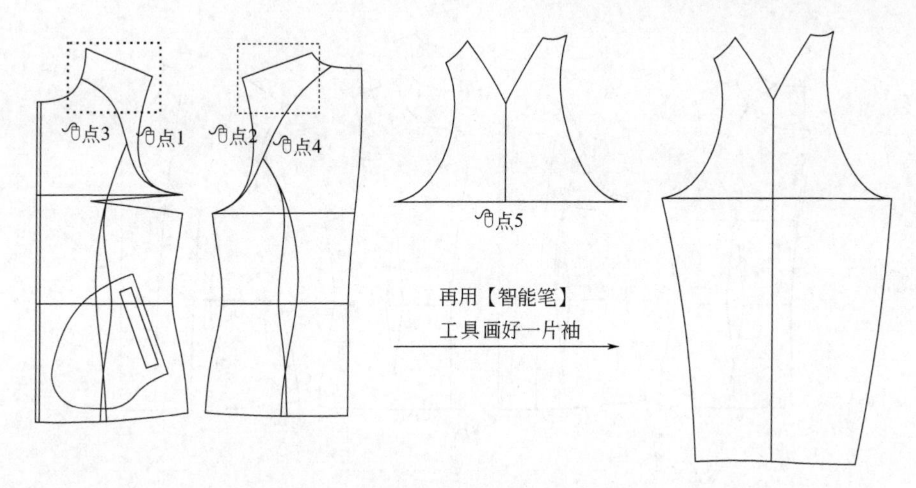

图 4-70　画插肩袖

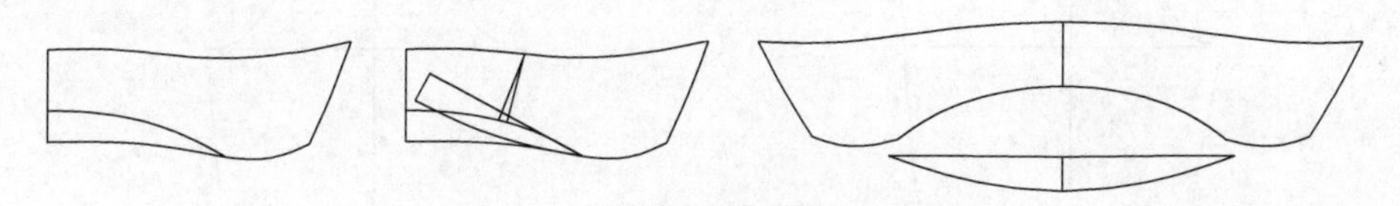

图 4-71　领子处理

图 4-72　面布纸样处理

6. 里布纸样处理

里布纸样处理如图 4-73 所示。

7. 插肩袖上衣裁片图

插肩袖上衣裁片，如图 4-74 所示。

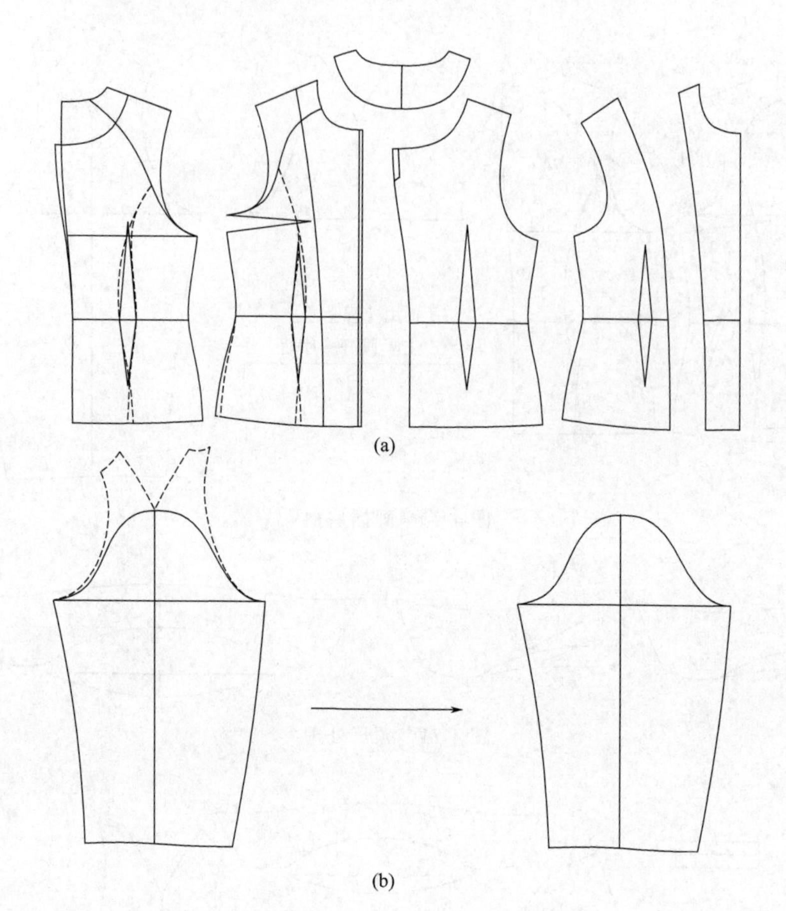

(a)

(b)

图 4-73　里布纸样处理

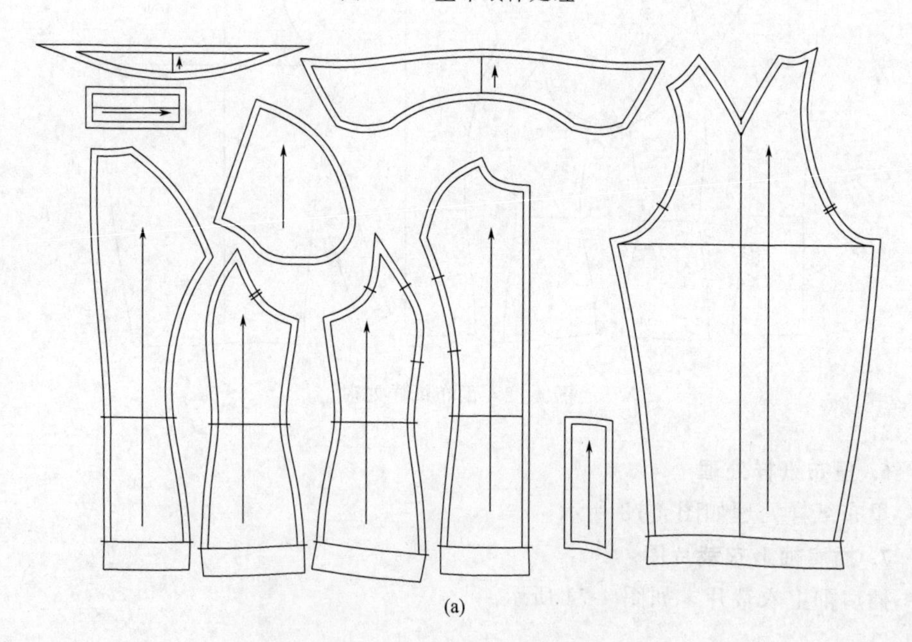

(a)

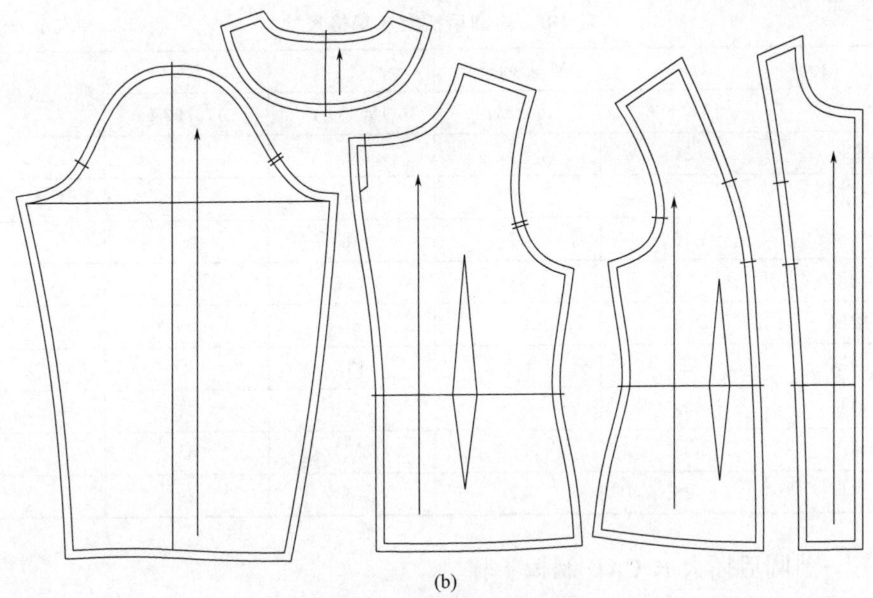

图 4-74　插肩袖上衣裁片图

第八节　前圆后插大衣

一、前圆后插大衣款式效果图

前圆后插大衣款式效果如图 4-75 所示。

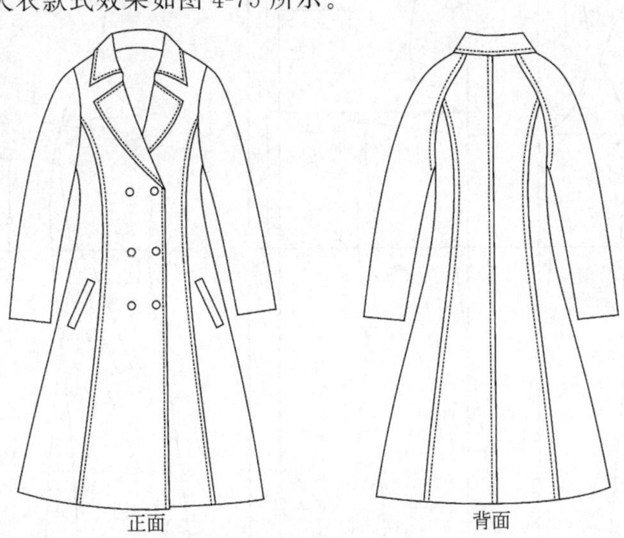

图 4-75　前圆后插大衣款式效果图

二、前圆后插大衣规格尺寸表

前圆后插大衣规格尺寸见表 4-8。

表 4-8　前圆后插大衣规格尺寸　　单位：cm

部位 \ 号型	S 155/80A	M(基础板) 160/84A	L 165/88A	XL 170/92A	档差
衣长	84	86	88	90	2
肩宽	39	40	41	42	1
领围	46	47	48	49	1
胸围	94	98	102	106	4
腰围	78	82	86	90	4
摆围	129	133	137	141	4
袖长	56.5	58	59.5	61	1.5
袖肥	33.9	35.5	37.1	38.7	1.6
袖口	26	27	28	29	1

三、前圆后插大衣 CAD 制板步骤

1. 前圆后插大衣结构图

前圆后插大衣结构如图 4-76 所示。

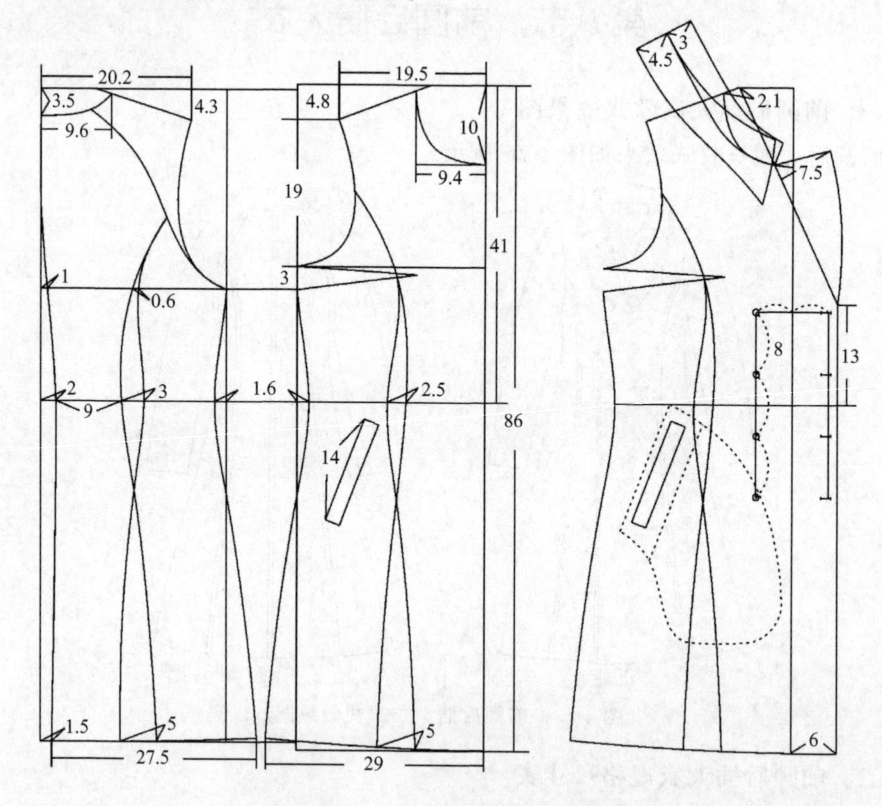

图 4-76　前圆后插大衣结构图

2. 调出附件画好前圆后插大衣结构图

选择【设置】菜单→【附件调出】→【附件分组】→找到【西装类结构框架】→选择 ⊙要素调出方式，将西装类结构框架附件调出并画好前圆后插大衣结构图，如图4-77所示。

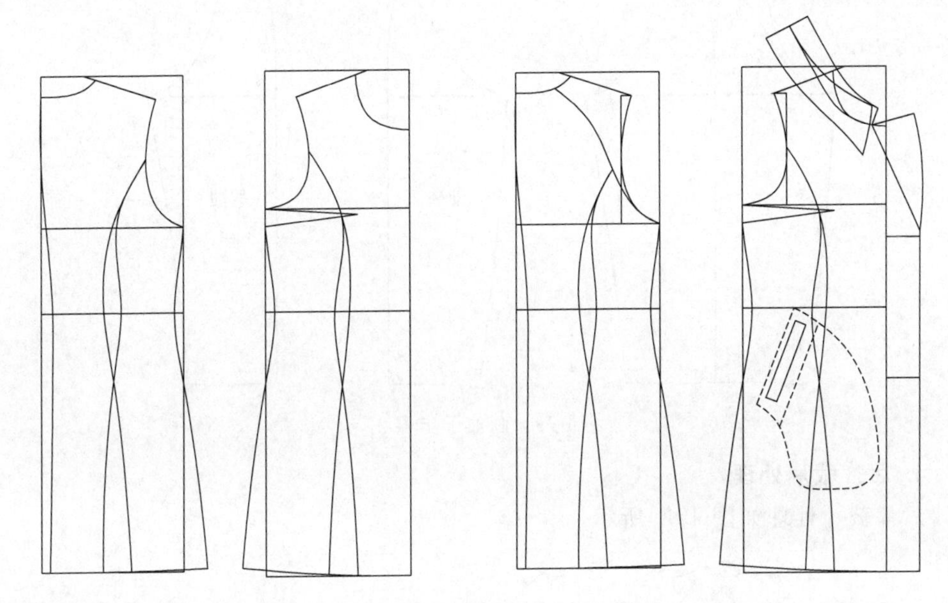

图 4-77 调出附件画好前圆后插大衣结构图

3. 画袖子

（1）如图 4-78 所示，选择【智能笔】工具画好前、后袖子分割线后，选择【一枚袖】和【插肩袖】工具分别画好一片袖和插肩袖，选择【平移】功能将一片袖和插肩袖依袖山线重合在一起。然后用【智能笔】工具画好袖子袖肥以下部分。

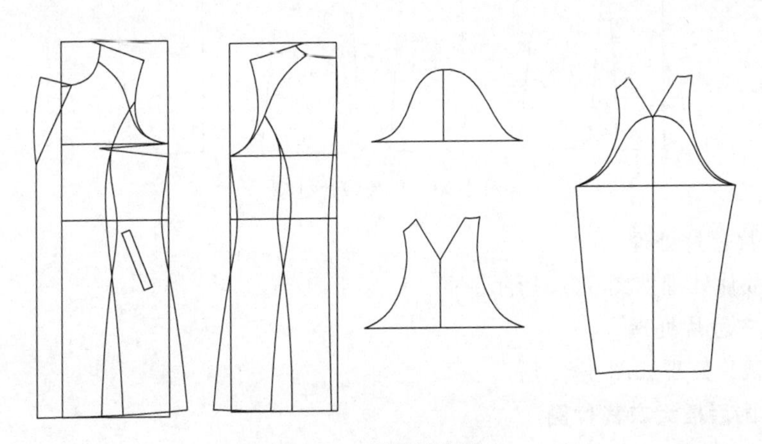

图 4-78 画袖子步骤 1

(2) 如图 4-79 所示，选择【智能笔】工具画好前、后袖中分割缝线，选择【平移】功能按住【Ctrl】键，将前袖和后袖平移复制到空白处。

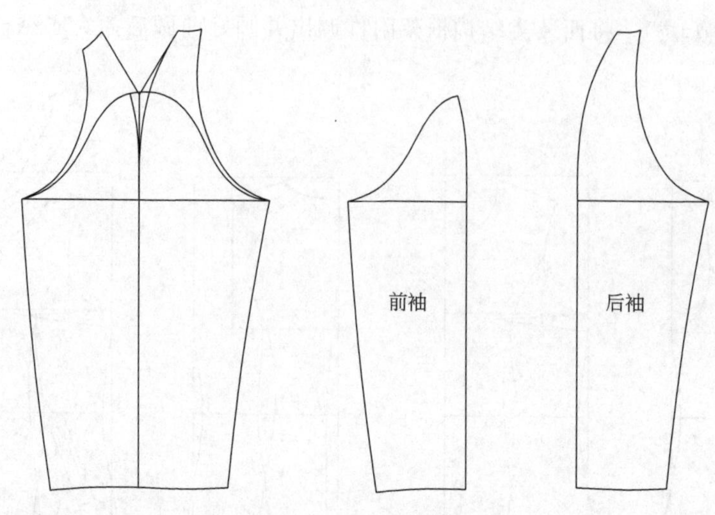

图 4-79 画袖子步骤 2

4. 后片裁片处理

后片裁片处理如图 4-80 所示。

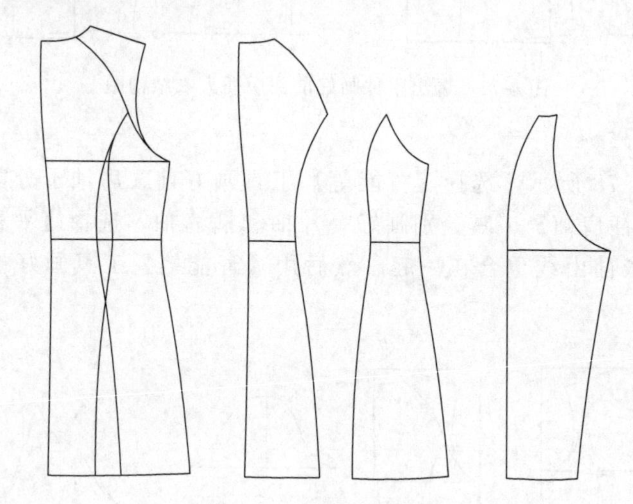

图 4-80 后片裁片处理

5. 前片裁片处理

前片裁片处理如图 4-81 所示。

6. 里布裁片处理

里布裁片处理如图 4-82 所示。

7. 前圆后插大衣裁片图

前圆后插大衣裁片如图 4-83 所示。

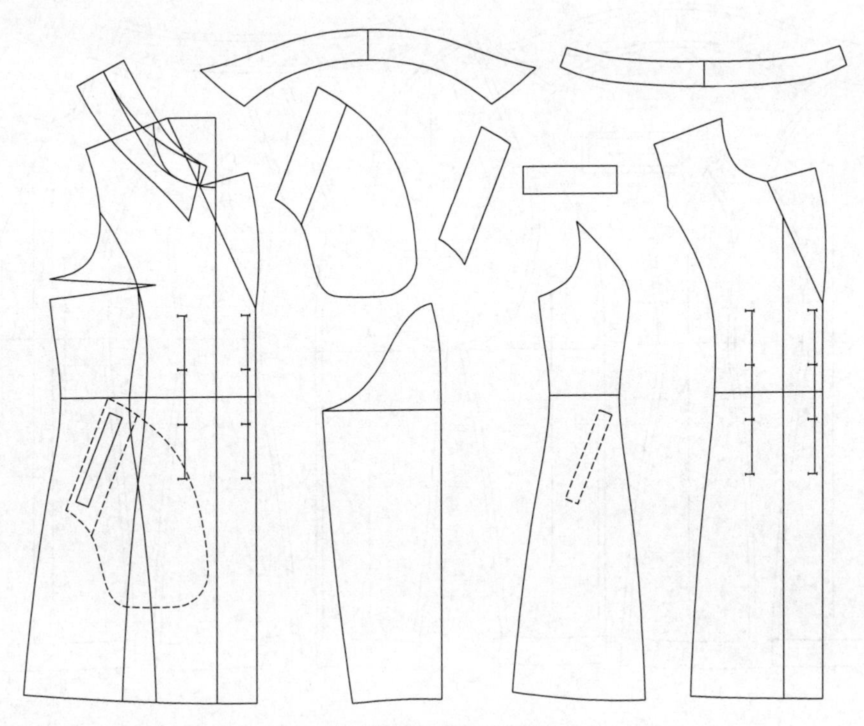

图 4-81　前片裁片处理

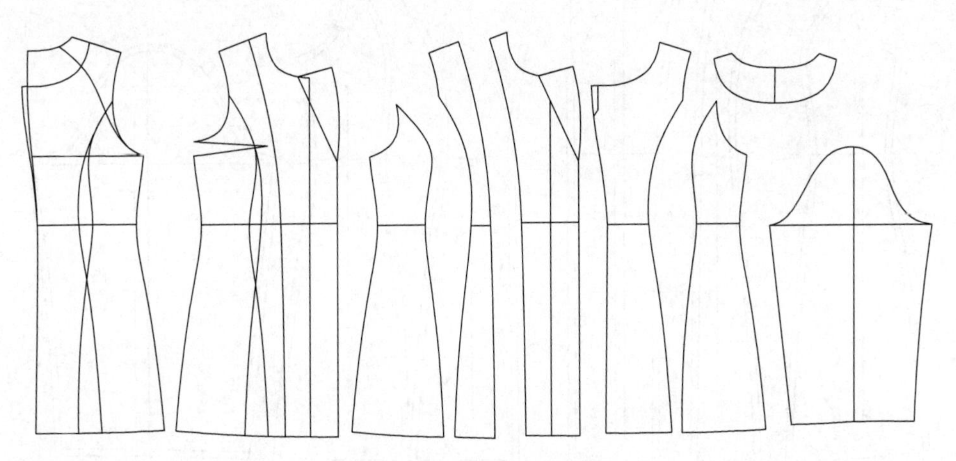

图 4-82　里布裁片处理

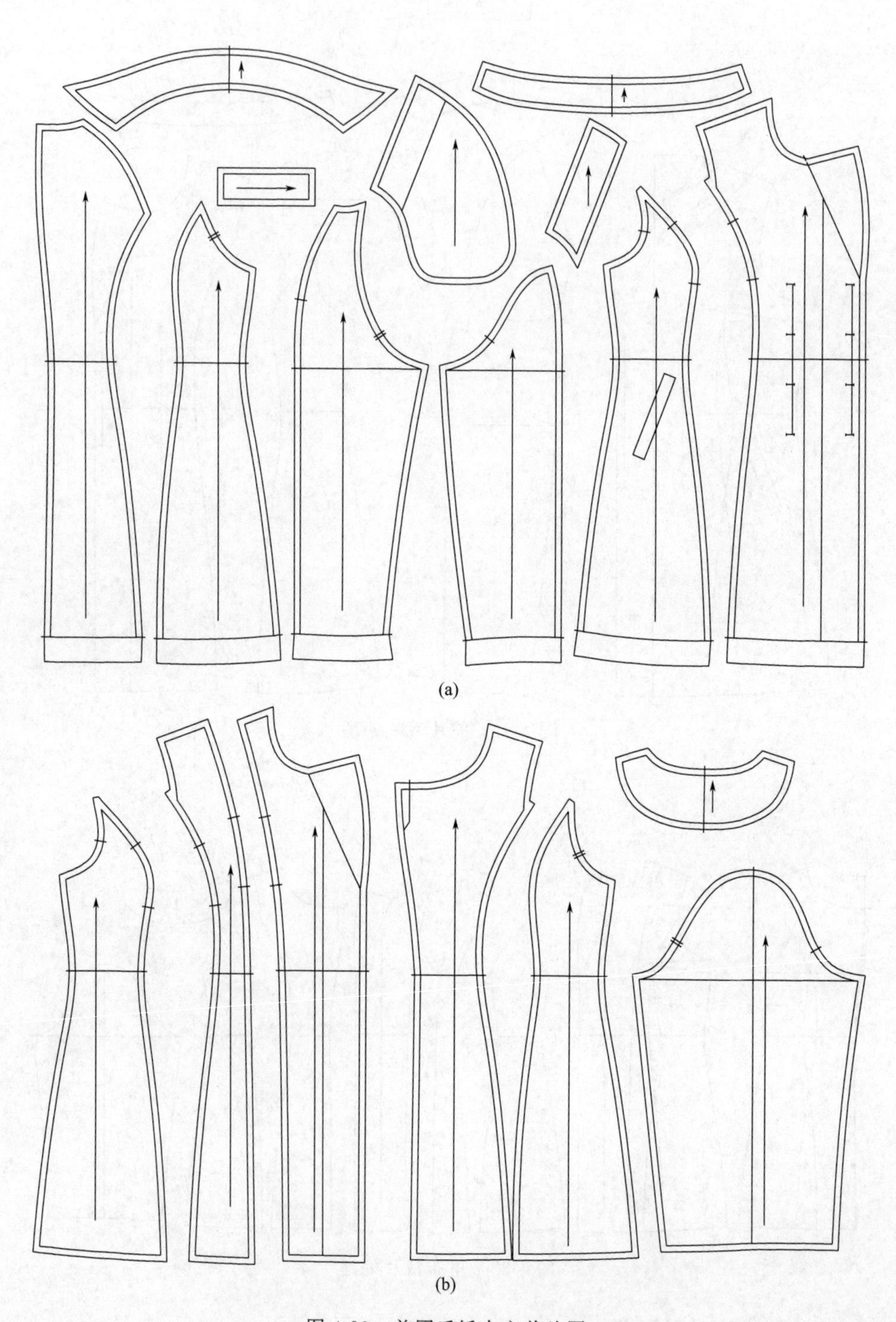

图 4-83 前圆后插大衣裁片图

第五章　男装 CAD 工业制板

本章通过四款男装，帮助读者掌握男装 CAD 打板操作技能，具体包括款式效果图、尺寸表、结构图、裁片处理图、裁片图。

第一节　休闲裤

一、休闲裤款式效果图

休闲裤款式效果如图 5-1 所示。

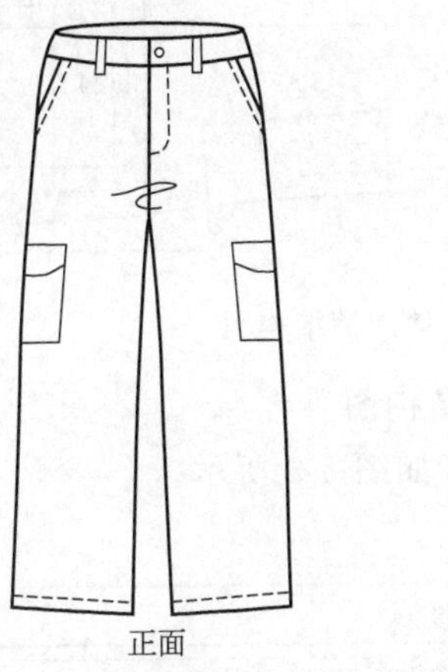

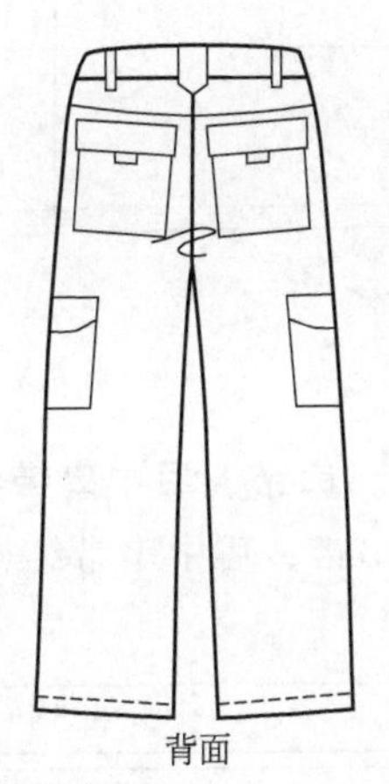

正面　　背面

图 5-1　休闲裤款式效果图

二、休闲裤规格尺寸表

休闲裤规格尺寸见表 5-1。

表 5-1　休闲裤规格尺寸　　单位：cm

号型 / 部位	S	M(基础板)	L	XL	档差
	165/72A	170/76A	175/80A	180/84A	
裤长	101	104	107	110	3
腰围	74	78	82	86	4
臀围	94	98	102	106	4
膝围	51	53	55	57	2
裤口	49	51	53	55	2
立裆(不含腰)	25.8	26.5	27.2	27.9	0.7
前浪(不含腰)	23.1	24	24.9	25.8	0.9
后浪(不含腰)	32.6	33.6	34.6	35.6	1
横裆宽	58.5	61	63.5	66	2.5

三、休闲裤CAD制板步骤

1. 休闲裤结构图

休闲裤结构如图5-2所示。

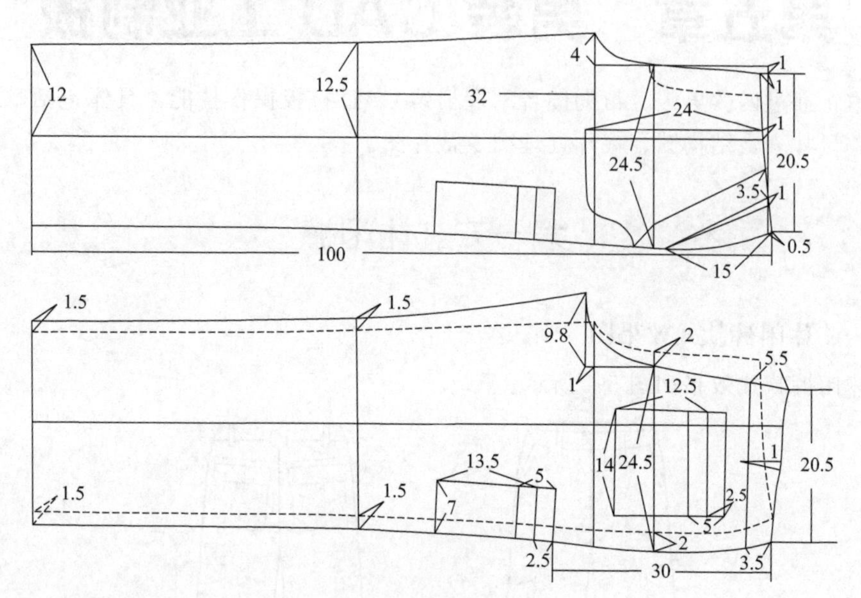

图5-2 休闲裤结构图

2. 休闲裤腰头、串带、后中串带结构图

休闲裤腰头、串带、后中串带结构如图5-3所示。

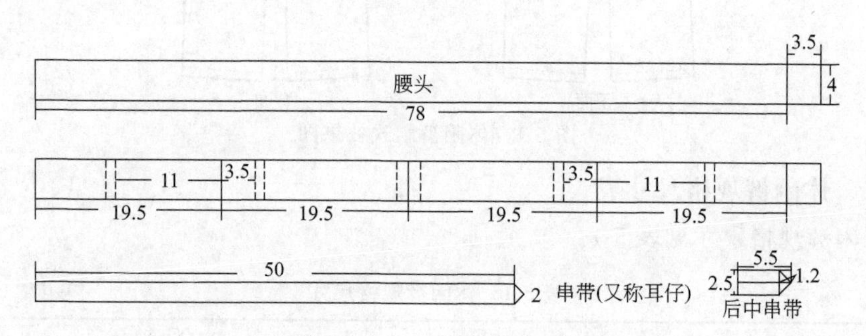

图5-3 休闲裤腰头、串带、后中串带结构图

3. 调出附件并画好休闲裤结构图

选择【设置】菜单→【附件调出】→【附件分组】→找到【休闲裤结构图】→选择 要素调出方式 将休闲裤结构图附件调出并画好休闲裤，如图5-4所示。

4. 门襟、里襟、串带（耳仔）、腰头处理

门襟、里襟、串带（耳仔）、腰头处理，如图5-5所示。

5. 前片袋布、袋口贴、袋贴、侧贴袋布、侧贴袋袋盖处理

前片袋布、袋口贴、袋贴、侧贴袋布、侧贴袋袋盖处理，如图5-6所示。

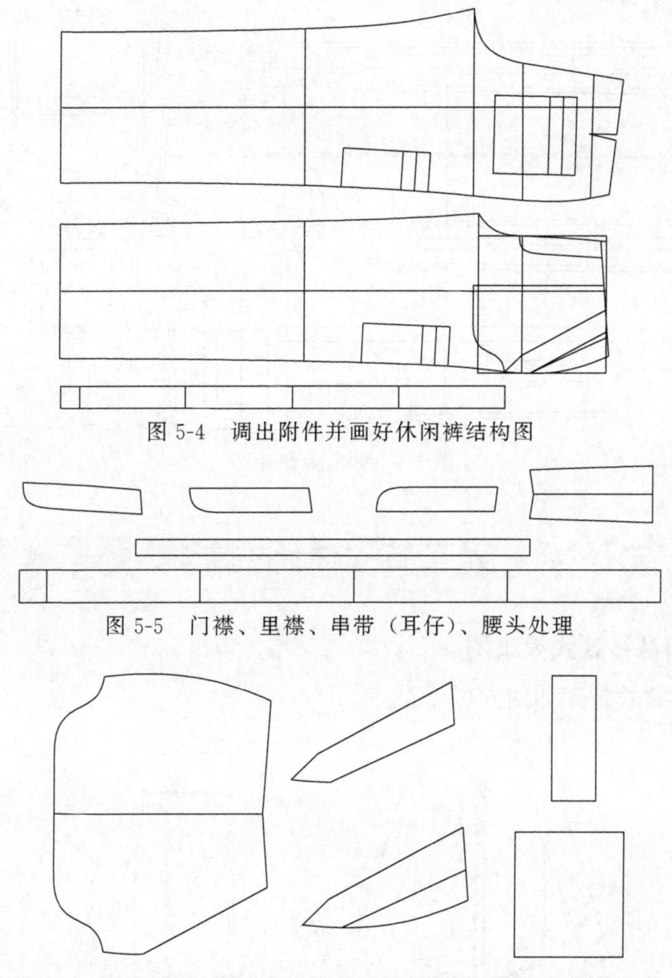

图 5-4　调出附件并画好休闲裤结构图

图 5-5　门襟、里襟、串带（耳仔）、腰头处理

图 5-6　前片袋布、袋口贴、袋贴、侧缝袋布、侧贴袋袋盖处理

6. 后育克、后片贴袋、后片贴袋袋盖、后中串带处理

后育克、后片贴袋、后片贴袋袋盖、后中串带处理如图 5-7 所示。

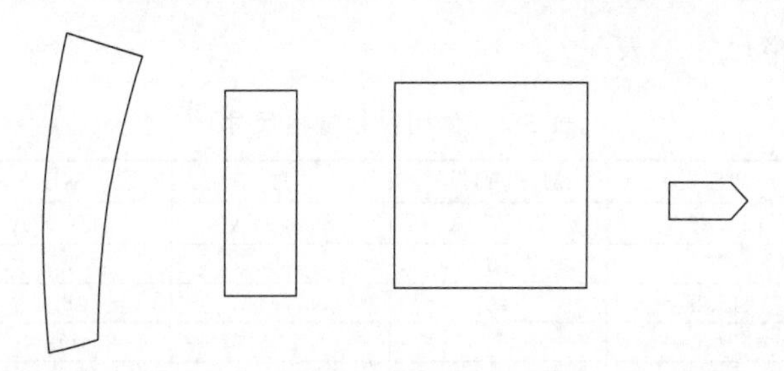

图 5-7　后育克、后片贴袋、后片贴袋袋盖、后中串带处理

7. 休闲裤裁片图

休闲裤裁片如图 5-8 所示。

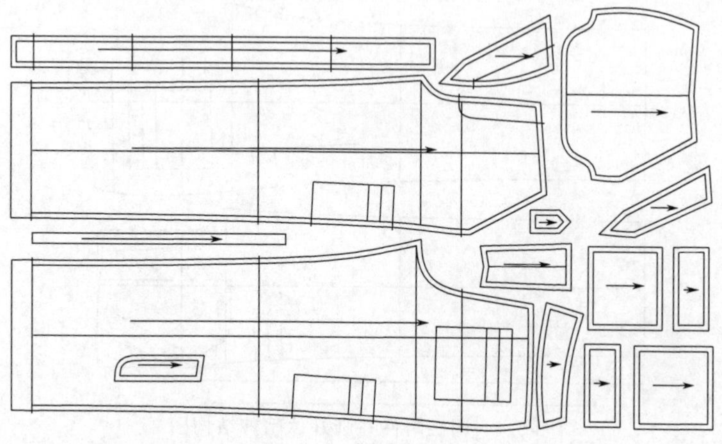

图 5-8　休闲裤裁片图

第二节　休闲衬衫

一、休闲衬衫款式效果图

休闲衬衫款式效果如图 5-9 所示。

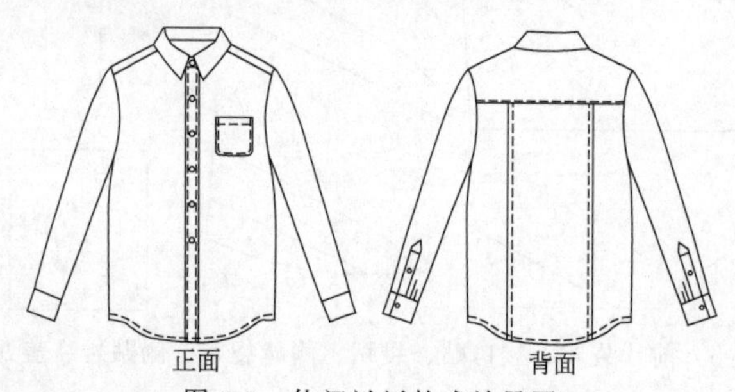

图 5-9　休闲衬衫款式效果图

二、休闲衬衫规格尺寸表

休闲衬衫规格尺寸见表 5-2。

表 5-2　休闲衬衫规格尺寸　　单位：cm

部位 \ 号型	S 165/86A	M(基础板) 170/90A	L 175/94A	XL 180/98A	档差
衣长	71	73	75	77	2
肩宽	45.8	46	47.2	48.4	1.2
胸围	102	106	110	114	4
摆围	104	108	112	116	4
袖长	56.5	58	59.5	61	1.5
袖肥	41.4	43	44.6	46.2	1.6
袖口	27	28	29	30	1
领围	40	41	42	43	1

三、休闲衬衫 CAD 制板步骤

1. 休闲衬衫结构图

休闲衬衫结构如图 5-10 和图 5-11 所示。

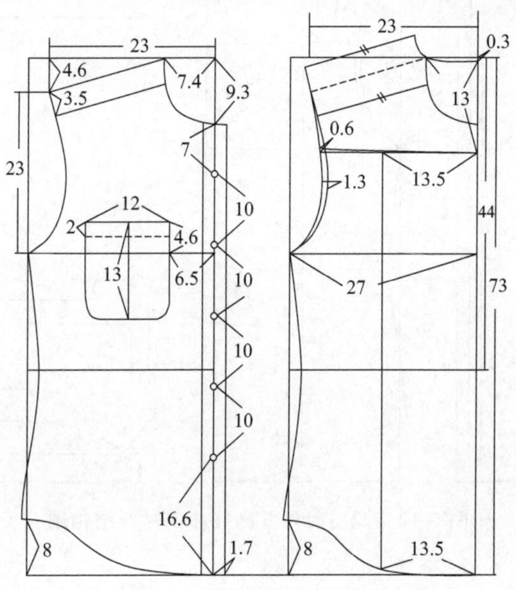

图 5-10　休闲衬衫结构图 1

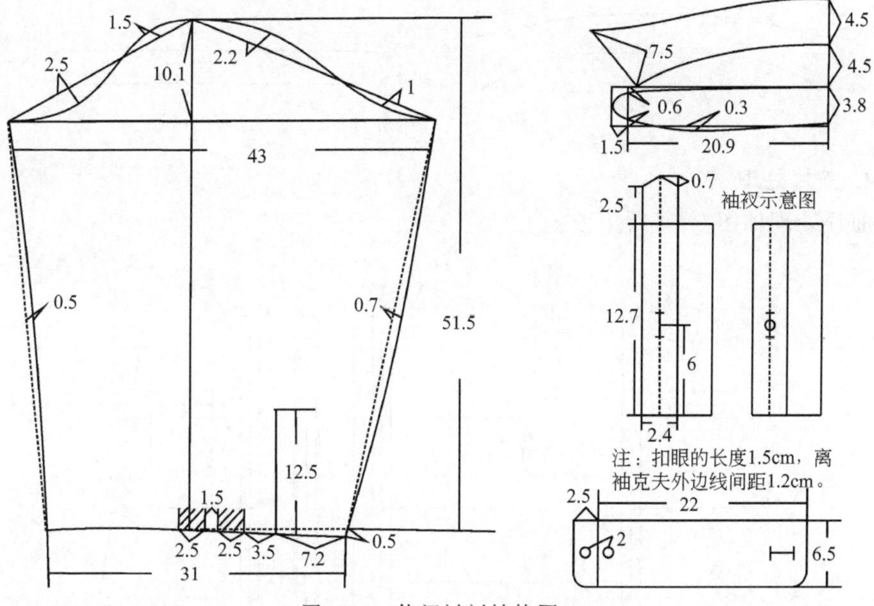

图 5-11　休闲衬衫结构图 2

2. 调出附件并画好休闲衬衫结构图

选择【设置】菜单→【附件调出】→【附件分组】→找到【男式衬衫结构图】→选

择 ⊙ 要素调出方式，将男式衬衫结构图附件调出并画好休闲衬衫结构图，如图 5-12 所示。

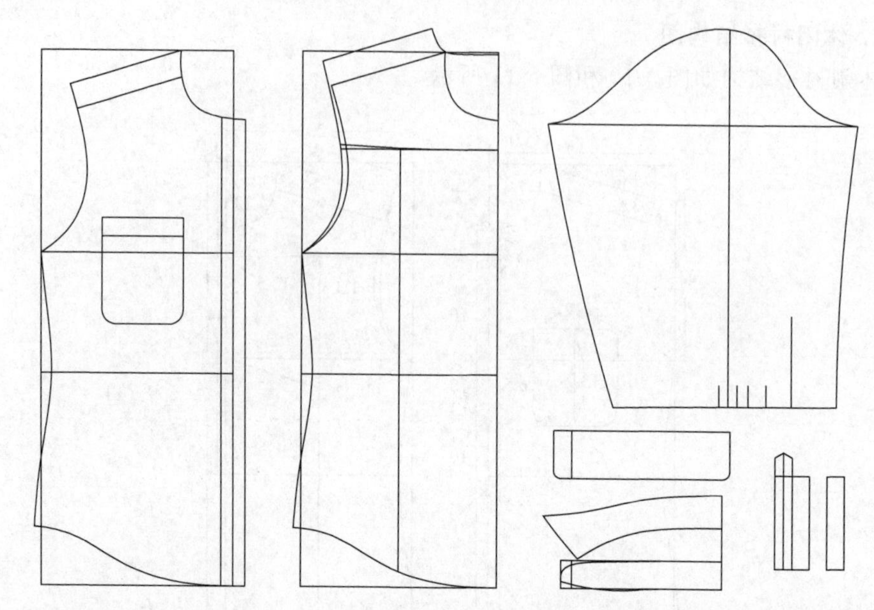

图 5-12　调出附件并画好休闲衬衫结构图

3. 领子处理

领子处理如图 5-13 所示。

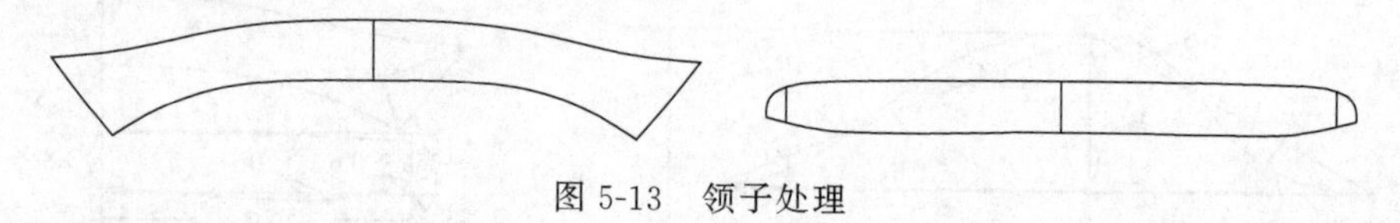

图 5-13　领子处理

4. 前片处理

前片处理如图 5-14 所示。

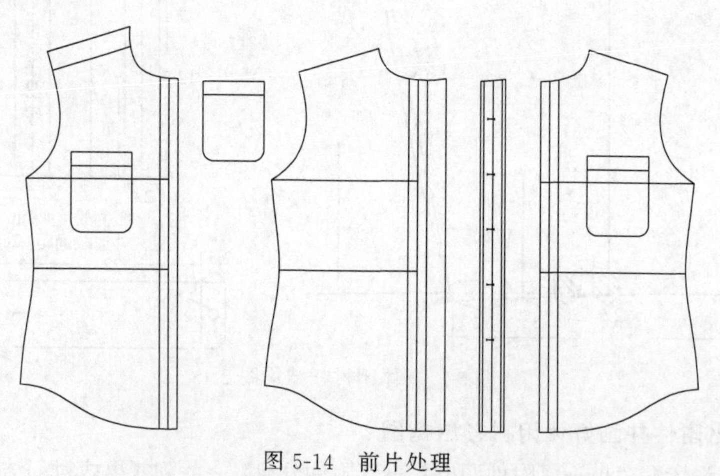

图 5-14　前片处理

5. 后片、袖子、袖克夫、袖衩处理

后片、袖子、袖克夫、袖衩处理，如图 5-15 所示。

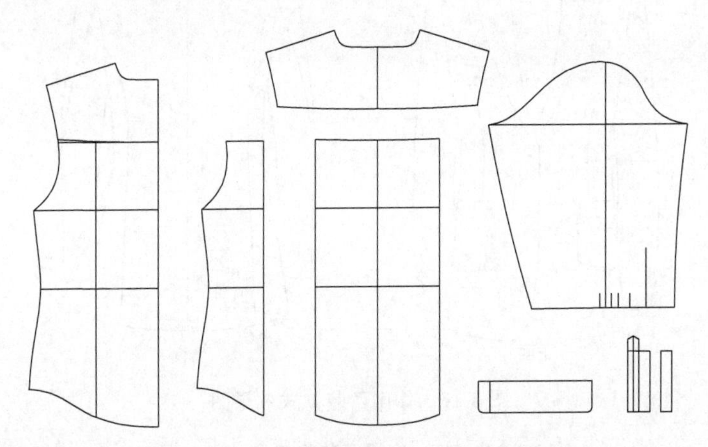

图 5-15　后片、袖子、袖克夫、袖衩处理

6. 休闲衬衫裁片

休闲衬衫裁片如图 5-16 所示。

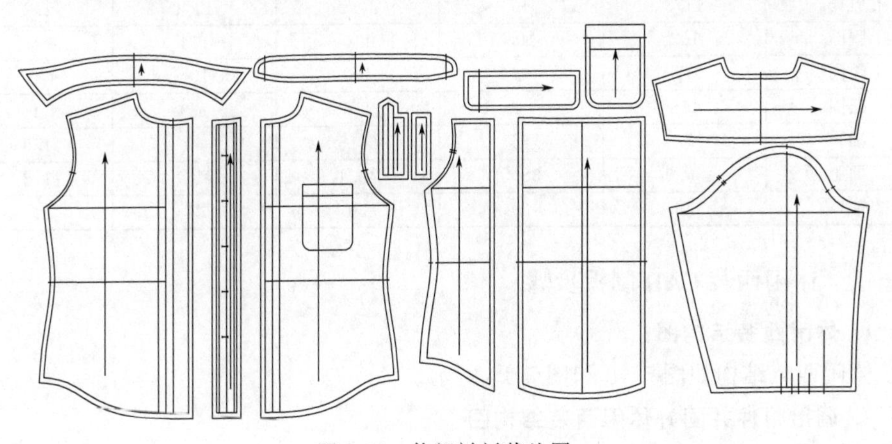

图 5-16　休闲衬衫裁片图

第三节　休闲西装

一、休闲西装款式效果图

休闲西装款式效果如图 5-17 所示。

二、休闲西装规格尺寸表

休闲西装规格尺寸见表 5-3。

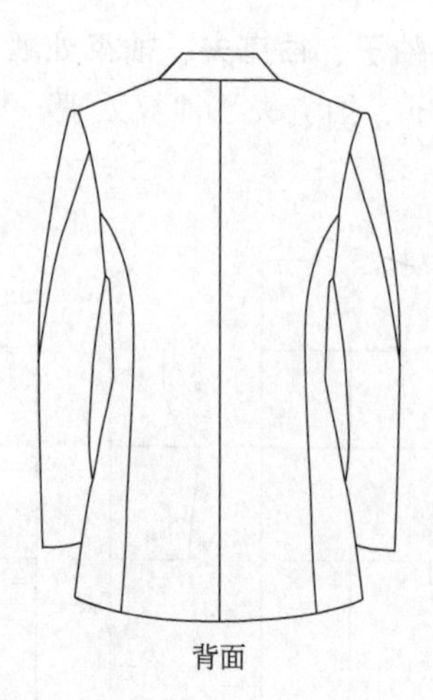

图 5-17 休闲西装款式效果图

表 5-3 休闲西装规格尺寸 单位：cm

号型 \ 部位	S 165/86A	M(基础板) 170/90A	L 175/94A	XL 180/98A	档差
衣长	73	75	77	79	2
肩宽	44.8	46	47.2	48.4	1.2
胸围	102	106	110	114	4
腰围	92	96	100	104	4
摆围	108	112	116	120	4
袖长	58.5	60	61.5	63	1.5
袖肥	36.9	38.5	40.1	41.7	1.6
袖口	28	29	30	31	1

三、休闲西装 CAD 制板步骤

1. 休闲西装结构图

休闲西装结构如图 5-18 和图 5-19 所示。

2. 调出附件并画好休闲西装结构图

选择【设置】菜单→【附件调出】→【附件分组】→找到【男式西装结构图】→选择 ⊙要素调出方式，将男式西装结构图附件调出并画好休闲西装结构图，如图 5-20 所示。

3. 画袋位

如图 5-21 所示，选择【拉链缝合】工具，鼠标左键按顺序点选固定侧的要素点 1，鼠标右键过渡到下一步。鼠标左键选择所有移动侧的要素框选，鼠标右键过渡到下一步。鼠标左键按顺序点选移动的要素点 2，鼠标右键后，在对合线处滑动。鼠标右键或按【Q】键定位退出。此时可以在对合好的裁片上画口袋位。按住【Alt】键＋【H】键将对合裁片复位。

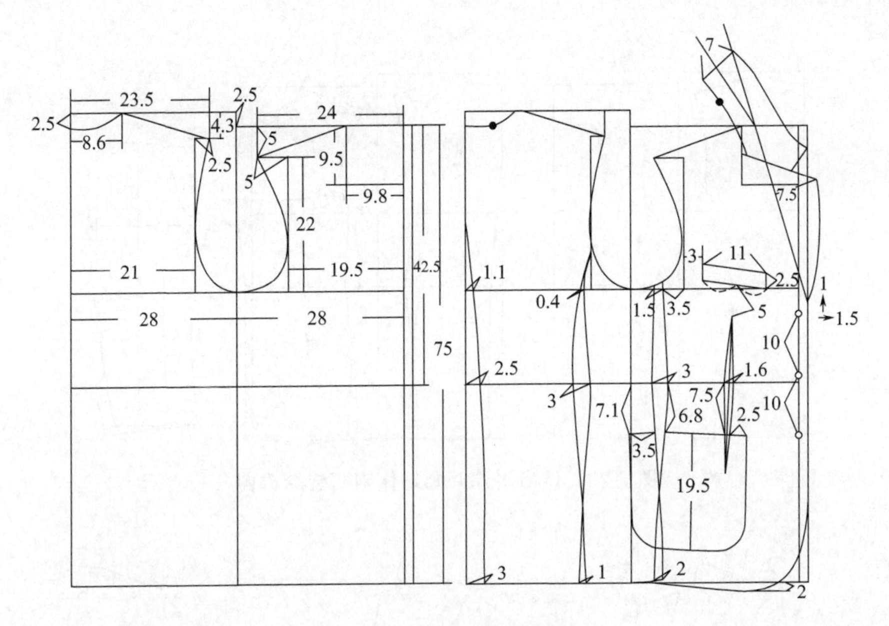

图 5-18 休闲西装结构图 1

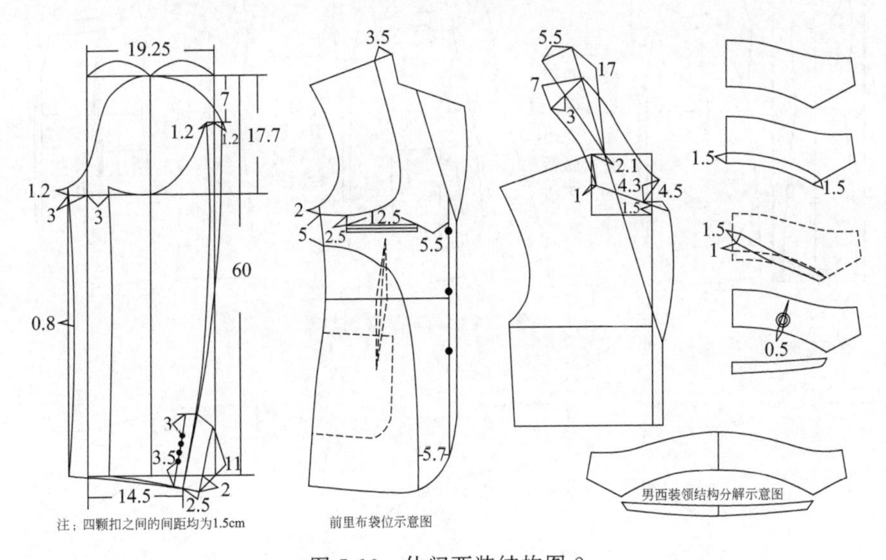

图 5-19 休闲西装结构图 2

4. 领子处理

选择【西装领】工具做好领子处理，如图 5-22 所示。

注意：对西装领进行处理前，要用【形状对接】工具前后领弧线和后中线对接复制到前领弧线上。

5. 面布裁片处理

面布裁片处理如图 5-23 所示。

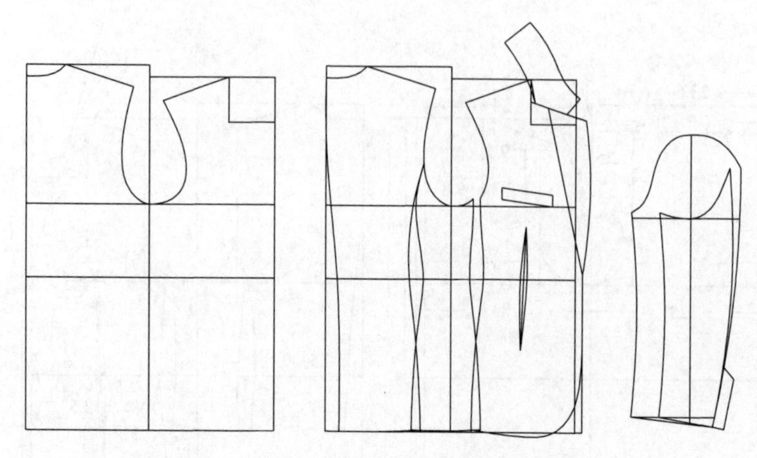

图 5-20　调出附件并画好休闲西装结构图

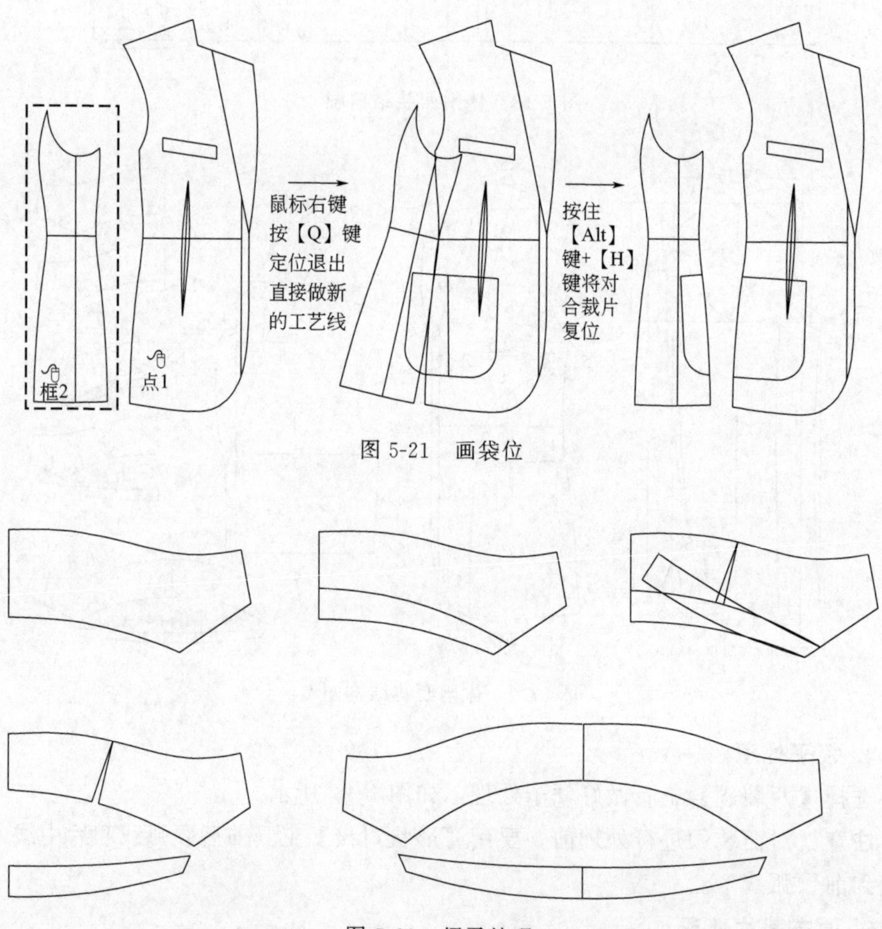

图 5-21　画袋位

图 5-22　领子处理

图 5-23　面布裁片处理

6. 里布裁片处理

里布裁片处理如图 5-24 所示。

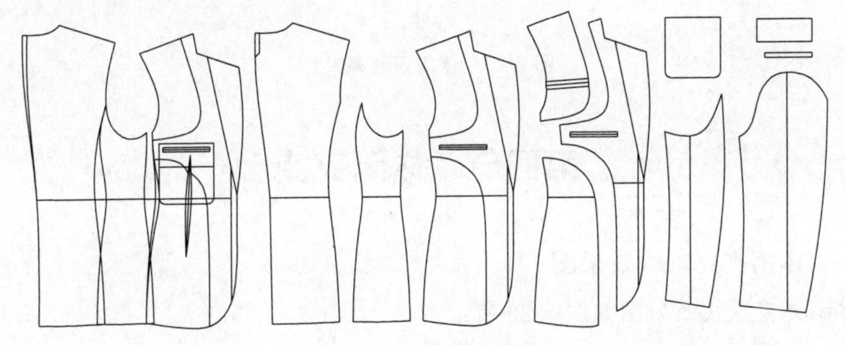

图 5-24　里布裁片处理

7. 休闲西装裁片图

休闲西装裁片如图 5-25 所示。

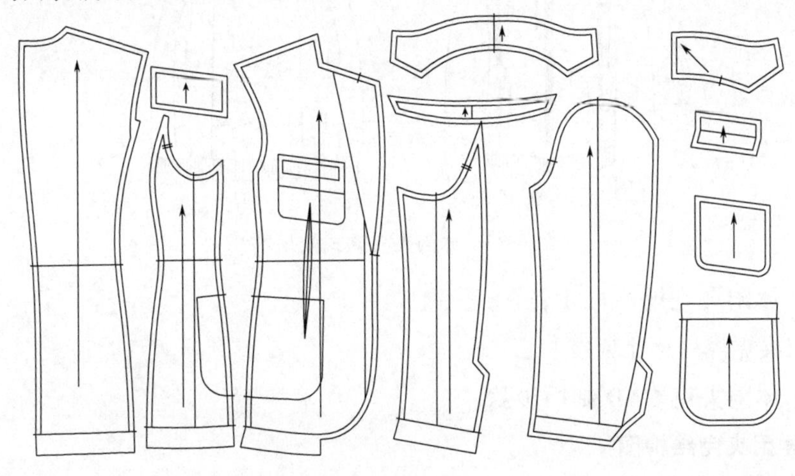

(a)

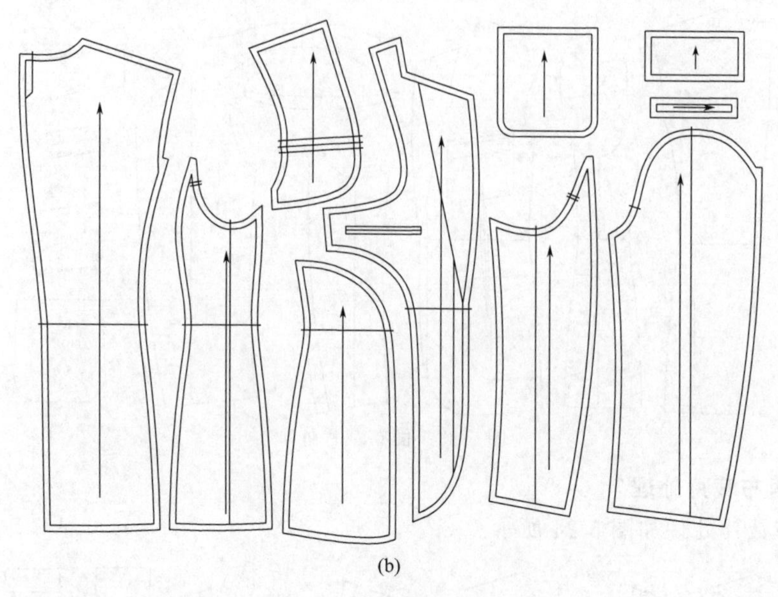

图 5-25　休闲西装裁片图

第四节　休闲夹克

一、休闲夹克款式效果图

休闲夹克款式效果图如图 5-26 所示。

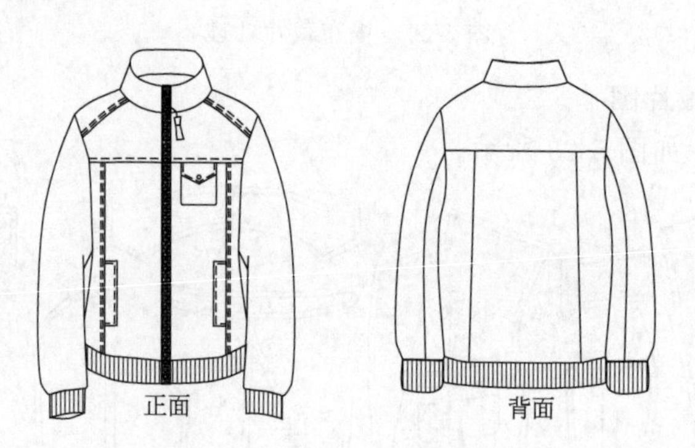

图 5-26　休闲夹克款式效果图

二、休闲夹克规格尺寸表

休闲夹克规格尺寸见表 5-4。

三、休闲夹克 CAD 制板步骤

1. 休闲夹克结构图

休闲夹克结构如图 5-27 和图 5-28 所示。

表 5-4　休闲夹克规格尺寸　　单位：cm

号型 部位	S 165/86A	M(基础板) 170/90A	L 175/94A	XL 180/98A	档差
衣长	64	66	68	70	2
肩宽	49.5	50	51.5	53	1.5
领围	45.8	47	48.2	49.4	1.2
胸围	112	116	120	124	4
摆围(拉开)	112	116	120	124	4
袖长	58.5	60	61.5	63	1.5
袖肥	46.4	48	49.6	51.2	1.6
袖口	20	21	22	23	1

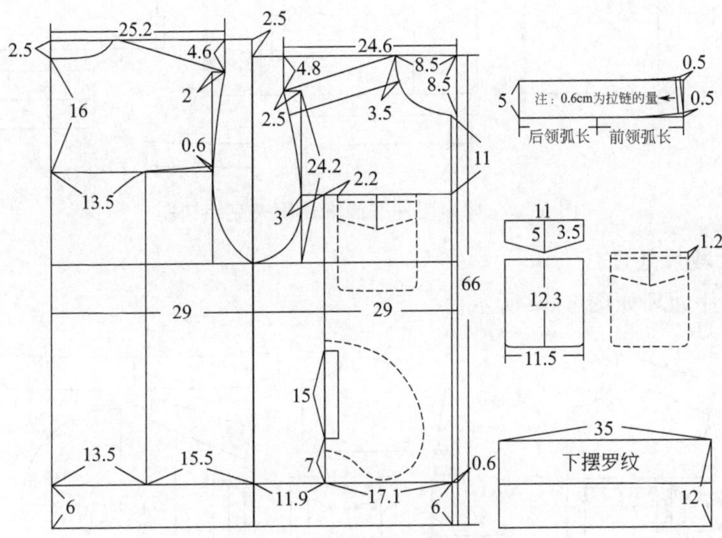

图 5-27　休闲夹克结构图 1

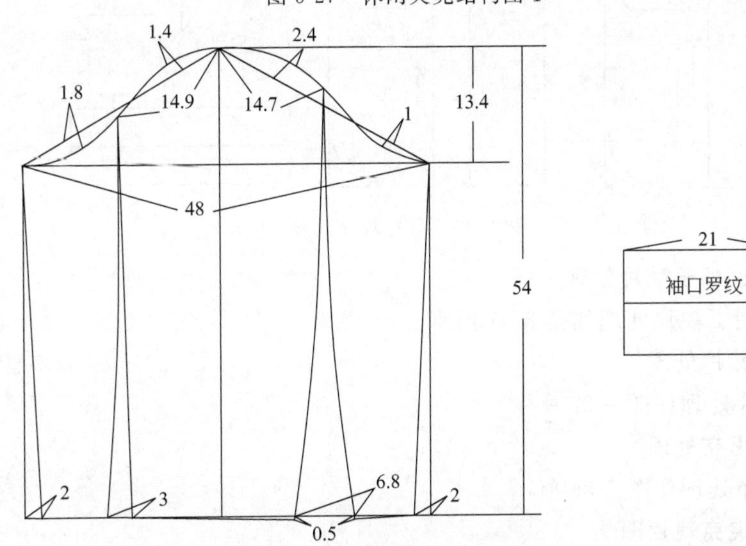

图 5-28　休闲夹克结构图 2

2. 调出附件并画好休闲夹克结构图

选择【设置】菜单→【附件调出】→【附件分组】→找到【夹克结构图】→选择 ⊙ 要素调出方式，将夹克结构图附件调出并画好休闲夹克结构图，如图 5-29 所示。

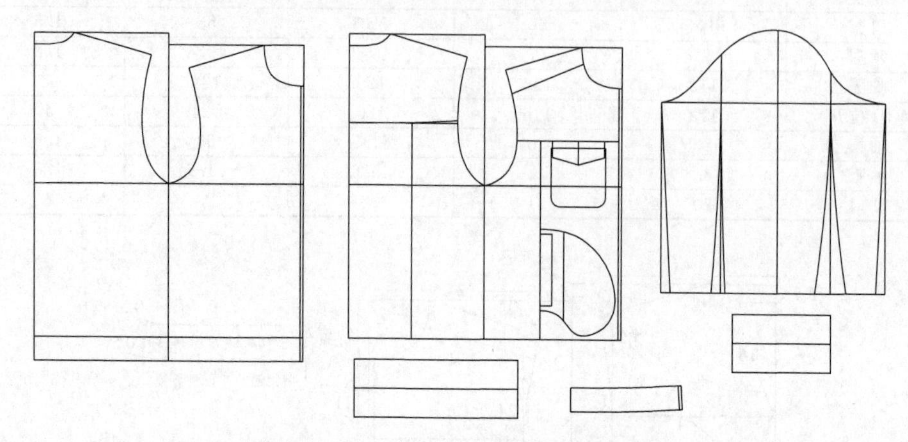

图 5-29　调出附件并画好休闲夹克结构图

3. 前片裁片处理

前片裁片处理如图 5-30 所示。

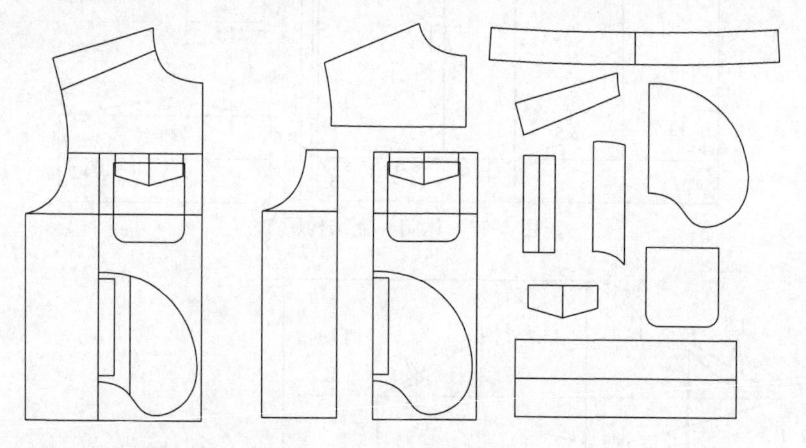

图 5-30　前片裁片处理

4. 后片、袖子裁片处理

后片、袖子裁片处理如图 5-31 所示。

5. 里布裁片处理

里布裁片处理如图 5-32 所示。

6. 袖子里布处理

袖子里布处理如图 5-33 所示。

7. 休闲夹克裁片图

休闲夹克裁片如图 5-34 所示。

图 5-31 后片、袖子裁片处理

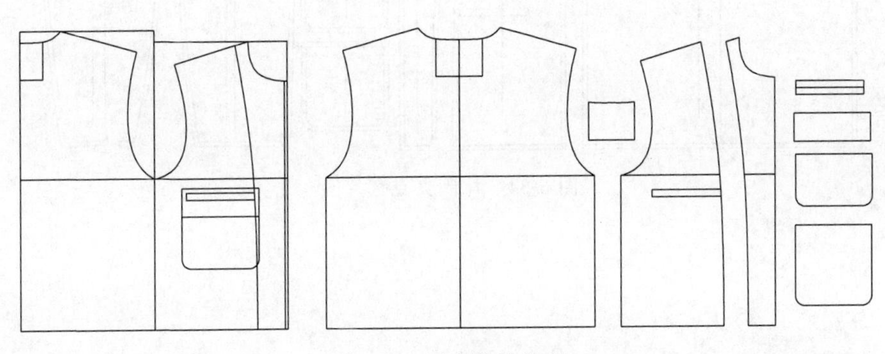

图 5-32 里布裁片处理

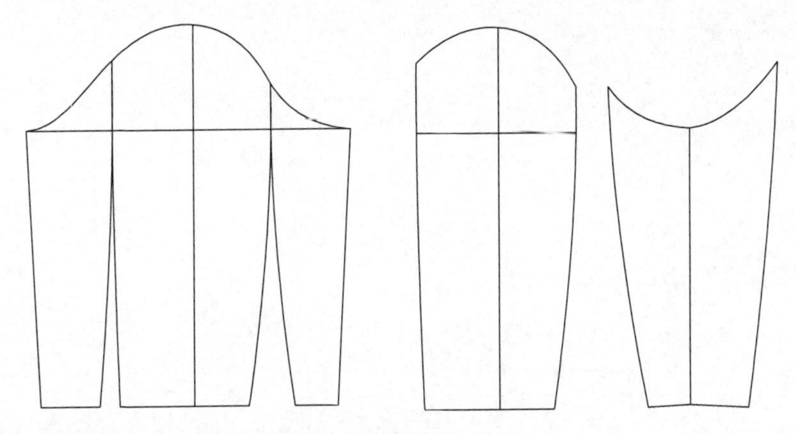

图 5-33 袖子里布处理

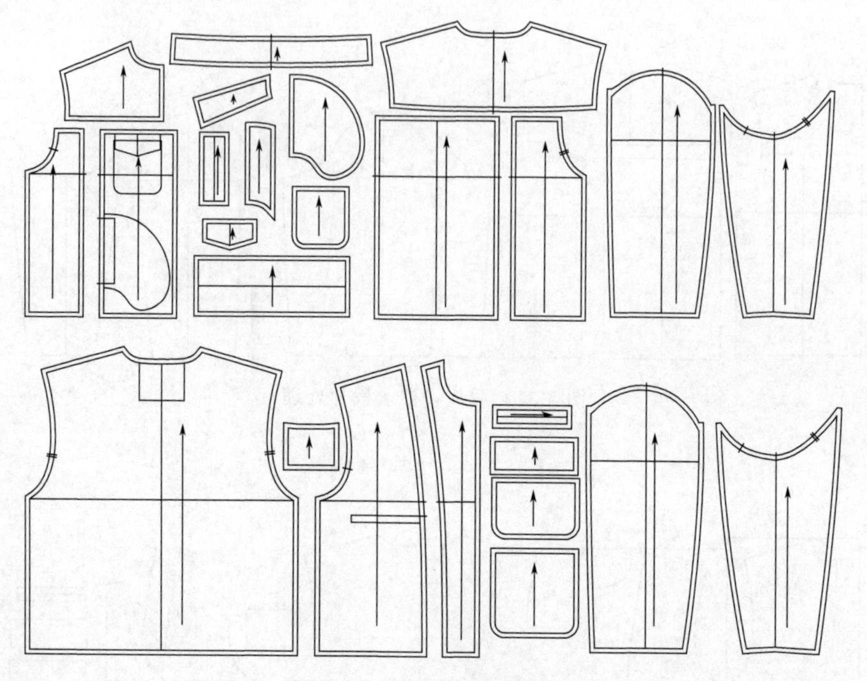

图 5-34　休闲夹克裁片图

附录

附录1 ET服装CAD软件打板、推板系统中的快捷键表

点模式			
F4	要素点模式	F5	任意点模式或智能点模式
显示			
F6、V	全屏显示	F7、B	单片全屏显示
F8	关闭所有皮尺显示	F9	显示分类对话框
F10	前画面	F11	显示隐藏后的裁片
F12	关闭英寸白圈表示	X	缩小
Z	放大	C	视图查询
Shift+滚轮	按🖱指定位置放缩		
工具面板切换			
Alt+Q	打板工具与放码工具切换	Alt+W或Alt+E	线放码工具与测量工具切换
功能			
~	智能工具	Enter	捕捉偏移
Back Space	退点	:	切换到计算器输入框
Alt+A	裁片平移	Alt+S	刷新缝边
Alt+D	快速刷新	Alt+Z	放码展开
Alt+X	基础号显示	Alt+C	移动点规则
Alt+V	切换打推		
辅助线			
Alt+1	添加垂直水平于屏幕的辅助线	Alt+2	添加垂直水平于要素的辅助线
测量工具			
Ctrl+1	皮尺测量	Ctrl+2	要素长度测量
Ctrl+3	两点测量	Ctrl+4	拼合检查
Ctrl+5	要素上两点拼合测量	Ctrl+6	角度测量
其他			
Ctrl+Z	UBDO撤销	Ctrl+X	REDO重复
Ctrl+S	保存	Page Up	切换到点输入框
空格	所有输入框数值清零	Page Down	切换到数值输入框

附录 2　ET 服装 CAD 软件排料系统中快捷键表

快捷键名称	应用	快捷键名称	应用
F3、F4	人工排料、输出	F7	平移
F5、F6	放大、动态放缩	＋、－	组合、拆组
Ctrl＋S	保存	I	垂直翻转
Ctrl＋A	全选	O	水平翻转
Ctrl＋O	打开	G	对格排料模式
R	旋转角度	J	设置裁片间隔
F1	帮助	W	排料区内排料图向下平移
A	排料区内排料图向右平移	S	排料区内排料图向左平移
Z	排料区内排料图向上平移	↑箭头	在人工排料时，向上滑动 在微动排料时，微动向上平移
↓箭头	在人工排料时，向下滑动 在微动排料时，微动向下平移	←箭头	在人工排料时，向左滑动 在微动排料时，微动向左平移
→箭头	在人工排料时，向右滑动 在微动排料时，微动向右平移	小键盘上【2】键	人工排料时，按微动量微动向上平移
小键盘【4】键	人工排料时，按微动量微动向下平移	小键盘上【6】键	人工排料时，按微动量微动向左平移
小键盘上【8】键	人工排料时，按微动量微动向右平移	End	床尾线到🖱位置
空格键	当裁片在🖱上时，根据面料的方向设置，转动裁片 布料单方向时，不能转动裁片 布料双方向时，180°转动裁片 布料无方向时，180°转动、水平翻转及垂直翻转裁片		
Insert	复制裁片（此功能在“允许额外选取裁片”时才能使用） 🖱左键框选要复制的裁片 按【Insert】键，可将所选裁片复制在🖱上 文字注释也可以通过同样的方法复制		
Delete	删除裁片，在🖱上的裁片或选中的裁片，被删回待排区		
Home	床起始线到鼠标位置		
Page up	排料图整页向右滚动		
Page Down	排料图整页向左滚动		
K	向左微转衣片		
L	向右微转衣片		
<	向左 45°转动衣片		
>	向右 45°转动衣片		

附录3 ET服装CAD系统智能笔主要功能介绍

一、作图类（先左键点选）

1. 任意直线（左键点一下拉出一条任意直线，再左键点一下，右键结束）。

2. 矩形（输入长度和宽度，左键点击一下，拉出方形，再左键点击一下即可）。

3. 画曲线（左键点击三下以上，右键结束）。

4. 丁字尺（左键点一下拉出一条任意直线，这时按一下【Ctrl】键就可以切换成丁字尺。所谓的丁字尺就是：水平线、垂直线、45°线；如果想换回任意直线，就再按一下【Ctrl】键）。

5. 作省道（输入长度和宽度，左键在要开省的线上点一下，拉出一条任意直线，左键再点一下即可）。

二、修改曲线类（先右键点选）

1. 调整曲线（右键点选曲线，左键拖动要修改的点，右键结束）。

2. 点追加（如果在调整曲线时发现曲线点数不够，可以按住【Ctrl】键，在需要加点的位置点一下左键）。

3. 点减少（如果在调整曲线时发现曲线点数太多，可以按住【Shift】键，在需要删除点的位置点一下左键）。

4. 两端固定修曲线（右键点选要修改的线、输入指定长度、左键点住要调整的曲线点拖动）。

5. 点群修正（按住【Ctrl】键，右键点选要调整的线，左键点住某个点拖动）。

6. 直线变曲线（右键点选直线，中间自动加出一个曲线点）。

7. 定义曲线点数（右键点选曲线、输入指定的点数、右键确定即可）。指定点数已包含线上的两个端点。

8. 多功能修改（【Shift】键＋右键点选，可以调整线长度、属性文字、任意文字、刀口、缝边、线型等）。

三、修改类（先框选，左键点住拖动时框选）

1. 线长调整（框选调整端后，在长度或调整数量中输入数值，右键确定）。【长度】是指把整条线调整成需要的长度；【调整量】是指把线段进行延长或减短，减短需输入负数。

2. 单边修正（框选调整端，左键点选修正后的新位置线，右键结束）。

注意：框选时不要超过线的中点。

3. 双边修正（框选要修正的线，点选两条修正后的位置线，右键结束）。

4. 连接角（框选需要构成角的两条线端，框选时也是不过线的中点，右键结束）。

5. 删除（框选要删除的要素，按【Delete】键删除或按住【Ctrl】键点右键删除）。

6. 省折线（框选需要做省折线的四条要素，右键指示倒向侧）。

7. 转省（框选需要转省的一部分线，左键依次点选闭合前、闭合后、新省线、右键结束）。

8. 平行线（框选参照要素，按住【Shift】键点右键指示平行的方向。如果在长度输入数值，可做指定的平行距。宽度输入数值是条数）。

9. 要素打断（框选要打断的要素，点选【通过延伸方向将线打断的那条要素】，按住【Ctrl】键点右键）。

10. 端移动（框选移动端，在框选未松开左键时按住【Ctrl】键，先松开鼠标左键再放开【Ctrl】键，右键点新端点）。

11. 要素合并（框选要合并的要素，按【+】键）。

附录4　英寸进制表

8 进制

1/8＝0.125	3/8＝0.375	5/8＝0.625	7/8＝0.875
1/4＝0.25	3/4＝0.75	1/2＝0.5	

16 进制

1/16＝0.063	3/16＝0.188	5/16＝0.313	7/16＝0.438
9/16＝0.563	11/16＝0.688	13/16＝0.813	15/16＝0.938

32 进制

1/32＝0.031	3/32＝0.094	5/32＝0.156	7/32＝0.219
9/32＝0.281	11/32＝0.344	13/32＝0.406	15/32＝0.469
17/32＝0.531	19/32＝0.594	21/32＝0.656	23/32＝0.719
25/32＝0.781	27/32＝0.844	29/32＝0.906	31/32＝0.969

64 进制

1/64＝0.016	3/64＝0.047	5/64＝0.078	7/64＝0.109
9/64＝0.141	11/64＝0.172	13/64＝0.203	15/64＝0.234
17/64＝0.266	19/64＝0.297	21/64＝0.328	23/64＝0.359
25/64＝0.391	27/64＝0.422	29/64＝0.453	31/64＝0.484
33/64＝0.516	35/64＝0.547	37/64＝0.578	39/64＝0.609
41/64＝0.641	43/64＝0.672	45/64＝0.703	47/64＝0.734
49/64＝0.766	51/64＝0.797	53/64＝0.828	55/64＝0.859
57/64＝0.891	59/64＝0.922	61/64＝0.953	63/64＝0.984

附录5 电脑基础知识

一、电脑的硬件构成

1. 主机

主机是计算机的心脏和大脑，里面有很多部件，分别实现各种连接和处理功能。它能存储输入和处理的信息，进行运算，控制其他设备的工作。

2. 输入设备

键盘主要用来输入文字和命令，是一种输入设备。我们常用的鼠标器、话筒、扫描仪、手写笔等都属于输入设备。

3. 输出设备

显示器可以把计算机处理的数据给我们看，它是一种输出设备。输出设备还有打印机、音箱等。打印机通常有针式、喷墨、激光之分。一个计算机系统，通常由主机、输入设备、输出设备三部分组成。主机是计算机的核心，输入/输出设备中除了显示器、键盘必不可少外，其他的可根据需要配备，当然，就多一样设备，就多一种功能。以上都是能够看到的部分，叫做硬件。

4. 软件系统

软件系统就是依附于硬件系统的各个程序，包括控制程序、操作程序、应用程序等。

二、电脑开机与关机

1. 先开外设，后开主机

外设指电脑的外部设备，如显示器、打印机、绘图仪、数字化仪等。

2. 先关主机，后关外设

三、启动

如遇到操作系统不能正常运行，通常用以下两种方法重新启动计算机。

(1) 在电脑显示器的左下角选择开始→关机→重新启动计算机。

(2) 按键盘上的【Ctrl】键+【Alt】键+【Delete】键重新启动计算机。

四、电脑主机端口识别

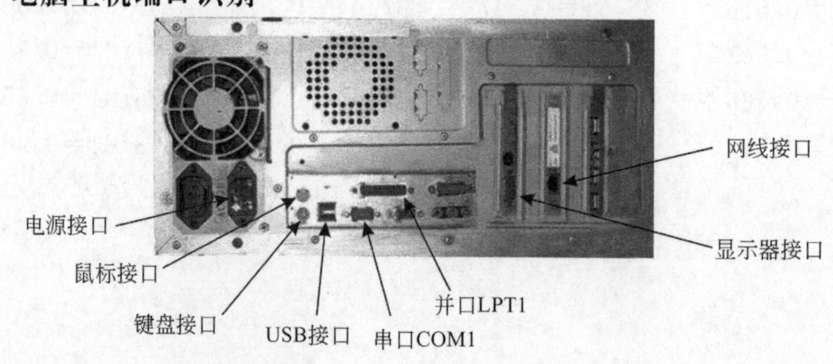

五、鼠标的使用

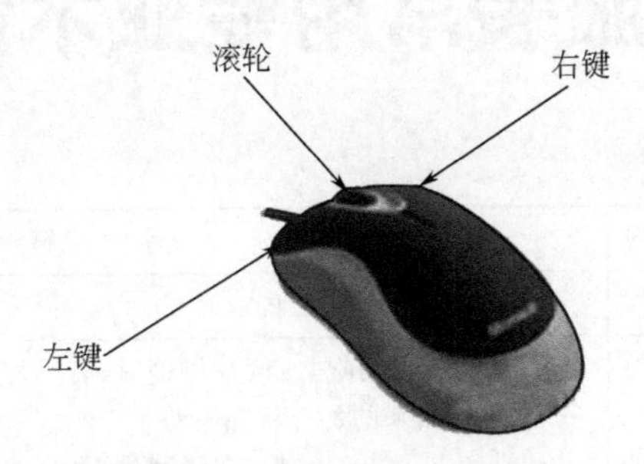

（1）左键单击：按鼠标左键一下，抬起。主要用于选择某个功能。

（2）左键双击：连续按鼠标左键两下，抬起。主要用于进入某个应用程序。

（3）左键框选：按住鼠标左键不要松手，框选。主要用于框选某一段线段。

（4）左键拖动：按住鼠标左键，移动鼠标。通常用于应用软件中的放大等操作。

（5）右键单击：按鼠标右键一下，抬起。主要用于结束或切换某一个新的功能。

（6）右键双击：连续按鼠标右键两下，抬起。一般由各种应用软件自行定义。

（7）鼠标滚轮：移动鼠标滚轮，使当前页面上下滚动。应用软件可以对滚轮做特殊的定义。

六、ET服装CAD系统中的常用文件后缀名

（1）打板、推板文件：*.prj

（2）预览图文件：*.emf

（3）排料文件：*.pla

（4）数字化仪文件：*.dgt

（5）输出文件：*.out

（6）尺寸表文件：*.stf

（7）关键词文件：mykeyword.kwf

（8）附件库文件：*.Prt

（9）布料名称文件：cloth.txt

附录6 服装常用专业术语对照表

序号	书面叫法	企业叫法	注　解
1	门襟	门筒	也称门贴，指锁扣眼的衣片
2	吃势	溶位	1. 工艺要求的吃势：两片拼缝时，有一片根据人体需求，会比另一片长一点，这长出来的部分就叫吃势 2. 非工艺要求的吃势：在缝制过程中，尤其是平绒等面料，上下层之间由于平缝机压脚及送布牙之间错动导致的吃势。这种吃势通常需要尽量避免
3	串带	耳仔	也称裤耳，指腰头上的串带
4	衬布	朴	指衬、衬布，用来促使服装具有完美的造型，可弥补面料所不足的性能
5	挂面	前巾	也称过面，搭门的反面，有一层比搭门宽的贴边
6	肩缝线长度	小肩	指侧颈点至肩端点的长度
7	育克	机头	也称约克，某些服装款式在前后衣片的上方，需横向剪开的部分
8	橡筋	丈根	利用橡筋线的弹性做出抽皱的服装效果
9	劈缝	开骨	指把缝份劈开熨烫或车缝
10	极光	起镜	极光是服装熨烫时织物出现反光发白的一种疵点现象，是指服装织物因压烫而发生表面构造变化所形成的一种光反射现象。它会使这些部位衣料纱线纤维及纤维毛羽被压平磨光
11	搭接缝合	埋夹	也称曲腕、三针链缝、三针卷接缝、臂式双线环合缝合等，适用于衬衫、风衣、牛仔裤、休闲装等薄料、中厚料服装加工，以及雨衣、滤袋和不同布料的衬衫、尼龙雨衣、车套、帐篷……等厚料制品作业，其悬臂筒形的特殊结构特别适合袖、裤等筒形部位的搭接缝合
12	肩端点	膊头	也称肩头，在服装企业中，膊宽是指肩宽，纳膊是指拼肩缝
13	袖窿	夹圈	也称袖孔，是衣身装袖的部位
14	袖克夫	介英	也称袖口，一般指衬衣袖口拼块
15	臀围	坐围	指服装在人体的臀部水平一周的围度
16	包边条	捆条	也称滚条、斜条，用于缝边包缝处理的斜条
17	面料的宽度	幅宽	在服装企业也称布封，指面料的宽度
18	商标	唛头	指服装品牌名称的标志
19	尺码标	烟治	指服装号型规格标志
20	缝份	止口	指在制作服装过程中，把缝进去的部分叫缝份。为缝合衣片在尺寸线外侧预留的缝边量
21	横裆	肶围	指上裆下部的最宽处，对应于人体的大腿围度
22	绷缝机	冚车	链式缝纫线迹特种缝纫机。此线迹多用于针织服装的滚领、滚边、摺边、绷缝、拼接缝和饰边等

续表

序号	书面叫法	企业叫法	注　　解
23	打套结	打枣	也称打结，指加固线迹
24	人台	公仔	也称人体模型，是服装制板和立裁的一种工具
25	前裆	前浪	指裤子的前中弧线
26	后裆	后浪	指裤子的后中弧线
27	四合扣	急纽	也称弹簧扣、车缝纽。四合扣靠S形弹簧结合，从上到下分为ABCD四个部件：AB件称为母扣，宽边上可刻花纹，中间有个孔，边上有两根平行的弹簧；CD件称为公扣，中间突出一个圆点，圆点按入母扣的孔中后被弹簧夹紧，产生开合力，固定衣物
28	大衣	褛	指衣长超过人体臀部的外穿服装
29	钉形装饰品	撞钉	衣服上像钉子一样的小装饰品
30	拼色布	撞色布	指与主色布料搭配的辅助颜色的布料
31	扣眼	纽门	指纽扣的眼孔
32	风领扣	乌蝇扣	也称风纪扣
33	斜纹	纵纹	经线和纬线的交织点在织物表面呈现45°的斜纹线的结构形式
34	预备纽	士啤纽	也称预备纽扣，指服装上配备的备用纽扣
35	绗棉的裁片	间棉	指棉花或腈纶棉与裁片绗缝
36	黑色布	克色布	指黑色的布料
37	排料图	唛架	指按照工艺要求排列好裁片的排料图
38	袖肥	袖肶	指袖子在人体手臂根部水平一周的围度
39	袖窿深	夹直	指肩端点至胸围线的直线距离
40	对位标记	剪口	也称刀眼，是服装工艺车缝的对位记号
41	布纹线	丝缕线	指面料的直纹纱向
42	肩宽	膊宽	指左右两肩端点之间的水平距离
43	领座	下级领	指翻领的领座部分
44	面领	上级领	指翻领的面领部分
45	洗水标	洗水唛	指服装织物洗水警示标志

参 考 文 献

[1] 陈桂林．女装 CAD 工业制板基础篇．北京：中国纺织出版社，2012.
[2] 陈桂林．女装 CAD 工业制板实战篇．北京：中国纺织出版社，2012.
[3] 陈桂林．男装 CAD 工业制板．北京：中国纺织出版社，2012.
[4] 陈桂林．服装新原型 CAD 工业制板．北京：中国纺织出版社，2012.
[5] 陈桂林．服装 CAD 制板标准培训教程．北京：人民邮电出版社，2012.
[6] 陈桂林．智能服装 CAD 制板技术．北京：中国劳动社会保障出版社，2012.